FENXI HUAXUEZHONG FENXI FANGFA YANJIU XINJINZHAN

分析化学中分析方法研究新进展

伍惠玲◎著

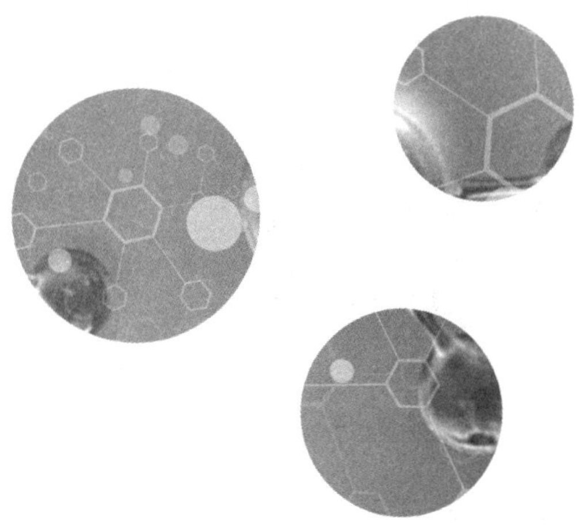

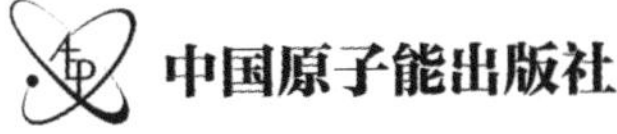

图书在版编目（CIP）数据

分析化学中分析方法研究新进展 / 伍惠玲著. —北京：中国原子能出版社，2020.5
ISBN 978-7-5221-0573-4

Ⅰ. ①分… Ⅱ. ①伍… Ⅲ. ①分析化学–分析方法 Ⅳ. ①O652

中国版本图书馆CIP数据核字（2020）第086370号

分析化学中分析方法研究新进展

出版发行 中国原子能出版社（北京市海淀区阜成路43号 100048）
责任编辑 刘东鹏
责任印制 潘玉玲
印　　刷 河北盛世彩捷印刷有限公司
印　　销 全国新华书店
开　　本 710mm×1000mm 1/16
字　　数 269千字
印　　张 17
版　　次 2020年5月第1版 2020年5月第1次印刷
书　　号 ISBN 978-7-5221-0573-4
定　　价 59.00元

网　　址：http://www.aep.com.cn　　E-mail：atomep123@126.com
发行电话：010-68452845

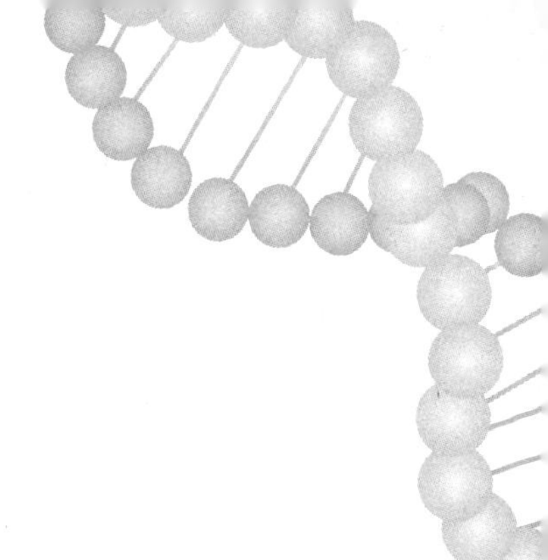

前 言

分析化学是化学化工、材料科学、药学等专业的重要基础课程之一，其内容涉及较为广泛。分析化学一般包括两个部分，分别是化学分析和仪器分析，传统的化学分析方法已经广泛应用于各行各业，但某些方法操作较为繁琐。所以随着现代科学技术的迅猛发展，分析化学中的仪器分析在各个领域的应用也逐年扩大。

本书以章节布局，共分为九章。第一章“绪论”，包含了分析化学的任务、作用、分类以及发展趋势理；第二章“定量分析中误差佳偶分析数据处理”则是重点介绍了在进行定量分析时，必须根据对分析结果准确度的要求，合理地安排实验，避免不必要地追求高准确度；第三章“滴定分析法及新进展”则阐述了滴定分析法的概述、标准溶液和计算；第四章“酸碱滴定法及新进展”主要讨论了各种类型的酸碱滴定反应，包括强酸、强碱、弱酸、弱碱的滴定，以及介绍各种滴定曲线；第五章“络合反应与滴定”着重讨论金属离子和它们的平衡，以及pH对这些平衡的影响，并阐述非常实用的络合剂EDTA滴定金属离子、影响络合滴定的因素以及络合滴定的指示剂；第六章“氧化还原滴定法及新进展”则阐述了基于半反应的氧化还原滴定曲线，描述几个具有代表性的氧化还原滴定，以及获得滴定所需的待测物的正确氧化态的必要步骤；第七章“重量分析法和沉淀平衡”介绍了重量分析法的分析、计算和实例，以及沉淀平衡的相关问题；第八章“沉淀滴定法及新进展”重点介绍了沉淀平衡中的酸度和络合产生的定量影响，讨论使用硝酸银、硝酸钡滴定剂与不同类型指示剂的沉淀滴定及其理论；第九章“仪器分析法及新进展”，作为本书的最后一章，也是重点介绍的一部分，从电位分析法、液相色谱法、气相色谱法、荧光法和质谱法等方面阐述了仪器分析法的概念、原理和发展方向。

本书在撰写过程中，参考、借鉴了大量优秀著作与部分学者的理论与作品，在此一一表示感谢。由于作者精力有限，加之行文仓促，书中难免存在疏漏与不足之处，望专家、学者与广大读者批评、指正，以使本书更加完善。

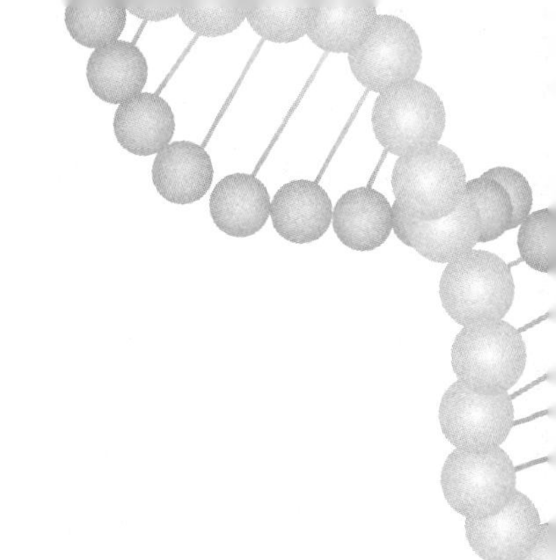

目 录

第一章 绪论

分析化学是研究物质的组成、含量、形态和结构等化学信息的分析方法及有关理论的一门科学，是化学学科的一个重要的分支。分析化学是人们用来认识、解剖自然的重要手段之一，是化学中的信息科学。

第一节 分析化学的任务和作用

一、分析化学的任务

分析化学的主要任务是采用各种方法和手段获取分析数据，确定物质体系的化学组成、测定其中的有关成分含量以及鉴定物质的形态与结构，从而解决物质的构成及其性质的问题。因此，可将分析化学的任务分为定性分析、定量分析和结构分析三个部分。

定性分析是确定物质的化学组成，解决“物质是什么”的问题，如物质是由哪些元素、离子、原子团、官能团或化合物组成的；定量分析是测定物质中各组分的相对含量，解决“物质有多少”的问题；结构分析是确定物质的化学结构，如分子结构、晶体结构等。

在进行分析工作时，先确定被测物质的定性组成，然后根据组成选择适当的定量分析方法来测定有关组分的含量。如果分析试样的来源、主要成分及主要杂质都已知时，可不进行定性分析，而直接进行组分的定量分析，

（一）科学技术发展

分析化学作为一门基础学科，是化学学科的一个重要分支，化学学科的每一个分支，如无机化学、有机化学、物理化学及高分子化学等，都需要运用各种分析手段解决科学研究中的问题，如原子、分子学说的创立，原子量的测定，元素周期律的建立以及化学基本定律的建立等，都离不开分析化学。

在其他学科领域，如生物学、医药学、矿物学、地质学、海洋学、环境化学、天文学、考古学、农业科学、食品学等的科学研究中，都需要知道物质的组成、含量、形态与结构等，分析化学作为一种检测手段，为这些学科的发展提供了重要的第一手资料。

（二）国民经济建设

在国民经济建设中，分析化学具有更重要的实际意义，在各行各业的生产中都发挥着重要作用。例如，从月球上取回一些岩石样品，想要了解月球和地球的岩石组成有何异同，从而推断月球和地球的形成过程有无联系。首先要进行样品分析，了解它都含有哪些元素，以及各种元素的组成、含量，然后才能进行其他方面的研究和推证。

（1）农业、工业生产

在农业、工业生产方面，土壤普查、灌溉用水水质的化验、农作物营养诊断、农药残留量的分析、资源勘探、工业原料的选择、生产过程的控制及管理、新产品的开发和研制、成品质量检验、“三废”的处理与综合利用以及品种培育和遗传工程等的研究，都是以分析结果作为判断的重要依据。

（2）环境保护

在环境保护方面，为了探讨与人类生存和发展密切相关的环境制定环保措施，对大气、水质变化的监测，生态平衡的研究，以及评价和治理工农业生产对环境产生的污染等都需要进行大量的分析检测工作。

（3）医药卫生、国防

在医药卫生、国防等方面，临床诊断和药剂规格的检验武器装备的研制和生产，以及国家安全部门的侦破工作等，都离不开分析检验。

由此可见，分析化学的应用范围广泛。所以，分析化学有工农业生产的“眼睛”、科学研究的“参谋”之称，它是实现我国工业、农业、国防和科学技术现代化的重要手段和工具。

二、分析化学的分析过程

分析过程包括一个逻辑程序：①确定题目；②取得溶解试样；③进行必要的分离；④做适当的测定；⑤报告结果。

（一）确定题目

在确定题目时，分析工作者会提出一些问题，如在分析过程中需要获得什么数据？应采用何种灵敏度的方法？分析方法必须具备的准确和精密程度如何？可能出现什么干扰以及需要进行什么样的分离？要多长时间得到分析结果？必须处理多少试样？适用的仪器是什么？分析过程费用如何？等等。

胰岛素是治疗糖尿病的常用药品，在人工合成胰岛素的研究中，需要了解：胰岛素是由哪些元素组成的？这些元素在胰岛素中的含量是多少？这些元素都形成什么官能团？这些官能团在胰岛素分子中又是怎样结合排布的？只有掌握这些情况后才能进行人工合成。1922年，加拿大的奔丁·麦克劳特发现了胰岛素，获得了1923年诺贝尔奖；1926年阿贝尔从天然物质中分离出结晶状态胰岛素；1955年确定其结构，由16种肽、51种氨基酸组成；1964年上海有机化学研究所首次人工合成了胰岛素。这一系列问题的解决都离不开分析化学。

（二）应用领域中的分析过程

（1）科学技术发展

在科学领域里，需借助分析化学的手段研究具体物质变化规律的问题，从而了解物质在特定条件下发生的质和量的变化，从而总结出有规律性的新发现。因此，在自然科学领域，有关基础学科或应用学科的研究单位，都配备有一个相应水平的中心分析实验室，否则研究工作的进展会受到牵制。

（2）农业生产

在农业生产中，土壤是最重要时生产资料，庄稼生产是从土壤里吸取各种养分，土壤能供给哪些营养元素？它们的含量是多少？这些营养元素都以什么形式存在？当各种自然条件改变时，以不同形式存在的营养元素，又是如何循环变化的？从了解到解决、施肥等措施，控制生物学小循环、生物固氮、磷肥钾肥、稀土微肥，从而达到提高农业生产的目的。农产品质量检验、农药残存量检验、新品种培育等都是以分析检验结果作为重要依据的。

（3）工业生产

在工业生产中，开发矿山，开采石油，矿石和原油的品位高低、品质的优劣，都需要通过分析检验作出判断。工业原料的选择、工艺流程的控制、工业成品的检验、新产品的试制，以及“三废”的综合利用，都必须以分析检验结果为重要依据，因此许多具有一定规模的工厂都配备化验室。所以人们常说分析化学是工农业生产的“眼睛”“前哨”，科学研究的“参谋”，足以说明分析化学在国家建设中起着重要作用。

（4）环境保护

在环境保护方面，对污染的监测，了解污染物在不同环境介质中的迁移转化规律，探讨环境容量、研究生态平衡、提高环境质量，以及评价和治理工农业生产对环境产生的污染等。在线监测技术的发展，使这些检测结果变得更快、更准确。

（5）医药卫生、国防公安

在医药卫生方面，药品检验、新药研究、配合诊断和治疗的化学检验，以及病理和药理的研究，毒品、兴奋剂的检测；国防公安方面，武器装备的研制生产、犯罪活动的侦查破案等，都直接应用分析化学的理论和技术。

第二节　分析化学的发展趋势

分析化学是一门古老的科学，它的起源可以追溯到古代炼金术。从历史的发展角度看，可以说，最早期的化学主要是分析化学性质，到19世纪末，分析化学由鉴定物质组成的化学定性手段与定量技术所组成，仍只算是一门技术。它对元素的发现和对地质、矿产资源的勘探、利用等，都起过重要的作用。此外，定量分析对工农业生产的发展，特别是对于许多化学基本定律的确定，做出过巨大的贡献，但分析化学作为一门独立的学科出现的时间较晚。

20世纪以来，随着现代科学的发展以及相邻学科间的相互渗透，分析化学的发展经历了三次变革。

一、20世纪初的二三十年间

在这一阶段，人们借助当时的物理化学成就，利用当时物理化学中的溶液平衡理论、动力学理论及各种实验方法等，深入研究分析化学中的理论问题，如沉淀的生成、共沉淀现象、指示剂作用原理、滴定曲线和终点误差、催化反应和诱导反应、缓冲作用原理等大大地丰富了分析化学的内容，使分析化学从一种技术变成了一门学科。

二、20世纪40年代以后的几十年间

第二次世界大战以后，随着物理学与电子学的发展，分析化学开始以物理方法为原理，以分析仪器为工具，即所谓的“分析化学正走出化学”著名论点。

从20世纪70年代开始，分析化学经受了从内涵到外延的极为深刻冲击，各相关学科对分析化学的要求已不再局限于回答“是什么”和“有多少”等定性、定量分析的基本问题，而是要求提供更全面、更准确的结构与成分表征信息，提出了多维多析的色谱分析理论，这就要求分析化学走出“纯化学领域”，成为一门综合性、现代化的学科——分析学科。

在这一历史发展阶段中，要求分析化学能提供各种非常灵敏、准确而快速的分析方法。例如，半导体材料的纯度需要达到9个9以上，而要测定这种超纯物质中的痕量杂质，显然是个非常困难的问题，在这种新形势的推动下、仪器分析（光谱、质谱、核磁共振等）改变了经典化学分析为主的局面，使分析化学有了一个飞跃，而其最重要的特点，是各种仪器分析方法和分离技术的广泛应用。在这期间，分析化学对于生产实际和科学技术所做的贡献是前所未有的。

三、20世纪后期至今

随着以计算机应用为主要标志的信息时代的来临，整个科学技术的发展具有旺盛的活力。现代分析化学正在把化学与数学、物理学、计算机科学、生物学、信息科学结合起来成数多学科的综合性科学——分析科学。它不只限于测定和含量，还要对物质的状态、结构以及化学行为和生物活性等做出瞬时追踪、无损伤和在线监测等分析及过程控制，甚至要求直接观察到原子和分子的形态与排列。在科学技术飞跃发展的21世纪，分析化学将会更广泛地吸取当代科学技术的最新成就，进一步丰富自身的内容，在国民经济的各个领域发挥越来越大的作用。

近几十年来，生产和科学技术的高速发展，一方面丰富了分析化学的内

容，为分析化学提供了新的理论、方法和手段；另一方面对分析化学提出了更多的任务和更高的要求。例如，在原子能工业中，反应堆材料的有害杂质不能大于$10^{-6}\%\sim10^{-4}\%$；在半导体技术中使用的超纯物质，要求对其杂质分析的灵敏度应达到$10^{-8}\%\sim10^{-6}\%$；在环境监测中需要定时、定点地收集大量数据；在冶金工业中需要快速检测炼钢炉中钢水的组分；在宇宙科研中需要发展星际遥测、遥控和自动化分析技术等。由此可见，分析对象和分析任务不断地扩大和复杂化是决定分析化学今后发展的重要因素。

分析化学的任务不再限于测定物质的成分和含量，而是还需知道结构、价态以及状态等。因而它活动的领域也由宏观发展到微观，从总体进入到微区、表面和薄层，由表观深入到内部，从静态扩展到动态。

随着基础理论研究的进步，各门学科将向分析化学渗透，分析化学所应用的原理、方法以及各种分析方法的相互结合，正在不断地得到丰富和发展。

分析化学目前正在向着仪器化、自动化、智能化的方向发展，许多经典的分析方法也逐步同仪器的使用结合起来。电子技术和电子计算机在分析化学中的应用，四大波谱与计算机的联合使用，分离与检测技术的联合使用，气质、液质色谱联用、原子荧光分析、毛细管电泳、超临界流体色谱等给这种发展提供了广阔的前景，分析化学在完成这些新任务的过程中，将得到进一步的发展。

第二章 定量分析中误差佳偶分析数据处理

绝大部分分析任务都属于定量分析，而定量分析的任务是准确测定试样中组分的含量，因此分析结果必须具有一定的准确度。但在定量分析中，由于受分析方法、测量仪器、所用试剂和分析工作者的主观因素等方面的限制，使得测量结果不可能与真实值完全一致。即使是技术娴熟的分析工作者，用最完善的分析方法和最精密的仪器，对同一样品进行多次测量，也不能得到完全一致的结果。这说明分析过程中误差是客观存在的。因此，进行定量分析时，必须根据对分析结果准确度的要求，合理地安排实验，避免不必要地追求高准确度。同时，需对实验结果的可靠性做出合理的判断，并给予准确地表达。

第一节 误差及其分类

我们认为被测的量有一个真值，而实际分析测得值与被测量的真值之间的差称为误差。若测得值大于真值，误差为正；反之，误差为负。误差的大小是衡量一个测量值的不准确性的尺度，误差越小，测量的准确性越高。

一、绝对误差和相对误差

测量误差主要有两种表示方法：绝对误差（absolute error）和相对误差（relative error）。

测量值与真值之差称为绝对误差，可用式（2-1）表示：

$$\delta=x-\mu \tag{2-1}$$

式中：δ为绝对误差；x为测量值；μ为真值。绝对误差与测得值的单位相同。

绝对误差与真值的比值称为相对误差，它没有单位，通常以%或‰表示。

$$相对误差=(\delta/\mu)\times 100\% \tag{2-2}$$

当真值未知，但知道测量的绝对误差时，可用测量值代替真值计算相对误差。实际工作中，通常不知道真值，可用多次平行测量值的算术平均值作为真值的估计值代入计算。

二、系统误差和随机误差

根据误差的性质和产生的原因，可将误差分为系统误差和随机误差（也称偶然误差）。

（一）系统误差

系统误差也称可定误差。系统误差是由某种确定的原因引起的，一般有固定的方向和大小，重复测定时重复出现。根据系统误差的产生原因不同，可把它分为方法误差、仪器和试剂误差及操作误差三种。在一个测定过程中这三种误差都可能存在。因为系统误差是以固定的方向和大小出现，并具有重复性，所以可用加校正值的方法予以消除，但不能用增加平行测定次数的方法减免。

系统误差还可以用对照实验、空白实验和校准仪器等办法加以校正。详细讨论见后。

（二）随机误差

随机误差或偶然误差又称不可定误差，是由不确定原因引起的，可能是测量条件，如室温、湿度或电压波动等。

随机误差大小、正负不定，看似无规律。但人们经过大量实践发现，随机误差符合正态分布的统计规律：绝对值相同的正负偶然误差出现的概率大致相等；大偶然误差出现的概率小，小偶然误差出现的概率大。偶然误差的这种规律性可用图2-1中正态分布曲线描述。

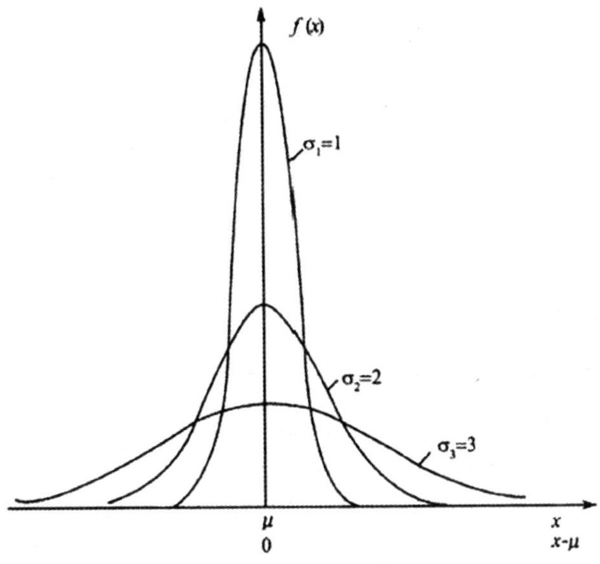

图2–1中正态分布曲线

正态分布曲线的数学方程式为：

$$y=f(x)=\frac{1}{\sigma\sqrt{2\pi}}e^{\frac{(x-\mu)^2}{2\sigma}}=\frac{1}{\sigma\sqrt{2\pi}}\exp\left[-\frac{1}{2}\left(\frac{x-u}{\sigma}\right)^2\right] \quad (2\text{–}3)$$

式中：y为误差的概率密度函数；x为测量值；μ为总体平均值，相对应正态分布曲线最高点的横坐标，它表示所有样本值的集中趋势；$x-\mu$为单次测量值的误差，若$x-\mu=0$，即无系统误差时，曲线最高点对应的就是真值；σ为标准偏差，它表示样本值的离散特性。若x为横坐标，图2–1可描述测量值的分布；若$x-\mu$为横坐标，则图2–1描述的是随机误差的分布。

由图可知，无限多个随机误差的代数和必相互抵消为零，因此常采用多次平行测定取平均值的方法来减小随机误差。

系统误差和随机误差有时不能绝对区分。此外，有时还可能由于分析工作者的粗心大意或不按操作规程，如溶液溅失、加错试剂和读错刻度等原因产生不应有的过失。分析过程中，应查明原因，将由过失所得的测量结果弃去不用。

第二节　准确度和精密度

一、定义

（一）准确度

准确度（accuracy）是指测量值与真值接近的程度。测量值与真值越接近，误差越小，即准确度越高。通常用误差表示测定结果的准确度。在分析工作中，用相对误差衡量分析结果比绝对误差更常用。

例2-1：用分析天平称某两个样品，一个是0.004 5 g，另一个是0.553 7 g。两样品称量的绝对误差都是0.000 1 g，但相对误差分别为：

0.000 1/0.000 45=2%

0.000 1/0.553 7=0.2‰

由此可见，当被测量较大时，相对误差就比较小，测定的准确度也比较高。因此，在相对误差要求固定时，测高含量组分时，称样量可偏小，并可选灵敏度较低的仪器；而对低含量组分的称量，则称样量要比较大，且应选用灵敏度较高的仪器。

（二）精密度

精密度（precision）是指平行测量的各测量值之间互相接近的程度，各测量值间越接近，精密度就越高；反之，则精密度越低。

精密度可用偏差、相对平均偏差（relative average deviation，RAD）、标准偏差与相对标准偏差（relative standard deviation，RSD）表示，实际工作中多用相对平均偏差和相对标准偏差。

偏差是指测得值与多次测得值的算术平均值之差。偏差越小，精密度越高。若以d表示绝对偏差，$\bar{x}$表示多次测得值的算术平均值，则

$$d=x-\bar{x} \tag{2-4}$$

d值有正有负，与测得值有相同单位。

绝对偏差在平均值中所占的百分率或千分率称为相对偏差：

相对偏差=$d/x\times100\%$ （2–5）

样本标准偏差是用来衡量该组数据的分散程度，用S表示，数字表达式为：

$$S=\sqrt{\frac{\sum_{i=1}^{n}\left(x_i-\bar{x}\right)^2}{n-1}}$$

相对平均偏差（RAD）和相对标准偏差（RSD）的算法如下：

$$\text{RAD}=\bar{d}/x\times100\%=\frac{\sum_{i=1}^{n}\left(\left|x_i-\bar{x}\right|\right)/n}{\bar{x}}\times100\% \quad (2\text{–}6)$$

$$\text{RSD}=S/\bar{x}\times100\%=\frac{\sqrt{\frac{\sum_{i=1}^{n}\left(x_i-\bar{x}\right)^2}{n-1}}}{\bar{x}}\times100\% \quad (2\text{–}7)$$

式中：n为测定次数。

例2–2：测定某样品中NaOH的含量，其结果分别为10.01%、10.01%、10.02%、9.96%，求其平均值、相对平均偏差和RSD。

解$\bar{x}$=（10.01%+10.01%+10.02%+9.96%）/4=10.00%

平均偏差$\bar{d}$=0.02%

相对平均偏差=$\bar{d}/x\times100\%$=0.2%

标准偏差$S=2.7\times10^{-2}$（%）

RSD=$S/\bar{x}\times100\%$=0.27%

二、准确度和精密度的关系

系统误差是定量分析中误差的主要来源，它影响分析结果的准确度；偶然误差影响分析结果的精密度。现举例说明定量分析中的准确度和精密度的关系。图2–2表示出甲、乙、丙、丁四人分析同一样品的结果。由图2-2可见，甲的准确度和精密度都好；乙的精密度虽好，但准确度却较差。可见精密度好的分析结果其准确度不一定都好。丙的精密度和准确度都不好；丁的精密度差，而平均值接近真值，但数据离散，实验测定次数的变化会使平均值随之变化很大，因而此结果不可靠。

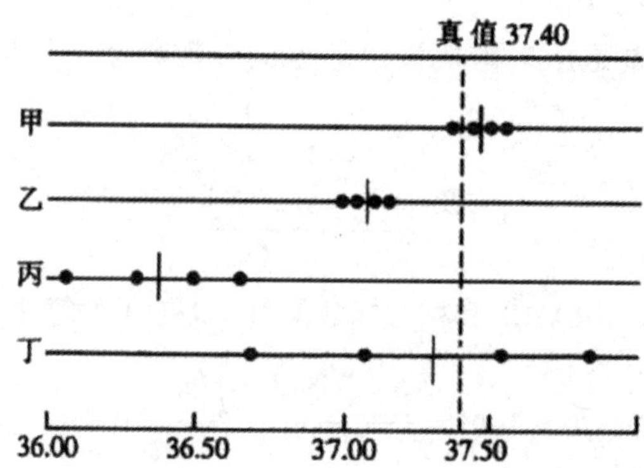

图2-2　不同人分析同一样品的结果（·表示个别测量值，|表示平均值）

综上所述，可以得出结论：

（1）精密度是保证准确度的先决条件。精密度差的结果不可靠。

（2）好的精密度不一定能保证好的准确度。

第三节　有效数字及其运算规则

一、有效数字

所谓有效数字，是指分析工作中所能测量到的有实际意义的数字。分析时，为了得到准确的分析结果，不仅要准确测量，而且还要正确地记录和计算。记录测量数据的位数（有效数字的位数），必须与测定方法及使用仪器的准确程度相适应。在记录一个测量值时，保留有效数字位数的原则是：只允许保留一位不确定数字，即数据的末位数欠准，其误差是末位数的±1个单位。因此有效数字也可解释为包括全部可靠数字及一位不准确数字在内的有意义的数字。例如，用精确度为万分之一的分析天平称得某物体的重量为0.246 8 g。这些数字中，0.246是准确的，最后一位数字“8”是欠准的，误差为±0.000 1 g，即其实际重量是在（0.246 8±0.000 1）g范围内。又如，用50 mL量杯量取20 mL溶液，应写成20 mL，即两位有效数字，可能有±1 mL的误差。而使用25 mL滴定管量取20 mL溶液，应写成20.00 mL，即四位有效数字，可能有±0.01 mL的误差。

必须指出，如果数据中有“0”时，应分析具体情况，它可能是有效数字，也可能不是有效数字。如果“0”作为普通数字使用，就是有效数字；如果“0”只是起到定位作用，就不是有效数字。例如，在1.000 2 g中的三个“0”都是有效数字，所以1.000 2 g是五位有效数字。但在0.001 2 g中，其中的三个“0”仅起到定位的作用，而没有实际的数字意义，所以只有两位有效数字。所以在记录实验数据时，应注意不要将数据末尾属于有效数字的“0”漏计。如将18.50 mL写成18.5 mL，0.120 0 g写成0.12 g等，都不正确。对于很大或很小的数字，用“0”表示位数不方便，可用10的方次表示。但有效数字的位数必须保持不变，例如0.000 36 g可以写成3.6×10^{-4} g，有效数字仍然只有两位。

综上所述，确定有效数字位数时，应注意以下几点：

（1）记录测量所得数据时，必须保留并且只能保留一位可疑数字。因为有效数字的位数反映了测量的误差。

（2）确定有效数字的位数时，若第一位数字等于或大于8，其有效数字位数应多算一位。例如9.48虽然只有三个数字，但其首位数字为“9”，故可认为它是四位有效数字。

（3）数据中的“0”要做具体分析。以从左到右的首位非零数字为界，此数字左边（前边）的0，都不是有效数字，它们只起定位作用；此数字后边的0都是有效数字。

（4）计算中所遇到的常数π，e以及倍数或分数（如6，1/2等），非测量所得，可视为无限多位有效数字。

（5）在分析化学中常遇到的pH、lgK等对数值，其有效数字的位数仅取决于小数部分数字的位数，其整数部分只说明原数值的方次。例如，pH6.86的有效数字是两位。

二、有效数字的修约规则

在多数情况下，测量数据本身并非最终要求的结果，一般须再经一系列运算后才能获得所需的结果。在计算一组有效数字位数不同的数据前，按照确定了的有效数字将多余的数字舍弃，不但可以节省计算时间，而且可以避免误差累计。这个舍弃多余数字的过程称为“数字修约”。数字修约所遵循的规则称为“数字修约规则”。过去习惯上用“四舍五入”规则修约数字，而为了减少因数字修约人为引入的舍入误差，现在按照“四舍六入五成双”规则修约。该规则规定：测量值中被修约数等于或小于4时，舍弃；等于或大于6时，进位。例如，在要求保留三位有效数字时，12.349和25.461应分别修约为12.3和25.5。测量值中被修约数等于5时，若进位后测量值的末位数变成偶数，则进位；若进位后，变成奇数，则舍弃。例如，将1.55和1.65修约为两位有效数字，应分别修约为1.6和1.6。

“四舍六入五成双”规则是逢5有舍有入，使由5的舍、入引起的误差可以自相抵消，从而多次舍入误差的期望值为零。因此，在数字修约中多采用此规则。

在运用“四舍六入五成双”规则时，还有几点要注意：

（1）修约应该一次完成，而不能分次修约。例如，2.347修约为两位数，应得到2.3。而不能先修约为2.35，再修约为2.4。

（2）在计算过程中，原来的数据在舍弃多余数字时，可以暂时多保留一位，待计算完成后，再将计算结果中不属于有效数字的数字弃去，以避免多次取舍而引起误差累积。

（3）进行偏差、标准偏差或不确定度计算时，大多数情况下只需取一位或两位有效数字。

在修约时，一般采用只进不舍的办法。例如，某标准偏差为0.021 2，修约为两位有效数字应为0.022，修约为一位应为0.03。即修约的结果应使准确度的估计值变得更差一些。

三、有效数字的运算规则

在数据处理过程中，各测量值的有效位数可能不同，每个测量值的误差都要传递到分析结果中去。必须根据误差传递规律，按照有效数字的运算法则合理取舍，才能保证计算结果中的所有数字也都是有效的，只具有一位不确定的数字。下面是常用的基本规则。

（一）加减法运算

加减法的和或差的误差是各个数值绝对误差的传递结果。所以，当几个测量值相加减时，它们的和或差的有效数字的保留，应以小数点后位数最少（即绝对误差最大的）的数据为准，例如计算50.1+1.45+0.581 2：

原数	修约为
50.1	50.1
1.45	1.4
+）0.581 2	+）0.6
52.131 2	52.1

在左式中，三个数据的绝对误差不同，以第一个数据的绝对误差最大，为±0.1。计算结果的有效数字的位数应由绝对误差最大的那个数据决定，即三位有效数字，应为52.1。即结果的绝对误差也保持为±0.1。实际计算时，可先按绝对误差最大的数据修约其他数据，而后计算。如可先以50.1为准，将其他两个数据修约为1.4和0.6，再相加，结果相同而简便。

（二）乘除法运算

乘除法的积或商的误差是各个数据相对误差的传递结果。所以，许多测量值相乘除时，它们的积或商的有效数字的保留，应以有效数字最少（即相对误差最大的）的那个测量值为准。例如，求（32.5×5.103×60.06）/139.8，四个数的相对误差分别为：

$\pm 0.1/32.5\times 100\%=\pm 0.3\%$

$\pm 0.001/5.103\times 100\%=\pm 0.02\%$

$\pm 0.01/60.06\times 100\%=\pm 0.02\%$

$\pm 0.1/139.8\times 100\%=\pm 0.07\%$

四个数中相对误差最大的是32.5，有效数字三位，结果应保留三位有效数字，因此

$(32.5\times 5.103\times 60.06)/139.8=71.3$

（三）表示准确度和精密度时，大多数情况下只取一位有效数字即可，最多取两位有效数字。

第四节　有限数据的统计处理

近年来，对分析数据越来越广泛地采用统计学的方法进行处理。在统计学中，所研究对象的某特征值的全体称为总体（或称母体）。对分析化学来说，在指定条件下，将所有样品进行分析所可能得到的全部结果，称为总体。自总体中随机抽出的一组测定值，称为样本（或称子样）。样品中所含测定值的数目，叫样本容量，即样本的大小。

我们打赌预测硬币的正反面时，取胜的概率为50%，或者说其置信度为50%。所谓置信度，就是人们所做判断的可靠把握程度。预测时所划定的区间称为置信区间。统计意义上的推断，通常不把置信度定为100%。置信度的高低应定得合适，使置信区间的宽度足够小，而置信概率又很高。在分析化学中，通常取95%的置信度。

由于无限多次的测量值的偶然误差分布服从正态分布，当总体均值μ及标准差σ都已知时，令$u=(x-\mu)/\sigma$，使正态分布标准化。根据u值分布表（表2–1），可推测置信度为95%时的测量平均值为：

$$\overline{x}=\mu \pm u\frac{\sigma}{\sqrt{n}}=\mu \pm 1.96\frac{\sigma}{\sqrt{n}} \tag{2-8}$$

或者说测量平均值的置信区间为：

$$\mu=\overline{x} \pm u\frac{\sigma}{\sqrt{n}} \tag{2-9}$$

它与分布类型、置信概率及测量次数有关。

表2–1　u值分布表

u	0.674	1.00	1.96	2.00	2.58	3.00	3.09
P	0.500	0.682 6	0.950	0.954 6	0.990	0.997 3	0.998

一、t分布

在实际分析工作中，通常都是进行有限次数的测量，数据量有限，只能求出样本标准偏差S，而不知总体标准偏差σ。只好用S代替σ来估算测量数据的分散情况。用S代替σ时，必然会引进一些误差，其偶然误差的分布不服从正态分布，而服从t分布。t分布曲线与正态分布曲线相似，只是由于测量次数减少，数据的分散程度较大，分布曲线的形状将变矮变宽，如图2–3所示。

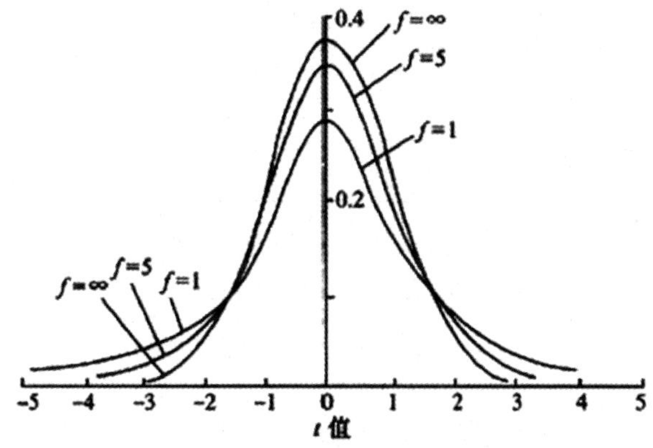

图2–3 t分布曲线

t分布曲线的纵坐标仍是概率密度y，横坐标则是统计量t，$t=(x-\mu)/S$，又称置信因子。t分布曲线随自由度f（$f=n-1$）而改变，但f趋向∞时，t分布就趋近正态分布。与正态分布曲线一样，t分布曲线下面一定范围内的面积，就是该范围内的测定值出现的概率。有限次测量时，测量平均值的置信区间为：

$$\mu=\bar{x}\pm t\frac{S}{\sqrt{n}} \tag{2-10}$$

根据不同的置信度和自由度，算出各种t值，排列成表，叫做t值分布表，见表2–2所示。

表2–2 t值分布表

f	90%	95%	99%
1	6.314	12.706	63.657
2	2.920	4.303	9.925
3	2.353	3.182	5.841
4	2.132	2.776	4.604
5	2.015	2，571	4.032
6	1.943	2.447	3.707
7	1.895	2.365	3.499

续表

f	90%	95%	99%
8	1.860	2.306	3.355
9	1.883	2.262	3.250
10	1.812	2.228	3.169
15	1.753	2.131	2.947
20	1.725	2.086	2.845
∞	1.645	1.960	2.576

例2-3：分析某试样中氟的含量，共测定5次，其平均值 $\bar{x}$ =32.30%，S=0.13%。求置信度为95%时平均值的置信区间。

解$f=n-1=4$。查表得置信度为95%的t值为2.776，平均值的置信区间：

$$\mu=\bar{x}\pm t\frac{S}{\sqrt{n}}=32.30\pm 2.776\times 0.13/\sqrt{5}=32.30\pm 0.16$$

二、显著性检验

在分析工作中，常遇到如下两种情况：样品测定的平均值$\bar{x}$和样品的真值μ不一致；两组数据的平均值$\bar{x}_1$和$\bar{x}_2$不一致。这种不一致是随机误差引起的，还是系统误差造成的，需要做出是否存在显著性差别的判断。显著性差别的检验方法有好几种，在定量分析中最常用的是F检验和t检验，分别主要用于检验两个分析结果是否存在显著的系统误差与偶然误差等。

（一）*F*检验法

F检验法，又称精密度显著性检验，是由英国统计学家R.A.Fisher提出的。该法是通过比较两种分析方法所得结果的方差，来确定它们的精密度是否存在显著性差异。方差就是标准偏差的平方，即S^2。

F检验法的步骤是先算出两个样本的方差，然后计算方差比，用F（叫$F_{计}$）表示。

$$F=\frac{S_1^2}{S_2^2}\ （S_1>S_2） \tag{2-11}$$

式中，S_1^2 和 S_2^2 分别为第一种分析方法和第二种分析方法对同一试样进行测定时所得的方差，但应是 $S_1^2>S_2^2$，即得到的F值应大于1。再由两种分析方法的测定次数n_1、n_2分别减1得到自由度f_1、f_2，查表2-3得置信度为95%的F值（叫$F_{表}$）。

若$F_{计} \geqslant F_{表}$，表明这两种分析方法所得的测定结果有显著性差异。

若$F_{计} < F_{表}$，则表明这两种分析方法所得的测定结果没有显著性差异。

表2-3　置信度95%时的F值

f_2 \ f_1	2	3	4	5	6	7	8	9	10	15	20	60	∞
2	19.0	19.2	19.2	19.3	19.3	19.4	19.4	19.4	19.4	19.4	19.4	19.5	19.5
3	9.55	9.28	9.12	9.01	8.94	8.89	8.85	8.81	8.79	8.70	8.66	8.57	8.53
4	6.94	6.59	6.39	6.26	6.16	6.09	6.04	6.00	5.96	5.86	5.80	6.69	5.63
5	5.79	5.41	5.19	5.05	4.95	4.88	4.82	4.77	4.74	4.62	4.56	4.43	4.36
6	5.14	4.76	4.53	4.39	4.28	4.21	4.15	4.10	4.06	3.94	3.87	3.74	3.67
7	4.74	4.35	4.12	3.97	3.87	3.79	3.73	3.68	3.64	3.51	3.44	3.30	3.23
8	4.46	4.07	3.84	3.69	3.58	3.50	3.44	3.39	3.35	3.22	3.15	3.01	2.93
9	4.26	3.86	3.63	3.48	3.37	3.29	3.23	3.18	3.14	3.01	2.94	2.79	2.71
10	4.10	3.71	3.48	3.33	3.22	3.14	3.07	3.02	2.98	2.85	2.77	2.62	2.54
15	3.68	3.29	3.06	2.90	2.79	2.71	2.64	2.59	2.54	2.40	2.33	2.16	2.07
20	3.49	3.10	2.87	2.71	2.60	2.51	2.45	2.39	2.35	2.20	2.12	1.95	1.84
∞	3.00	2.60	2.37	2.21	2.10	2.01	1.94	1.88	1.83	1.67	1.57	1.32	1.00

例2-4：某维生素C含量用两种方法测定，结果如下：

方法一：$\bar{x}$=99.92，S_1=0.10，n_1=5。

方法二：$\bar{x}$=99.96，S_2=0.12，n_2=4。

比较两结果有无显著性差异（95%置信度）。

解：F检验法检验：

$$F_{计}=\frac{S_{,}^2}{S^2}=1.44$$

查表：f_1=3，f_2=5-1=4，$F_{表}$=6.59

因为$F_{计} < F_{表}$，说明S_1与S_2无显著差异。

（二）t检验法

t检验法主要用于判断两组有限测量数据的样本均值间是否存在显著性差

别（统计学上的差别）。在分析工作中，为了检查某一分析方法或操作过程是否存在较大的系统误差，可用标准试样做n次测定，然后利用t检验法检验测定结果的平均值（$\overline{x}$）与标准试样的真值（μ）之间是否存在显著性差异。

样本平均值$\overline{x}$与真值μ的t检验：若样本平均值$\overline{x}$的置信区间（$\overline{x} \pm tS/\sqrt{n}$）能将标准值$\mu$包括在内，即使$\mu$与$\overline{x}$不一致，也只能做出$\overline{x}$与$\mu$之间不存在显著性差异的结论。因为按$t$分布规律，这些差异应是偶然误差造成的，而不属于系统误差。

在做t检验时，先将所得数据$\overline{x}$、S及n代入下式，求出t值：

$$t=\frac{|\overline{x}-\mu|}{S}\sqrt{n} \tag{2-12}$$

再根据置信度（通常取95%）和自由度f，由表2-2查出t值。

若$t_{计} \geqslant t_{表}$，说明$\overline{x}$与μ有显著性差异，表示有系统误差存在。

若$t_{计} < t_{表}$，说明$\overline{x}$与μ无显著性差异，表示该方法没有系统误差存在。

例2-5：用一种新方法测定标准试样中的Fe含量（%），得到以下8个数据（%）：34.30，34.33，34.26，34.38，34.29，34.23，34.23，34.38。已知Fe含量标准值为34.33%。问该方法有无偏倚（α=0.05）？

解 $\overline{x}$=34.30，S=0.06，n=8

$$t=\frac{|\overline{x}-\mu|}{S}\sqrt{n}=1.41$$

查表：$t_{表}$=2.365

因为$t_{计} < t_{表}$，所以方法不存在偏倚。

这一类t检验法可应用在以下几方面：

（1）总体理论值已知或产品需要符合一定的规格值已知时，则理论值或规格所定的值可以当作μ。

（2）如果已经做过一组样品容量$n>20$的数据，其平均值可以看作等于μ，则另一组测量次数较少的数据的平均值，可以据此做比较。

显著性检验的顺序是先进行F检验，后进行t检验。先由F检验确认两组数据的精密度（或偶然误差）无显著性差别后，才能进行两组数据的平均值是否存在系统误差的t检验，否则会得出错误的判断。

第五节　相关与回归

一、相关分析

在分析化学中（特别是仪器分析中），常常需要绘制工作曲线（标准曲线）。例如分光光度法和原子吸收法中吸光度和浓度的工作曲线。在分析化学中所使用的工作曲线，通常都是直线。一般是把实验点描在坐标纸上，横坐标x表示被测物质的浓度，叫自变量，通常都是把可以精确测量的变量（如标准溶液的浓度）作为自变量；纵坐标y表示某种特征性质（如吸光度）的量，称为因变量。然后根据坐标纸上的这些散点用直尺描出一条直线。如果各点的排布接近一条直线，表明两个变量的线性关系较好；如果各点排布得杂乱无章，表明相关性极差。这种变量之间相互影响，但又有某种不确定性的关系，在统计上就称为相关关系。而研究变量之间是否存在一定的相关关系，称为相关分析，其目的就是要求出相关系数。

设两个变量x和y的n次测量值为（x_1，y_1），（x_2，y_2），（x_3，y_3），…，（x_n，y_n），可按下式计算相关系数r值：

$$r=\frac{\sum_{i=1}^{n}(x_i-\bar{x})(y_i-\bar{y})}{\sqrt{\sum_{i=1}^{n}(x_i-\bar{x})^2\cdot\sum_{i=1}^{n}(y_i-\bar{y})^2}} \tag{2-16}$$

$$或r=\frac{n\sum x_iy_i-\sum x_i\sum y_i}{\sqrt{[n\sum x_i^2-(\sum x^i)^2]\left[n\sum y_i^2-(\sum y^i)^2\right]}} \tag{2-17}$$

相关系数r是一个介于0和±1之间的数值，即$0\leqslant|r|\leqslant1$。当$r=\pm1$时，表示所有数据点都落在一条直线上；当$r=0$时，表示实验点分布是不规则的，而两变量之间不存在任何关系；当$0<|r|<1$时，这是绝大多数情况，表示x与y之间存在着一定的线性相关关系。$r>0$时，称为正相关；$r<0$时，为负相关。$|r|$值越接近1，表示数据点越接近一条直线。相关系数的大小反映：r与y两个变量间相关的密切程度。

例2-6：用分光光度法测定亚铁离子，得出下列一组数据：

溶液浓度（mol/L）1.00×10^{-5}，2.00×10^{-5}，3.00×10^{-5}，4.00×10^{-5}，6.00×10^{-5}，8.00×10^{-5}；吸光度（A）0.114，0.212，0.335，0.434，0.632，0.826

$$解r=\frac{n\sum x_iy_i-\sum x_i\sum y_i}{\sqrt{[n\sum x_i^2-(\sum x^i)^2]\left[n\sum y_i^2-(\sum y^i)^2\right]}}=0.999\ 4$$

计算所得r为0.9994，极接近1，所有数据点几乎在一条直线上，相关性很好。

现在计算器都具有回归功能，能迅速给出相关系数，通常$r>0.99$表示线性关系很好。对普通样品，用一般分析方法$r>0.999$也并不困难。

二、回归分析

由于存在不可避免的随机误差，在绘制工作曲线时，实验点不可能全部落在一条直线上。这时作图仅凭直觉很难得到较满意的结果。较好的办法是对数据进行回归分析，求出回归方程，然后配线作图，才能得到对各数据点的误差最小的一条线，即回归线。

回归分析是研究随机现象中变量之间关系的一种数理统计方法。这里只着重讨论自变量只有一个的一元线性回归。

设x为自变量，y为因变量，对于某一x值，y的多次测量值可能有波动，但服从一定的分布规律。通过相关系数计算y与x是线性函数关系，即可描述为$y^*=a+bx$。线性回归的任务就是求出a、b的值。

若用（x_i，y_i）（i=1，2，3，…，n）表示n个数据点，而$y^*=a+bx$表示一条直线。对每个数据点来说，其偏差为：$y_i-y^*=y_i-a-bx_i$

设这些偏差的平方的加和为Q，则：$Q=\sum_{i=1}^{n}\left(y_i-y^*\right)^2=\sum_{i=1}^{n}\left(y_i-a-bx_i\right)^2$

Q值反映各点与直线上相应点的偏离情况。而回归直线应是所有直线中差方和Q最小的一条直线。回归分析就是找到最适宜的a和b，使Q值达到最小。这就是通常所说的最小离差平方和原则，又称最小二乘原则。

根据微积分求极值的原理，要使Q值最小，只需将该式分别对a、b求偏导数，令其为零，以求得极值。

$$\begin{cases} \dfrac{\partial Q}{\partial a} = -2\sum_{i=1}^{n} y_i - a - bx_i = 0 \\ \dfrac{\partial Q}{\partial b} = -2\sum_{i=1}^{n} x_i y_i - a - bx_i = 0 \end{cases}$$

解此二元线性方程组，得到

$$\begin{cases} a = \dfrac{\sum y_i - b\sum x_i}{n} = \overline{y} - b\overline{x} \\ b = \dfrac{\sum\left(x_i - \overline{x}\right)\left(y_i - \overline{y}\right)}{\sum\left(x_i - \overline{x}\right)^2} \end{cases}$$

式中$\overline{x}$，$\overline{y}$分别为x和y的平均值。

计算得到的a（截距）和b（斜率），称为回归系数。而回归直线方程式也确定如下：$y=a+bx$

当$x=\overline{x}$时，$y=\overline{y}$。也就是说，回归直线一定通过（$\overline{x}, \overline{y}$）那一点，即数据平均值所对应的点。这一点对于作图十分有用。

实际工作中，有时两变量间关系是非线性的，可先通过变量转换，再进行线性回归。现在，更可以借助于计算机的各个专业数据处理软件进行回归计算，简便快速。

第三章　滴定分析法及新进展

第一节　滴定分析概述

一、滴定分析的基本概念

滴定分析法又叫容量分析法，这种方法是将一种已知准确浓度的试剂溶液滴加到被测物质的溶液中，直到所加的已知准确浓度的溶液与被测物质按化学计量关系恰好完全反应，然后根据所加标准溶液的浓度和所消耗的体积计算出被测物质的含量。

二、滴定分析法的特点和分类

滴定分析法通常用于测定常量组分的含量，有时也可用来测定含量较低组分。该法操作简便、测定快速、仪器简单、用途广泛，可适用于各种化学反应类型的测定。分析结果准确度较高，一般常量分析的相对误差在 ± 0.1% 以内。因此，滴定分析在生产和科研中具有重要的实用价值，是分析化学中很重要的一类方法。

滴定分析法根据进行滴定的化学反应类型的不同，通常分为下列四类。

（一）酸碱滴定法（又称中和法）

酸碱滴定法是以质子转移反应为基础的滴定分析方法。可用于测定酸、碱以及能直接或间接与酸、碱发生反应的物质的含量。反应实质是质子传递。例如：

强酸滴定强碱：$H_3O^++OH^-=2H_2O$

强酸滴定弱碱：$H_3O^++A^-=HA+H_2O$

强碱滴定弱酸：$OH^- + HA = A^- + H_2O$

（二）配位滴定法

配位滴定法是以配位反应为基础的滴定分析方法。可用于测定金属离子或配位剂。例如：

$Mg^{2+} + Y^{4-} = MgY^{2-}$

$Ag^+ + 2CN^- = [Ag(CN)_2]^-$（产物为配合物或配离子）

（三）氧化还原滴定法

氧化还原滴定法是以氧化还原反应为基础的滴定分析方法。可用于直接测定具有氧化或还原性的物质，或者间接测定某些不具有氧化或还原性的物质。例如：

$Cr_2O_7^{2+} + 6Fe^{2+} + 14H^+ = 2Cr^{3+} + 6Fe^{3+} + 7H_2O$

$I_2 + 2S_2O_3^{2-} = 2I^- + S_4O_6^{2-}$

（四）沉淀滴定法

沉淀滴定法是以沉淀反应为基础的滴定分析方法。可用于测定Ag^+、CN^-、SCN^-及卤素等离子。例如：

$Ag^+ + Cl^- = AgCl\downarrow$（白色）

三、滴定分析法对化学反应的要求

各种类型的化学反应虽然很多，但不一定都能用于滴定分析，为了保证滴定分析的准确度，用于滴定分析的化学反应须具备以下四个条件。

（一）反应有确定的关系式

即反应须按照一定的反应方程式进行，不发生副反应，符合确定的化学计量关系。

（二）反应须定量完成

即反应进行须完全。通常要求在化学计量点时有99.9%以上的完全程度。反应越完全对滴定越有利。

（三）反应须迅速完成

如果反应进行得较慢将无法确定终点。对于速度较慢的反应，通常可以通过加热或加入催化剂等方法加快反应速度。

（四）须有适当的方法确定终点

即能利用滴定过程中指示剂变色或滴定溶液电位、电导等值的改变来确定滴定终点。本书主要讨论指示剂法。

第二节　滴定分析的标准溶液

标准溶液是指已知准确浓度的溶液，在滴定分析中，不论采取何种滴定方法，都离不开标准溶液，否则就无法完成一个定量测定。

一、标准溶液的浓度表示方法

（一）物质的量的浓度

（1）物质的量及其单位——摩尔

物质的量和时间、长度一样是一种物理量的名称，是国际单位制（SI）七个基本单位之一。符号为n，单位是摩尔（mol）。根据国际单位制规定：摩尔是一系统物质的量，该系统所包含的基本单元数目与0.012 kg^{12}C的原子数目相等。根据实验测定0.012 kg^{12}C中约含有6.02×10^{23}个碳原子。这个数值就是阿伏加德罗常数，符号为N_A。在使用摩尔时，应注明基本单元是原子、分子、离子、电子及其他粒子或是这些粒子的特定组合。

根据上述定义，当物质B所含有的基本单元数目与0.012 kg^{12}C的原子数目一样时，物质B的物质的量就是1 mol。也就是说物质B所含有的基本单元数目是0.012 kg^{12}C的原子数目的几倍，物质B的物质的量就是几摩尔。

（2）摩尔质量和物质的量的浓度

1.摩尔质量

1 mol某物质的质量叫做该物质的摩尔质量，即以物质B的质量m_B除以物质B的物质的量即为该物质的摩尔质量M_B，单位为$g\cdot mol^{-1}$。

$$M_B=m_B/n_B \tag{3-1}$$

其值与所选定的基本单元有关，因此使用摩尔为单位时，必须根据摩尔的定义，将基本单元指明。基本单元选择不同时，摩尔质量的值不同，一定质量的某物质，其物质的量用不同基本单元表示时，其值也不相同。

例如，硫酸的基本单元可以是H_2SO_4，也可以是$1/2H_2SO_4$，基本单元不同，摩尔质量也不同。当选H_2SO_4做基本单元时，M（H_2SO_4）=98.08 g·mol^{-1}，则98.08 g的H_2SO_4的物质的量为n（H_2SO_4）=1 mol，当选$1/2H_2SO_4$为基本单元时，M（H_2SO_4）=49.4 g·mol^{-1}，98.08 g的H_2SO_4的物质的量表示为n（$1/2H_2SO_4$）=2 mol。某选定基本单元物质的摩尔质量在数值上即为该基本单元对应物质的式量。

2.物质的量浓度

标准溶液的浓度通常用物质的量浓度表示，物质的量浓度简称浓度，是指单位体积溶液中所含溶质的物质的量，单位为mol·L^{-1}。

物质B的物质的量浓度表达式为：$c_B=n_B/V$ （3–2）

式中，c_B——物质的量的浓度，mol·L^{-1}；

n_B——物质的量，mol；

V——溶液的体积，L。

由式（3–2）得出溶质的物质的量为：$n_B=c_B\times V$ （3–3）

由式（3–1）可得：$m_B=c_B\times V\times M_B$ （3–4）

例3–1：求质量分数为37%的盐酸（密度为1.19 g·mL^{-1}）的物质的量浓度。

解：$n_{HCl}=m_{HCl}/M_{HCl}=1.19\times1000\times37\%/36.46\approx12$ mol

$c_{HCl}=n_{HCl}/V_{HCl}=12$ mol·L^{-1}

物质的量浓度c_B是由物质的量n_B导出，所以在使用物质的量浓度时也必须指明基本单元。例如，每升H_2SO_4溶液中含98.08 gH_2SO_4，c（H_2SO_4）=1 mol·L^{-1}，而c（$1/2H_2SO_4$）=2 mol·L^{-1}。又如c（$KMnO_4$）=0.010 mol·L^{-1}与c（$1/5KMnO_4$）=0.010 mol·L^{-1}的两种溶液，虽然它们的浓度数值相同，但它们所表示1 L溶液中所含$KMnO_4$的质量是不同的，分别为1.58 g和0.316 g。

（二）滴定度

滴定度是指1 mL滴定剂相当于待测物质的质量，用$T_{待测物质/滴定剂}$表示，单位为g·mL^{-1}。

例如，采用$K_2Cr_2O_7$标准溶液滴定铁，$T_{Fe/K2Cr2O7}$=0.005 000 g·mL^{-1}，它表示每毫升$K_2Cr_2O_7$标准溶液相当于0.005 000 g铁，如果一次滴定中消耗$K_2Cr_2O_7$标准溶液24.50 mL，溶液中铁的质量就能很快求出，即0.005 000×24.50=0.122 5 g。在实际生产中，对大批试样进行某组分的例行分析，用滴定度表示十分方便。

有时滴定度也可用每毫升标准溶液中所含的溶质的质量（g）来表示。例如T_{NaOH}=0.002 00 g/mL，即表示每毫升NaOH标准溶液中含有NaOH 0.002 00 g。这种表示方法在配制专用标准溶液时广泛使用。

二、标准溶液和基准物质

在滴定分析中，不论采用何种滴定方法都必须使用标准溶液，最后要通过标准溶液的浓度和用量，来计算被测物质的含量。所谓标准溶液是一种已知准确浓度的溶液。但不是所有试剂都可以直接配制标准溶液。能直接配制标准溶液或标定标准溶液的物质，称为基准物质（standardsubstance）。基准物质应符合下列条件。

实际的组成应与它的化学式完全相符。若含结晶水，如硼砂$Na_2B_4O_7·10H_2O$，其结晶水的含量也应与化学式完全相符。

试剂的纯度应足够高。一般要求其纯度在99.9%以上，而杂质的含量应少到不影响分析的准确度。

试剂性质应稳定。如不与空气中的组分发生反应，不易吸湿、不易丢失结晶水，烘干时不易分解等。

尽可能有比较大的摩尔质量，以减小称量时的相对误差。

常用的基准物质有纯金属和纯化合物，如Ag、Cu、Zn、Cd、Si、Ge、Al、Co、Ni、Fe和NaCl、$K_2Cr_2O_7$、Na_2CO_3、KHC_8H_4、$Na_2B_4O_7·10H_2O$、As_2O_3、$CaCO_3$等。它们的含量一般在99.9%以上，甚至可达99.99%以上。有些超纯物质和光谱纯试剂的纯度很高，但这只说明其中金属杂质的含量很低而已，并不表明它的主要成分的含量在99.9%以上，有时候因为其中含有不定组成的水分和气体杂质，以及试剂本身的组成不固定等原因，使主成分的含量达不到99.9%以上，这时就不能用做基准物质了。所以，不要随意选择基准物质。

表3-1列出了几种最常见的基准物质的干燥条件和应用。

表3-1　常用基准物质的干燥条件和应用

基准物质		干燥后的组成	干燥条件/℃	标定对象
名称	分子式			
碳酸氢钠	$NaHCO_3$	Na_2CO_3	270~300	酸
十水合碳酸钠	$Na_2CO_3 \cdot 10H_2O$	Na_2CO_3	270~300	酸
硼砂	$Na_2B_4O_7 \cdot 10H_2O$	$Na_2B_4O_7$	放在装有NaCl和蔗糖饱和溶液的干燥器中	酸
碳酸氢钾	$KHCO_3$	K_2CO_3	270~300	酸
二水合草酸	$H_2C_2O_4 \cdot 2H_2O$	$H_2C_2O_4 \cdot 2H_2O$	室温空气干燥	碱或$KMnO_4$
邻苯二甲酸氢钾	$KHC_8H_4O_4$	$KHC_8H_4O_4$	110~120	碱
重铬酸钾	$K_2Cr_2O_7$	$K_2Cr_2O_7$	140~150	还原剂
溴酸钾	$KBrO_3$	$KBrO_3$	130	还原剂
碘酸钾	KIO_3	KIO_3	130	还原剂
铜	Cu	Cu	室温干燥器中保存	还原剂
三氧化二砷	AS_2O_3	AS_2O_3	室温干燥器中保存	氧化剂
草酸钠	$Na_2C_2O_4$	$Na_2C_2O_4$	130	氧化剂
碳酸钙	$CaCO_3$	$CaCO_3$	110	EDTA
锌	Zn	Zn	室温干燥器中保存	EDTA
氧化锌	ZnO	ZnO	900~1000	EDTA
氯化钠	NaCl	NaCl	500~600	$AgNO_3$
氯化钾	KCl	KCl	500~600	$AgNO_3$
硝酸银	$AgNO_3$	$AgNO_3$	220~250	氯化物

三、标准溶液的配制

由于滴定过程中离不开标准溶液，因此，正确地配制标准溶液、准确地标定标准溶液的浓度以及对标准溶液的妥善保管，对提高滴定分析结果的准确度有着十分重要的意义。标准溶液的配制一般可采用下述两种方法。

（一）直接配制法

准确称取一定量的基准物质，溶解后定量转移到容量瓶中，稀释至一定体积，根据称取物质的质量和容量瓶的体积即可计算出该标准溶液的浓度。这样配成的标准溶液称为基准溶液，可用它来标定其他标准溶液的浓度。例如，欲配制0.01 mol·L^{-1}$K_2Cr_2O_7$标准溶液1 L，首先在分析天平上精确称取优级纯的重铬酸钾（$K_2Cr_2O_7$）2.942 0 g，置于烧杯中，加适量水溶解后转移到1000 mL容量瓶中，再用水稀释至刻度即得浓度为0.010 00 mol·L^{-1}的$K_2Cr_2O_7$标准溶液。

直接配制法的优点是简便，一经配好即可使用，但必须用基准物质配制。

（二）间接配制法——标定法

许多物质由于达不到基准物质的要求，如$KMnO_4$、$Na_2S_2O_3$、NaOH、HCl等，其标准溶液不能采用直接法配制。对这类物质只能采用间接法配制，即粗略地称取一定量物质或量取一定量体积溶液，配制成接近所需浓度的溶液（称为待标定溶液，简称待标液），其准确浓度未知，必须用基准物质或另一种标准溶液来测定。这种利用基准物质或已知准确浓度的溶液来测定待标液浓度的操作过程称为标定。

第三节　滴定分析法的计算

滴定分析中涉及一系列的计算问题，如标准溶液的配制和浓度的标定，标准溶液和待测物质之间的计量关系及分析结果的计算等。在计算时首先要明确滴定分析中的计量关系。

一、滴定分析中的计量关系

在滴定分析中，当两种反应物质作用完全到达计量点时，两者的物质的量之间的关系应符合其化学反应式中所表示的化学计量关系，这是滴定分析计算的依据。虽然滴定分析有不同的滴定方法，滴定结果计算方法也不尽相同，但都是根据滴定剂用量及由反应物质间化学计量关系计算被测物的物质的量及其含量。所以，首先要写出正确的化学反应式，明确其中的化学计量

关系。

设被滴定物质A与滴定剂B之间的滴定反应为：

$aA+bB=cC+dD$

当A和B作用完全时，它们物质的量之间的关系恰好符合该化学反应式所表达的化学计量关系，亦即A、B的物质的量n_A、n_B之比等于反应系数之比，即：

$$n_A/n_B=a/b \text{或} n_A=n_B\times a/b \quad (3-5)$$

若被滴定的物质为溶液，设浓度为c_A，取体积V_A，而滴定剂的浓度已知为c_B，到达化学计量点时消耗的体积为V_B。

根据

$$n_A=c_A\times V_A,\ n_B=c_B\times V_B$$

则有

$$c_A\times V_A=c_B\times V_B\times a/b \quad (3-6)$$

通过测量滴定剂的体积V_B，便可以由式（3–6）求得被滴定物的未知浓度c_A。

如欲测定被滴定物质A的质量m_A，可根据摩尔质量$M_A=m_A/n_A$，得：

$$m_A=n_A\times M_A=c_B\times V_B\times a/b\times M_A \quad (3-7)$$

若被滴定物质A是某未知试样的组分之一，测定时试样的称样量为m_S，就可以进一步计算得到物质A在试样中的质量分数w_A为：

$$w_A=m_A/m_S=a/b\times c_B\times V_B\times M_A/(m_S\times 1000) \quad (3-8)$$

式中，分母乘以1000是由于滴定剂的体积V_B一般以mL为单位，而浓度的单位为$mol\cdot L^{-1}$，摩尔质量的单位为$g\cdot mol^{-1}$，称量m_S的单位为g，因此必须进行单位换算。上式若用百分含量表示为：

$$w_A=m_A/m_S\times 100\%=[a/b\times c_B\times V_B\times M_A/(m_S\times 1000)]\times 100\% \quad (3-9)$$

如果滴定反应是对滴定剂B的浓度c_B进行标定，被滴定物质A是准确称量的基准物质，其称取量为m_A，摩尔质量为M_A，根据以上关系则有：

$$m_A/M_A=c_B\times V_B\times a/b$$

式中，V_B为标定到达化学计量点时所消耗的滴定剂体积，于是可得：

$$c_B=bm_A/aM_AV_B$$

例3–2：写出用Na_2CO_3做基准物质标定HCl浓度的计算式。

解：按滴定反应$2HCl+Na_2CO_3=2NaCl+H_2CO_3$

$n(HCl)=2n(Na_2CO_3)$

设基准物质Na_2CO_3的称样量为m（g）则其物质的量：

$n(Na_2CO_3)=m(Na_2CO_3)/M(Na_2CO_3)$

若将n_{HCl}用待标定的HCl的浓度c_{HCl}和滴定到达化学计量点的体积V_{HCl}表示，则：$n_{HCl}=c_{HCl}\times V_{HCl}$

于是得：$c(HCl)=2m(Na_2CO_3)/[M(Na_2CO_3)\times V(HCl)]$

由于滴定体积一般以mL计。考虑到单位换算，写作：$c(HCl)=2000\times m(Na_2CO_3)/M(Na_2CO_3)\times V(HCl)$

在置换滴定和间接滴定等分析方法中，涉及两个或两个以上的反应，这时，应从总的反应中找出有关各物质的物质的量之间的关系，最终把握住被测物质与滴定剂的物质的量之间的关系。

例3-3：应用$KMnO_4$法测试样中Ca^{2+}的含量，试写出试样中钙的百分含量的计算式。

解：本滴定为间接滴定，通过以下步骤：$Ca^{2+}+C_2O_4^{2-}=CaC_2O_4\downarrow$

将CaC_2O_4沉淀洗涤过滤后，溶于H_2SO_4中，再以$KMnO_4$标准溶液滴定，反应为：$5C_2O_4^{2-}+2MnO_4^-+16H^+=10CO_2+2Mn^{2+}+8H_2O$

此处1 mol Ca^{2+}与1 mol $C_2O_4^{2-}$反应，1 mol $C_2O_4^{2-}$与2/5 mol $KMnO_4$反应，所以，总的反应中，Ca^{2+}与$KMnO_4$的关系为：$n(Ca^{2+})=5/2n(KMnO_4)$

进一步可计算得试样中钙的百分含量为：

$W(Ca)=[5/2c(KMnO_4)\times V(KMnO_4)\times M(Ca)/m_S\times 1000]\times 100\%$

二、滴定分析法的有关计算

从上面的分析中可以看到，掌握了物质的量n、质量m、摩尔质量M、物质的量的浓度c及质量分数w的定义及量的相互关系式，利用反应方程式计量关系就能正确进行滴定计算。

（一）标准溶液浓度的计算

（1）直接配制法浓度的计算

基本公式：$m_B=M_B\times c_B\times V_B/1000$

例3-4：欲配制1.0 mol·L^{-1}的NaCl溶液500 mL，应称取基准物质NaCl多少克？

解：$m_B=M_B \times c_B \times V_B/1000=58.5 \times 1.0 \times 500/1000=293$ g

例3-5：在稀硫酸中，用0.020 12 mol·L^{-1}的$KMnO_4$溶液滴定某草酸钠溶液，如欲两者消耗的体积相等，则草酸钠溶液的浓度为多少？若需配制该溶液100.0 mL，应称取草酸钠多少克？

解：$5C_2O_4^{2-}+2MnO_4^-+16H^+=10CO_2+2Mn^{2+}+8H_2O$

因此n（$Na_2C_2O_4$）=5/2n（$KMnO_4$）

根据题意，V（$Na_2C_2O_4$）=V（$KMnO_4$）

c（$Na_2C_2O_4$）=5/2c（$KMnO_4$）=2.5 × 0.0212=0.050 30 mol·L^{-1}

m（$Na_2C_2O_4$）=（cVM）（$Na_2C_2O_4$）

=0.050 30 × 100.0 × 134.00/1000=0.674 0 g

（2）间接配制法浓度的计算

基本公式：$c_A \times V_A=c_B \times V_B \times b/a$

例3-6：用$Na_2B_4O_7 \cdot 10H_2O$标定HCl的浓度，称取0.480 6 g硼砂，滴定至终点时消耗HCl溶液25.20 mL，计算HCl的浓度。

解：$Na_2B_4O_7 \cdot 10H_2O+2HCl=4H_3BO_3+2NaCl+5H_2O$

n（$Na_2B_4O_7 \cdot 10H_2O$）=1/2n（HCl）

m/M（$Na_2B_4O_7 \cdot 10H_2O$）=1/2$c_{HCl}V_{HCl}$

c（HCl）=0.480 6/381.4 × 2/25.20 × 1000=0.100 0 mol·L^{-1}

例3-7：要求在标定时用去0.20 mol·L^{-1}NaOH溶液20~25 mL，问应称取基准试剂邻苯二甲酸氢钾（$KHC_8H_4O_4$）多少克？如果改用二水合草酸做基准物质，又应称取多少克？

解：n（$KHC_8H_4O_4$）=n（NaOH）

n（$H_2C_2O_4 \cdot 2H_2O$）=1/2n（NaOH）

$m_B=n_B \times M_B$

由此可计算得：需$KHC_8H_4O_4$称量0.80~1.0 g，需二水合草酸称量0.26~0.32 g。

（二）物质的量浓度与滴定度之间的换算

基本公式：

$T_{A/B}=M_A/V_B=a/b \times c_B \times M_A \times 10^{-3}$

例3-8：试计算0.020 00 mol·L^{-1}$K_2Cr_2O_7$溶液对Fe和Fe_2O_3的滴定度。

解：$Cr_2O_7^{2-}+6Fe^{2+}+14H^+=2Cr^{3+}+6Fe^{3+}+7H_2O$

则$T_{Fe/K2Cr2O7}=6c(K_2Cr_2O_7)\times M(Fe)\times 10^{-3}$

$=6\times 0.020\ 00\times 55.85\times 10^{-3}=0.006\ 702$ g/mL

同理可得：$T_{Fe/K2Cr2O7}=3c(K_2Cr_2O_7)\times M(Fe_2O_3)\times 10^{-3}$

$=3\times 0.020\ 00\times 159.7\times 10^{-3}=0.009\ 581$ g/mL

（三）待测物质含量的计算

基本公式：$w_A=a/b\times C_B\times V_B\times M_A\times 100\%/(m_S\times 1000)$

例3-9：称取铁矿石试样0.156 2 g，试样经分解后，经预处理使铁试样呈Fe^{2+}状态，用0.012 14 mol·L^{-1}$K_2Cr_2O_7$标准溶液滴定，消耗$K_2Cr_2O_7$的体积20.32 mL，计算试样中Fe的质量分数。若用Fe_2O_3表示，其质量分数又为多少？

解：$Cr_2O_7^{2-}+6Fe^{2+}+14H^+=2Cr^{3+}+6Fe^{3+}+7H_2O$

$n(Fe)/n(K_2Cr_2O_7)$

$w(Fe)=6c(K_2Cr_2O_7)\times V(K_2Cr_2O_7)\times M(Fe)/m_S\times 100\%$

$=6\times 0.012\ 14\times 20.33\times 55.85/(0.156\ 2\times 1000)\times 100\%=52.92\%$

$w(Fe_2O_3)=3\times 0.012\ 14\times 20.32\times 159.7/(0.156\ 2\times 1000)\times 100\%=75.66\%$

第四章　酸碱滴定法及新进展

在这一章中，我们会讨论各种类型的酸碱滴定反应，包括强酸、强碱、弱酸、弱碱的滴定，以及介绍各种滴定曲线。通过对指示剂理论的学习，完成特定的滴定反应的指示剂的选择。同时阐述弱酸、弱碱与两种或两种以上物质的滴定以及混合酸碱的滴定，也阐述了用于有机和生物样品中的氮元素测定的凯氏定氮法。

酸碱滴定在多个行业中都很重要。它们提供了精确的测量结果。手动滴定比较烦琐，而自动滴定仪较为常用，可以毫不费力地进行准确滴定。酸碱滴定在食品工业中用于脂肪酸含量、果汁饮料的酸度、葡萄酒的总酸量、食用油的酸值和醋中的醋酸含量的测定；也用于生物中废植物油的酸度测定，这种废植物油是柴油机生产的主要成分，废植物油必须被中和以去除游离脂肪酸，该游离脂肪酸通常用于生产肥皂而不是生物柴油。氨对水生生物毒性很大，酸碱滴定可用于水族馆氨含量的测定。另外，酸碱滴定在电镀工业中，可用于镀镍溶液中硼酸浓度的测定；在金属行业中，可用于蚀刻溶液中酸的测定；在环境领域，可用于城市污水酸碱度的测定；在石油行业，可用于发动机润滑油的酸值测定，以及乙酸乙烯酯中醋酸的测定；在制药行业，可用于胃酸中碳酸氢钠的测定。酸碱滴定可用于测定化学药品的纯度。通过测量皂化每克脂肪酸所需KOH的质量，用羧酸的皂化值来确定脂肪酸链在脂肪中的平均长度。

第一节　强酸强碱——最简单的滴定

酸碱滴定反应过程涉及中和反应，在这个反应中，酸和等当量的碱反应。通过建立滴定曲线，我们能够很容易地解释怎样识别这些滴定的终点。终点预示着反应的完成。滴定曲线是通过绘制溶液的pH和所加滴定剂之间的关系建立的。滴定剂通常是强酸或强碱。而分析物可能是强碱、强酸、弱酸或者弱碱。

在强碱滴定强酸过程中，标准溶液和分析物都可以作为滴定剂，因其都可以完全电离。比如盐酸和氢氧化钠的滴定：

$$H^+ + Cl^- + Na^+ + OH^- \rightarrow H_2O + Na^+ + Cl^- \quad (4\text{–}1)$$

仅强酸强碱被用作滴定剂。

H^+和OH^-结合生成H_2O，Na^+和Cl^-仍然未改变，因此，滴定的最终结果是把盐酸变成了NaCl中性溶液，如图4–1所示为用0.1 mmol/mL NaOH滴定100 mL 0.1 mmol/mL HCl的滴定曲线。

滴定曲线的计算涉及在滴定不同阶段的特定物种浓度下pH计算。确定该物种的浓度时，必须考虑滴定过程中体积的变化。

表4–1总结了滴定曲线的不同部分的方程式。我们用f表示用滴定剂滴定分析物的分数，如图4–1所示，在滴定开始（f=0）时，有0.1 mmol/mL HCl，所以初始pH为1.0。当0<f<1时，H^+部分从溶液中反应变成水，所以浓度逐渐降低。在中和90%（f=0.9）（90 mL NaOH）时，只有10%的H^+存在。忽略体积变化，在这一点上，H^+浓度是10^{-2} mmol/mL，pH仅上升一个pH单位（如果校正由体积引起的变化，结果会稍微高些，如图4–1中表格所示）。然而，随着接近化学计量点，H^+浓度迅速降低，直至化学计量点（f=1）。当中和完成时，中性溶液中只有NaCl，pH为7。我们继续加入NaOH（f>1），则OH^-浓度从化学计量点时的10^{-7} mmol/mL开始迅速增加，结果为10^{-2}~10^{-1} mmol/mL；然后形成NaOH和NaCl的混合溶液。因此，pH在化学计量点时保持相对恒定，在接近化学计量点时，它的变化非常明显。可以通过测定pH或者pH引起的这样大的变化来确定反应的完成（例如：电极的电位变化或指示剂的颜色变化）。

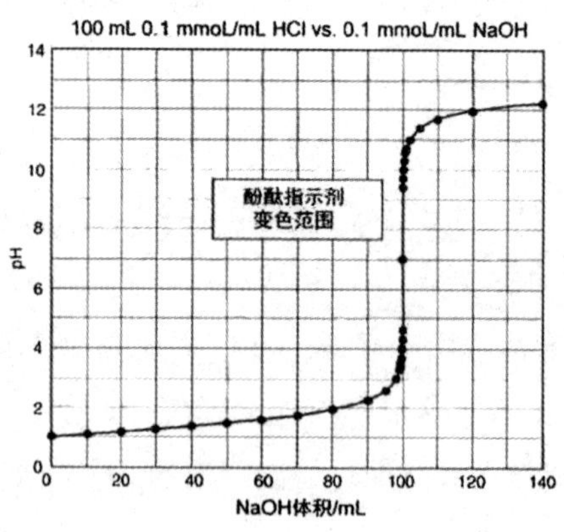

	A	B	C	D	E	F	G
1	100.00 mL of 0.100 0M_{HCl}vs.0.100 0M_{NaOH}						
2	mL_{HCl}=	100.00	M_{HCl}=	0.1000			
3	M_{NaOH}=	0.100 0	K_w=	1.00E−14			
4	mL_{NaOH}	[H^+]	[OH^-]	pOH	pH		
5	0.00	0.1			1.00		
6	10.00	0.081 818 2			1.09		
7	20.00	0.066 666 7			1.18		
8	30.00	0.053 846 2			1.27		
9	40.00	0.042 857 1			1.37		
10	50.00	0.033 333 3			1.48		
11	60.00	0.025			1.60		
12	70.00	0.017 647 1			1.75		
13	80.00	0.011 111 1			1.95		
14	90.00	0.005 263 2			2.28		
15	95.00	0.002 564 1			2.59		
16	98.00	0.001 010 1			3.00		
17	99.00	0.000 502 5			3.30		
18	99.20	0.000 401 6			3.40		
19	99.40	0.000 300 9			3.52		
20	99.60	0.000 200 4			3.70		
21	99.80	0.000 100 1			4.00		
22	99.90	0.000 050 03			4.30		
23	99.95	0.000 025 01			4.60		
24	100.00	0.000 000 1			7.00		
25	100.05		0.000 025	4.60	9.40		
26	100.10		0.000 05	4.30	9.70		
27	100.20		0.000 4	4.00	10.00		
28	100.40		0.000 2	3.70	10.30		
29	100.80		0.000 4	3.40	10.60		
30	101.00		0.000 5	3.30	10.70		

续表

	A	B	C	D	E	F	G
31	102.00		0.00099	3.00	11.00		
32	105.00		0.00244	2.61	11.39		
33	110.00		0.00476	2.32	11.68		
34	120.00		0.00909	2.04	11.96		
35	140.001		0.01667	1.78	12.22		
36	Formulas for cells in boldface						
37	Cell B5：$[H^+]$=（$mL_{HCl} \times M_{HCl} - mL_{NaOH} \times M_{NaOH}$）/（$mL_{HCl} + mL_{NaOH}$）						
38	=（B2*D2−A5*B3）/（B2+A5）				Copy through Cell B23		
39	Cell E5=pH=		（−LOG10（B5））		Copy through Cell E24		
40	Cell B24=$[H^+]=K_w^{1/2}$=			SQRT（D3）			
41	Cell C25=$[OH^-]$=（$mL_{NaOH} \times M_{NaOH} - mL_{HCl} \times M_{HCl}$）/（$mL_{HCl} + mL_{NaOH}$）						
42	=（A25*B3−B2*D2）/（B2+A25）					Copy to end	
43	Cell D25=pOH=−log$[OH^-]$=			（−LOG10（C25））		Copy to end	
44	Cell E25=pH=14−pH=			14−D25		Copy to end	

图4-1　用0.1 mmol/mLNaOH滴定100 mL 0.1 mmol/mL HCl的滴定曲线

化学计量点是理论上反应完全的那一点。

表4-1　强酸强碱滴定计算公式

滴定分数/f	强酸		强碱	
	类型	公式	类型	公式
f=0	HX	$[H^+]$=[HX]	BOH	$[OH^-]$=[BOH]
0＜f＜1	HX/X−	$[H^+]$=[剩余HX]	BOH/B^+	$[OH^-]$=[剩余BOH]
f=1	X	$[H^+]=\sqrt{K_w}$	B^+	$[H^+]=\sqrt{K_w}$
f＞1	OH/X−	[OH]=[过量的滴定剂]	H^+/B^+	$[H^+]$=[过量的滴定剂]

例4-1：用0.100 mmol/mL NaOH滴定50.0 mL 0.100 mmol/mL HCl，计算滴定为0，10%，90%，100%和110%（化学计量点体积百分比）时的pH值。

继续保留使用mmol。

解：在0%时：pH=−lg0.100=1.00

在10%时：加入5.0 mLNaOH，初始时H^+的物质的量0.100 mmol/mL

$\times$ 50.0 mL=5.00 mmol

加入NaOH后，计算H^+的浓度为：初始时H^+的物质的量=5.00 mmol，加入后OH^-的物质的量=0.100 mmol/mL $\times$ 5.0 mL=0.500 mmol

剩余H^+的物质的量=4.50 mmol（H^+在55.0 mL溶液中）$[H^+]$=4.50 mmol/55.0 mL=0.081 8 mmol/mL

pH=–lg0.0818=1.09

在90%时：初始时H^+的物质的量=5.00 mmol，加入后OH^-的物质的量=0.100 mmol/mL $\times$ 45.0 mL=4.50 mmol

剩余H^+的物质的量=0.50 mmol（H^+在95.0 mL溶液中）

$[H^+]$=0.005 26 mmol/mL

pH=–lg0.005 26=2.28

在100%时：所有H^+和OH^-反应，得到0.050 0 mmol/mL NaCl溶液，因此pH是7.00。

在110%时：溶液包含NaCl和过量的NaOH。

OH^-的物质的量=0.100 mmol/mL $\times$ 5.00 mL=0.50 mmol（OH^-在105 mL溶液中）

$[OH^-]$=0.004 76 mmol/mL

pOH=–lg0.004 76=2.32，pH=11.68

值得注意的是，在化学计量点之前，酸过量，存在关系$[H^+]=(c_{酸} \times V_{酸} - c_{碱} \times V_{碱})/V_{总}$，其中$V$是体积。可以将此用于计算$[H^+]$，如例4–1。同样，在化学计量点后，有过量的碱，$[OH^-]=(c_{碱} \times V_{碱} - c_{酸} \times V_{酸})/V_{总}$。值得注意的是，$V_{总}$是酸和碱的总体积。

突跃的大小将取决于酸的浓度和碱的浓度。不同浓度的滴定曲线如图4–2所示。反滴定曲线与此曲线成镜像关系。0.1 mmol/mL HCl滴定0.1 mmol/mL-NaOH如图4–3所示。指示剂的选择在下文进行讨论。

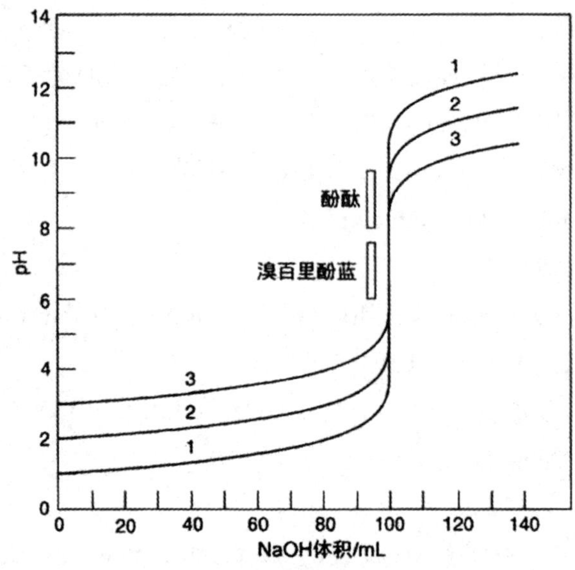

图4-2 滴定突跃与浓度的关系

曲线1：0.1 mmol/mL NaOH滴定100 mL 0.1 mmol/mL HCl；

曲线2：0.01 mmol/mL NaOH滴定0.01 mmol/mL HCl；

曲线3：0.001 mmol/mL NaOH滴定0.001 mmol/mL HCl；

化学计量点pH均为7.00。

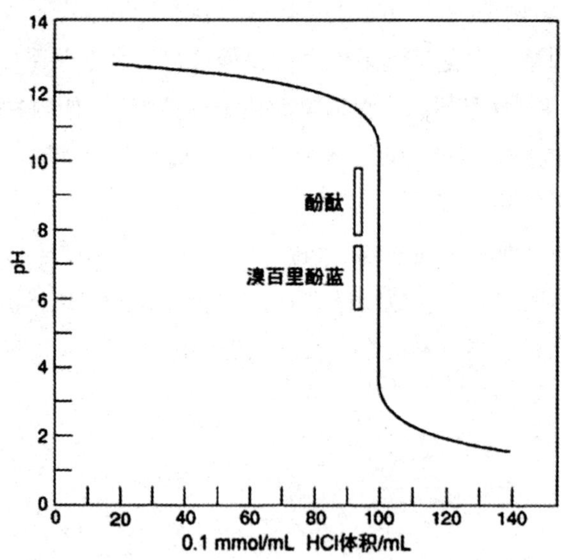

图4-3 0.1 mmol/mL HCl滴定100 mL 0.1 mmol/mL NaOH的滴定曲线，化学计量点pH为7.00

随着溶液越来越稀，指示剂的选择变得更加关键。

第二节　滴定终点的确定：指示剂

进行滴定的过程是没有什么价值的，除非我们能准确地说出酸完全中和了碱，即达到化学计量点。因此，我们希望准确测定化学计量点。观察到的反应的终点被称为滴定终点。选择测量的终点和化学计量点要一致或接近。化学计量点与终点的区别被称为滴定误差作为测量，我们要减少误差。确定终点最明显的方法是测量滴定不同点的pH，可以用一个pH计来测量。

通常情况下，在溶液中加入一种指示剂，肉眼观察其颜色变化是比较方便的方法。酸碱滴定的指示剂是一种弱酸或弱碱，有明显颜色变化。电离态的颜色与非电离态的颜色有明显不同。一种形式可能是无色的，但至少一种形式必须是有色的。这些物质通常是由高度共轭的有机物组成而出现不同颜色。

设想指示剂是一种弱酸HIn，假设其非电离态是红色，电离态为蓝色：

$$HIn \rightleftharpoons H^{+}+In^{-} \tag{4-2}$$

（红）（蓝）

我们可以写出Henderson–Hasselbalch方程：

$$pH=pK_{HIn}+\lg\frac{[In^{-}]}{[HIn]} \tag{4-3}$$

一般情况下，如果两种形式的浓度比为10：1，那么肉眼只能观察到一种颜色。

指示颜色在一个pH值范围内变化。变色范围取决于观测浅颜色变化的能力。指示剂在两种形式下都有颜色，当仅观察到离子形式的颜色时，$[In^{-}]/[HIn]=10/1$。如果摩尔吸光系数如颜色强度等没有太大的不同；只有较大浓度形式的颜色能被看到。从这个信息，我们可以计算出从一个颜色到另一个颜色的pH变色范围。当只能观察到非离子形式的颜色时，$[In^{-}]/[HIn]=1/10$，因此，

$$pH=pK_a+\lg(1/10)=pK_a-1 \tag{4-4}$$

当只能观察到离子形式的颜色时，$[In^-]/[HIn]=10/1$，因此，

$$pH=pK_a+\lg 10/1=pK_a+1 \tag{4-5}$$

因此，从一个颜色变为另一个颜色pH值是从pK_a-1到pK_a+1。这时pH变化为2，大多数指示剂需要一个变色范围，约2个pH单位。在这个转变过程中，所观察到的颜色是两种颜色的混合色。

中间的过渡，这两种形式的浓度是相等的，而且$pH=pK_a$。很明显，该指示剂的PK_a值应接近化学计量点附近的pH。

选择指示剂的pK_a和化学计量点接近。

弱碱的指示剂的计算和这些类似，都揭示了相同的变色范围；pOH中途转型等于pK_b，pH等于$14-pK_b$。因此，一个弱碱的指示剂，应选择$pH=14-PK_b$。发现用弱碱对应的共轭酸去处理弱碱和使用pK_a值很方便。

图4–4列举了一些常用指示剂的颜色和变色范围。在某些情况下，该范围可能会有所减小，这取决于颜色；有些颜色比其他颜色更容易观察到。如果一种指示剂颜色变浅，变色范围则更容易看到。因此，酚酞通常用作强酸–强碱滴定时的指示剂（图4–1，滴定0.1 mmol/mL盐酸）。然而，存稀溶液中，酚酞落在了陡峭的滴定曲线的外面（如图4–2所示），此时指示剂必须使用溴百里酚蓝。类似的情况也适用于NaOH和HCl的滴定（如图4–3所示）。

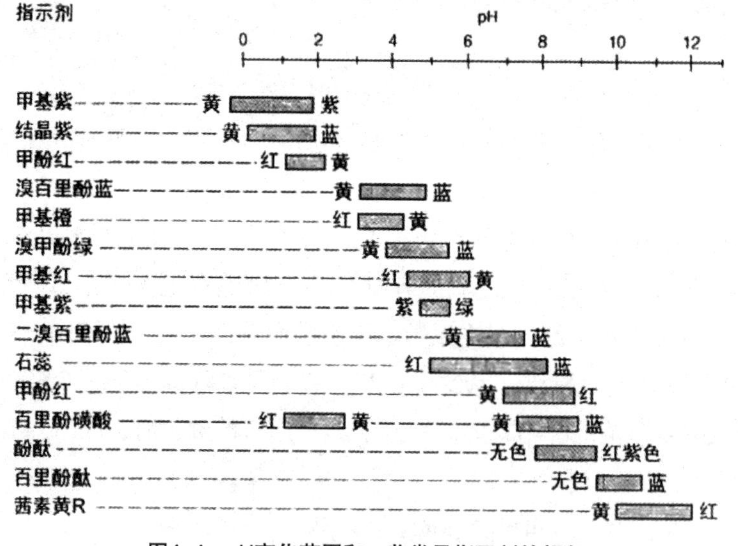

图4–4　pH变化范围和一些常见指示剂的颜色

指示剂是弱酸或弱碱，为避免它对pH的影响，应使加入量保持最少，因此要求加入少量滴定剂就会引起颜色的变化。即，当浓度较低时颜色变化会更灵敏，因为只需要少量的酸或碱把它从一种形式转换到另一种形式。当然，溶液中必须加入足够的指示剂以容易辨别颜色。一般来说，只需加入百分之零点几（质量/体积）的指示剂，即两三滴即可。

两滴（0.1 mL）0.004 mmol/mL的指示剂（0.1%相对分子质量为250的溶液）等于0.01 mL 0.04 mmol/mL的滴定剂。

第三节　弱酸与强碱——有点不太简单

100 mL 0.1 mmol/mL醋酸滴定0.1 mmol/mL氢氧化钠溶液的滴定曲线如图4–5所示。中和反应如下：$HOAc+Na^{+}+OH^{-}\rightarrow H_2O+Na^{+}+OAc$　（4–6）

乙酸只有百分之几离解（这和它的浓度有关），被中和生成水和盐。开始滴定前，我们有0.1 mmol/mL醋酸。表4–2总结了滴定曲线上不同比例的方程。一旦开始滴定，一些乙酸转化为醋酸钠，建立了一个缓冲体系。作为滴定所得，pH随着[OAc]/[HOAc]的比值的增大缓慢增加。在滴定中点，[OAc]=[HOAc]，且pH=pK_a。在化学计量点，得到醋酸钠溶液。因为这是Bronsted碱（水解），在化学计量点时pH为碱性。pH将取决于乙酸钠的浓度。浓度越大，pH越高。当过量NaOH的加入导致超过化学计量点时，OAc的量可以忽略不计，pH只取决于OH^{-}的浓度。因此，超过化学计量点后滴定曲线将和强酸的滴定一致。

对于弱酸强碱滴定或者弱碱强酸滴定，当弱酸或弱碱被滴定一半时，即半中点时，此时曲线是最平的，因为缓冲能力是最强的。

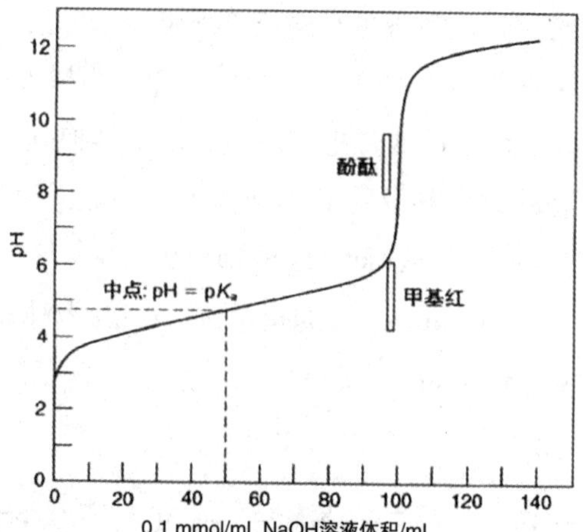

图4-5　0.1 mmol/mL NaOH溶液滴定100 mL 0.1 mmol/mL HOAc的滴定曲线（注意化学计量点pH不是7，对于0.05 mmol/mL NaOAc 溶液化学计量点pH为8.73）

表4-2　弱酸弱碱滴定计算公式

滴定分数/f	强酸		强碱	
	类型	公式	类型	公式
f=0	HA	$[H^+]=\sqrt{K_a}\cdot c_{HA}$	B	$[OH^-]=\sqrt{K_a}\cdot c_B$
f>1	HA/A^-	$pH=pK_a+\lg\frac{c_{A-}}{c_{HA}}$	B/BH^+	$pH=(pK_w-pK_b)+\lg\frac{c_B}{c_{BH+}}$
f=1	A^-	$[OH^-]=\sqrt{\frac{K_w}{K_a}c_{A-}}$	BH^+	$[H^+]=\sqrt{\frac{K_w}{K_b}c_{BH+}}$
f>1	OH^-/A-	$[OH^-]$=[过量的滴定剂]	H^+/BH^+	$[H^+]$=[过量的滴定剂]

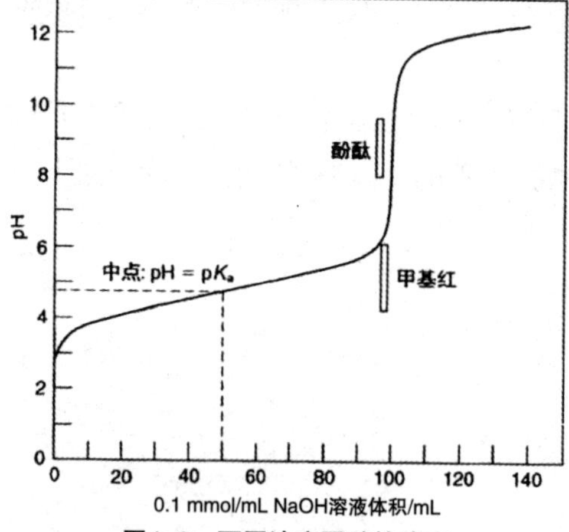

图4-6　不同浓度弱酸的滴定

曲线1：0.1 mmol/mL NaOH溶液滴定100 mL 0.1 mmol/mL HOAc；

曲线2：0.01 mmol/mL NaOH溶液滴定100 mL 0.01 mmol/mL HOAc；

曲线3：0.001 mmol/mL NaOH溶液滴定100 mL 0.001 mmol/mL HOAc

例4–2：用0.100 mmol/mL NaOH溶液去滴定50.0 mL 0.100 mmol/mL乙酸，计算分别消耗0 mL，10.0 mL，25.0 mL，50.0 mL和60.0 mL NaOH时溶液的pH。

解：在0 mL时，溶液中只有0.100 mmol/mL HOAc：

$x \times x/(0.100-x)=1.75 \times 10^{-5}$

$[H^+]=x=1.32 \times 10^{-3}$ mmol/mL

pH=2.88

在10.0 mL时，0.100 mmol/mL × 50.0 mL=5.00 mmol HOAc；部分和OH^-反应转化为OAc^-：

初始HOAc物质的量=5.00 mmol

加入OH^-物质的量=0.100 mmol/mL × 10.0 mL=1.00 mmol

=在60.0 mL溶液中形成的OAc^-的物质的量

在60.0 mL溶液中剩余HOAc物质的量=4.00 mmol

$$pH=pK_a+\lg\frac{[OAc^-]}{[HOAc^-]}$$

$$pH=4.76+\lg\frac{1.00}{4.00}=4.16$$

我们得到的缓冲液，因为体积消掉了。

物质的量单位继续用mmol。

在25.0 mL时，有一半HOAc转化成OAc^-，因此$pH=pK_a$：

初始HOAc物质的量=5.00 mmol

OH^-物质的量=0.100 mmol/mL × 25.0 mL

=2.50 mmolOAc^-形成的

剩余HOAc物质的量=2.50 mmol

$$pH=4.76-\lg\frac{2.50}{2.50}=4.76$$

50.0 mL时，所有HOAc转化为OAc^-（5.00 mmol在100 mL中，或0.050 0 mmol/mL）：

$$[OH^-]=\sqrt{\frac{K_w}{K_a}\left[OAc^-\right]}$$

$$=\sqrt{\frac{1.0\times10^{-14}}{1.75\times10^{-5}}\times0.050\,0}=5.35\times10^{-6}\ (\text{mmol/mL})$$

pOH=5.27；pH=8.73

在60.0 mL时，我们得到NaOAc溶液和过量的NaOH，过量NaOH加入，OAc^-的水解可以忽略不计，pH只取决于OH^-的浓度。

110 mL溶液中OH^-物质的量=0.100 mmol/mL × 10.0 mL=1.00 mmol

$[OH^-]$=0.009 09 mmol/mL

pOH=2.04；pH=11.96

在化学计量点之前，缓慢上升的区域称为缓冲区。它在中点时是很平坦的，即此处$[OAc^-]/[HOAc]$为1个单位，pH=pK_a时缓冲强度是最大的，缓冲能力取决于HOAc和OAc^-的浓度，随着浓度增加，缓冲能力增大。换句话说，在pK_a，两边的平坦部分的距离会随着[HOAc]和$[OAc^-]$增加而增加。pH偏离酸pK_a的一侧，缓冲区将可以承受更多的碱，但会承受更少的酸；与pH=pK_a相比，加入少量的碱，pH的改变会变大，因为曲线是不平坦的，所以，缓冲强度在pH=pK_a时最大。相反，pK_a的碱性一侧，可以承受更多的酸和少量的碱。

你可能已经注意到，与弱酸滴定相比，强酸强碱滴定（图4-1和图4-2）对应的区域是非常平坦的。在这方面，加入H^+或OH^-后引起pH变化，强酸或强碱溶液比缓冲体系更能承受pH变化。事实上，高浓度的强酸和强碱是非常好的缓冲液。问题是，它们被限制在一个很窄的pH范围内，要么酸性很强，要么碱性很强，尤其是如果酸或碱浓度足够大，则可以对抗pH的变化。这些都是很少有实用价值的区域。此外，稀释后的强酸和碱溶液pH变化比缓冲液弱。因此，我们通常使用弱酸或弱碱及其相应的盐作为缓冲液。这可使所需pH值落在希望的区域中。通常，一个缓冲液仅在指定的pH使用，并且没有多余的酸或碱加入。可以更容易地获得期望的pH，并且与使用强酸或强碱相比其对常规缓冲液的变化不太敏感。

强酸实际上是很好的缓冲液，除非它变稀。

滴定弱酸时，指示剂的变色范围必须落在pH 7~10（图4-5），酚酞刚好适合。如果指示剂使用甲基红，它将在滴定开始后不久，改变颜色，并逐渐从碱性色改变至酸性色（pH6），甚至在达到化学计量点之前就完成变色了。

弱酸滴定要求仔细选择指示剂。

滴定曲线的形状和化学计量点pH与浓度的关系如图4–6所示。显然，溶液稀释为10^{-3} mmol/mL，酚酞不能作为指示剂（曲线3）。请注意，当弱酸性体系变稀（不发生在强酸性体系）时，化学计量点的pH会降低。

第四节 弱碱强酸滴定

一个弱碱和一个强酸的滴定完全类似于上述情况，但滴定曲线和弱酸与强碱滴定曲线相反。用0.1 mmol/mL盐酸滴定100 mL0.1 mmol/mL氨的滴定曲线如图4–8所示。中和反应：$NH_3+H^++Cl^-\rightarrow NH_4^++Cl^-$ （4–7）

在滴定开始，有0.1 mmol/mL的NH_3，见表4–2。加入一些酸，一些NH_3转化为NH_4^+，就会处于缓冲区域。在滴定中点，$[NH_4^+]=[NH_3]$，pH等于（$14-pK_b$）或NH_4^+的pK_a。在化学计量点时，我们得到NH_4Cl溶液，弱Bronsted酸水解为酸溶液。同样，pH将取决于浓度：浓度越大，pH越低。除了化学计量点，自由的氢离子会抑制电离，pH也由加入的过量氢离子决定。因此，过了化学计量点后滴定曲线将和强碱的滴定一致（图4–3）。因为氨水的K_b恰好等于乙酸的K_a，氨对强酸的滴定曲线与醋酸对强碱的滴定曲线成镜像关系。

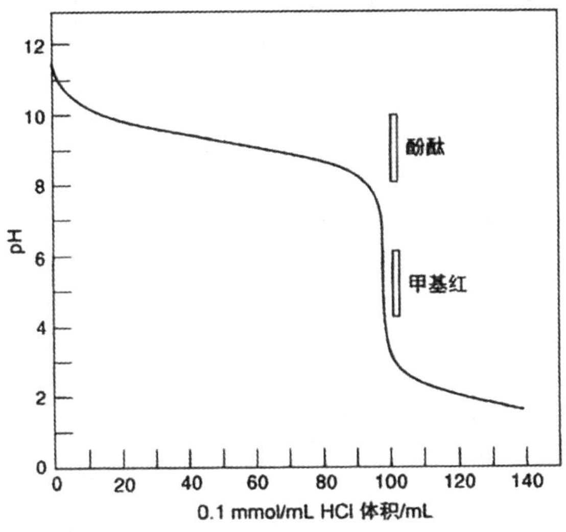

图4–7 0.1 mmol/mL HCl滴定100 mL 0.1 mmol/mL NH_3的滴定曲线

图4-7中的滴定指示剂必须在pH4~7。甲基红符合这一要求，如图4-7所示。如果用酚酞作指示剂，它会在化学计量点到达前，pH8~10逐渐失去颜色。

不同浓度的NH_3与不同浓度的盐酸的滴定曲线将与图4-6中的曲线成镜像。甲基红不能用作稀溶液的指示剂。对于不同值的弱碱（100 mL，0.1 mmol/mL）和0.1 mmol/mL HCl的滴定曲线如图4-8所示。在涉及大的浓度滴定（约0.1 mmol/mL）时，使用视觉指示剂可以准确滴定K_b为10^{-6}的弱碱。

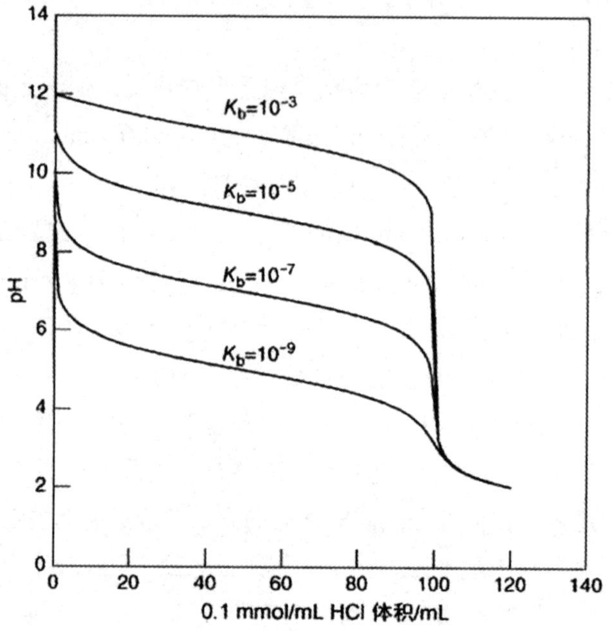

图4-8　0.1 mmol/mLHCl滴定100 mL 0.1 mmol/mL不同K_a的弱碱的滴定曲线

第五节　碳酸钠的滴定——二元碱

碳酸钠是路易斯碱，它是一级标准物质，被用于标定强酸。它存在两步水解：

$$CO_3^{2-}+H_2O \rightleftharpoons HCO_3-+OH^- \ K_{H1}=K_{b1}=K_w/K_{a2}=2.1\times10^{-4} \quad (4-8)$$

$$HCO_3^-+H_2O \rightleftharpoons CO_2+H_2O+OH^- \ K_{H2}=K_{b2}=K_w/K_{a1}=2.3\times10^{-8} \quad (4-9)$$

式中，K_{a1}和涉及H_2CO_3的K_a值；HCO_3^-是CO_3^{2-}的共轭酸，即$K_aK_b=K_w$。

碳酸钠滴定终点为HCO_3和CO_2对应的质子[碳酸，H_2CO_3，在酸性溶液中生成CO_2（H_2CO_3的酸酐）和H_2O]。K_b值至少相差10^4才能得到良好地分离。

碳酸钠与盐酸的滴定曲线如图4-9所示（实线）。虽然K_{b1}远远大于10^{-6}，第一化学计量点之后形成CO_2，pH突跃降低，第二个终点不是特别锐利，可能是因为K_{b2}小于10^{-6}。幸运的是，这一终点可以变尖，因为HCO_3中和生成CO_2，CO_2经煮沸可脱离溶液。

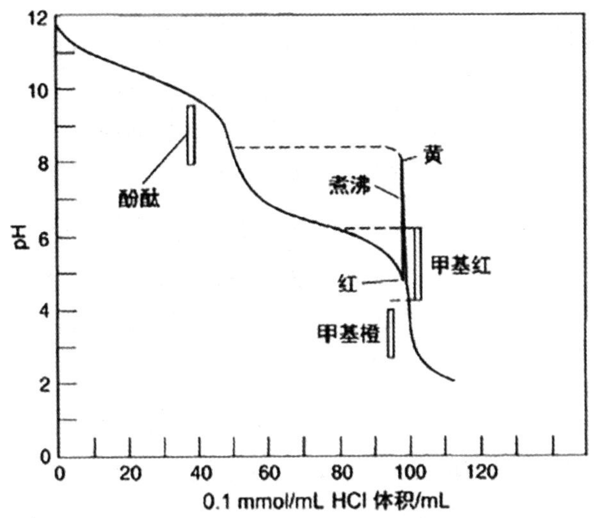

图4-9　0.1 mmol/mL HCl滴定50 mL 0.1 mmol/mL Na_2CO_3的滴定曲线。实线代表已经煮沸除去CO_2的滴定曲线

在滴定开始时，pH是由Bronsted碱CO_3^{2-}的水解决定的。滴定开始后，CO_3^{2-}部分转化为HCO_3^-，CO_3^{2-}/HCO_3^-缓冲体系建立。在第一个化学计量点，还有HCO_3^-溶液，$[H^+]\approx\sqrt{K_{a1}K_{a2}}$。在第一个化学计量点之后，$HCO_3^-$部分转化为$H_2CO_3$（$CO_2$）建立了第二个缓冲区，pH由$[HCO_3^-]/[CO_2]$决定。第二个化学计量点由弱酸性二氧化碳的浓度决定。

煮沸溶液以除去CO_2，HCO_3^-的pH为8.73，在未煮沸的情况下，对于0.033 mmol/mL CO_2第二个化学计量点处的pH为3.92，沸腾后为7（NaCl）。

酚酞用来检测第一终点，甲基橙用于检测第二个终点。然而，无论终点是否尖锐。在实践中，酚酞终点仅用于获得一个近似第二终点的地方。超出第一终点酚酞无色，也不干扰。第二化学计量点常用于准确滴定，但用甲基橙指示终点通常不是很准确，因为甲基橙的颜色渐变。这是由在第一终点后HCO_3^-/CO_2缓冲体系的pH逐渐降低引起的。

超出第一个化学计量点，加入HCl后，煮沸从溶液中除去CO_2，HCO_3^-/CO_2缓冲系统将被移除，只留下HCO_3^-在溶液中。这即是弱酸也是弱碱，它的pH（≈8.3）是独立的（$[H^+]=\sqrt{K_{a1}K_{a2}}$或$[OH]=\sqrt{K_{b1}K_{b2}}$。实质上，pH将保持基本不变，直到化学计量点，当溶液中剩余水和氯化钠时，溶液为中性（pH=7）。滴定曲线如图4–9虚线所示。

图4–9所示的程序可以被用来锐化终点。甲基红作为指示剂，滴定一直持续，直到从黄色到橙色再到明确的红色。这将发生在化学计量点之前。颜色的变化是逐渐的。颜色将从pH约为6.3处时开始变化，刚好是在化学计量点之前。此时，停止滴定，轻轻煮沸清除二氧化碳。现在溶液应该转化为黄色，因为我们只有稀的HCO_3^-溶液。溶液冷却，继续滴定直到颜色为红色。这里的化学计量点并不是在pH为7的时候发生的。因为在滴定煮沸后还有少量的HCO_3^-。也就是说，在滴定的剩余部分中，仍有轻微的缓冲作用，而稀释的二氧化碳仍将留在化学计量点处。

溴甲酚绿可以与甲基红以类似的方式使用。其pH变色范围为3.8~5.4，颜色由蓝变绿再变黄。类似地，还可使用甲基紫。

给甲基橙加入蓝色染料二甲苯蓝FF可以用作指示剂（不沸腾）。这种混合物被称为改性的甲基橙。蓝色是pH约为2.8的甲基橙橙色的补充。这在化学计量点给人一种灰色，其中变色的范围小于甲基橙。这样会有一个更清晰的终点。但它仍没有甲基红的终点敏锐清晰。邻苯二甲酸氢钾溶液的pH接近4，甲基橙可以用作它的指示剂。

第六节　混合酸碱

如果强度有明显的差异，混合酸（或碱）可逐步滴定。一般来说，值必须至少比其他的大10^4倍，才可以清楚地看到每个终点。如果其中一个酸是强酸，那对于弱酸只有其K_a大约为10^{-5}甚至更小时，单独的终点才可以被观察到。举例来说，图4–12中盐酸有一个突跃。较强的酸首先被滴定，在化学计量点会出现一个pH突跃，接着是弱一点的酸，在其化学计量点有一个pH突跃。图4–10所示为盐酸和乙酸混合酸与氢氧化钠的滴定曲线。在盐酸的化学计量点，醋酸和氯化钠溶液共存，因此化学计量点时呈酸性。过了化学计量点后，OAc^-/HOAc缓冲区建立，这明显抑制HCl的pH突跃，与无乙酸时，单独的盐酸滴定相比，HCl的化学计量点发生一个小的pH值变化，滴定曲线的其余部分与图4–5的醋酸滴定相同。

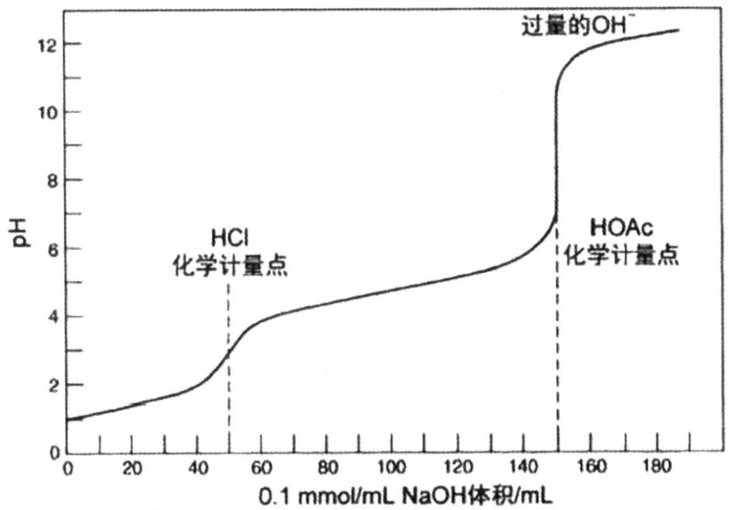

图4–10 用0.1 mmol/mL NaOH滴定50 mL 0.1 mmol/mL HCl和0.1 mmol/mL HOAc的混合物

如果两强酸在一起同时滴定，它们之间没有不同，只出现一个化学计量点突跃，与相应的酸单独滴定是相同的。如果两个弱酸的K_a值没有明显的不同，结果也是一样的。例如，乙酸$K_a=1.75\times10^{-5}$和丙酸$K_a=1.3\times10^{-5}$的混合物，一起滴定时只有一个化学计量点。

对于硫酸第一个质子完全电离，第二质子电离K_a约10^{-2}。因此，第二质子电离作为一个强酸性被滴定，且只有一个化学计量点的突跃出现。对于一个K_a约10^{-2}的强酸与弱酸的混合物也是一样的。

亚硫酸H_2SO_3的第一电离常数是1.3×10^{-2}，第二电离常数为5×10^{-6}。因此，在与HCl混合后，H_2SO_3第一质子会随着HCl一起被滴定，化学计量点处的pH值取决于剩余的HSO_3^-，也就是说，$[H^+]=\sqrt{K_{a1}K_{a2}}$，由于$HSO_3^-$既是酸又是碱。接着会有第二质子被滴定出现第二个化学计量点。第一个化学计量点消耗的体积总是大于从第一个化学计量点到第二个化学计量点的滴定剂的体积，因为它包含两个酸的滴定。H_2SO_3的量取决于第二质子滴定所需要的HCl的量。实际上，这种滴定没什么实际用途，因为H_2SO_3在强酸性溶液中，会以SO_2气体的形式从溶液中损失。

磷酸与强酸的混合物类似上文的例子。第一个质子和强酸先被滴定，随后第二个质子被滴定，达到第二个化学计量点；第三个质子太弱而不能被滴定。一种多元酸的滴定基本与以相对应的混合一元酸的滴定是相同的，单独的一元脂肪酸都具有相同的浓度。图4-11给出了磷酸滴定曲线。

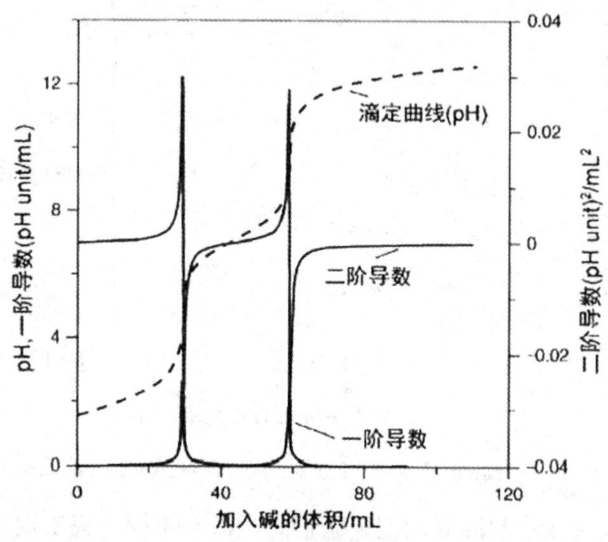

图4-11　对于H_3PO_4-NaOH滴定曲线和在the spread sheet 4.11.xlsx中制作的两个导数曲线

例4-3：用0.100 0 mmol/mL NaOH滴定盐酸和磷酸的混合物。第一个终点（甲基红）发生在35.00 mL处，第二个终点（溴百里酚蓝）发生在一个总体积50.00 mL处（第一终点后15.00 mL）。计算溶液中盐酸和磷酸含量。

解：H_3PO_4的量与第二终点对应（$H_2PO_4^- \rightarrow HPO_4^-$）。因此，$H_3PO_4$的量与用于15.00 mL滴定质子的NaOH相同：

H_3PO_4的物质的量$=c_{NaOH} \times V_{NaOH}$=0.100 0 mmol/mL × 15.00 mL=1.500 mmol

盐酸和磷酸的第一个质子在一起滴定。15.00 mL的碱用于H_3PO_4第一质子（同第二质子）滴定，剩余20.00 mL用于滴定HCl。因此，

HCl的物质的量=0.1000 mmol/mL ×（35.00−15.00）mL=2.000 mmol

同样，如果混合碱强度差别足够大，也可滴定。K_b差值必须至少为10^4倍。同时，如果其中一个是强碱，一个是弱碱，K_b必须不大于10^{-5}才能获得独立的终点。例如Na_2CO_3存在时，CO_3^{2-}滴定到HCO_3^-（$K_{b1}=2.1\times10^{-4}$），氢氧化钠不能给出一个独立终点。

第七节　滴定曲线导数化学计量点

用仪器监测一个滴定，如用一个pH电极，终点是由滴定曲线的导数确定的。你会注意到，在所有上述滴定曲线中，pH值变化率最大的是在化学计量点加入滴定剂的时候。用碱滴定一个酸样品，这一变化率是pH对V_B作图，或者dpH/dV_B。这种滴定中pH值是增加的，dpH/dV_B是正值，总是在终点达到其最大值。相反，当碱被酸滴定，pH单调减小且dpH/dV_A总是负值，在终点达到最低值（最大负值）。如果已经做了微积分，那么知道任何函数的最大值或最小值的条件是，当达到最大值或最小值时，该函数的导数为零。虽然下面的讨论只是集中在碱滴定酸，但在用酸滴定碱时，基本上做同样的处理。

我们可以使用任何迄今为止已产生的滴定数据，除了在滴定中，碱的恒定的增量滴定法和pH变化太大而不能得到好的导数曲线的临近化学计量点的数据。有两种选择：在化学计量点附近生成可以提供更高的分辨率（低体积增量）的数据，或者通过滴定找到高分辨率（每个滴定一千个点）的滴定数据。后一种方法并不需要在化学计量点附近选择一个区域（这就要求我们知道化学计量点在哪里！）以产生高分辨率数据。产生拥有1000个点的高分辨率的滴定图是相当高级的，这必须使用Goal Seek或以前提到的Solver。另一方面，如果我们的首要目标是生成一个滴定图，它不需要一定通过滴定剂的体积不变的增量做。如果我们知道一个酸的浓度，用平衡原理来计算出我们需要多少碱来获得一定的pH值，这是相当容易的。

考虑物质的量浓度为c_A的三元酸的滴定，用氢氧化钠滴定，在任何时候添加消耗V_B mL。电荷平衡要求：

$$[Na^+]=[OH^-]+c_A(\alpha_1+2\alpha_2+3\alpha_3)-[H^+]$$

如果V_B mL NaOH已添加，总体积为V_A+V_B，上述方程变为：

$$V_Bc_B/(V_A+V_B)=[OH^-]-[H^+]+V_Ac_A(\alpha_1+2\alpha_2+3\alpha_3)/(V_A+V_B)$$

等式两边乘以（V_A+V_B）：

$V_Bc_B=(V_A+V_B)([OH^-]-[H^+])+V_Ac_A(\alpha_1+2\alpha_2+3\alpha_3)$

分开V_A和V_B的乘数，换位：

$V_B[c_B-([OH^-]-[H^+])]=V_A([OH^-]-[H+])+V_Ac_A(\alpha_1+2\alpha_2+3\alpha_3)$ 或者

$V_B=V_A\{([OH^-]-[H^+])c_A(\alpha_1+2\alpha_2+3\alpha_3)\}(C_b+[H^+]-[OH^-])$

如果知道离解常数并指定pH（就是[H+]），我们很容易就可计算出α值和所有上式右面的未知数。

各种滴定法被广泛应用于工业实验室，但很少涉及人工滴定。机器和自动滴定仪广泛使用。自动滴定仪中滴定剂由一个电动滴定管分配，其中pH电极是一个标志性的例子，不表现出特别快的响应时间。如果滴定剂连续加入速度太快，系统可能会越过化学计量点而不能得到准确的结果。另一方面，如果将滴定剂连续加入速率调慢，要花很长时间才能完成滴定。这样的仪器不断地计算一阶导数，随着它的值开始增加，系统降低滴定的速率，快到化学计量点时，滴定剂添加变慢，这样比较精确。

第八节　氨基酸的滴定

氨基酸在药物化学和生物化学中都很重要。这些都是两性物质，含有酸性和碱性基团（即它们可以作为酸或碱）。酸性基团是羧酸基团（$—CO_2H$），碱性基团是氨基（$—NH_2$）。在水溶液中，这些物质都会经历羧酸基团和氨基内部的质子转移，因为RNH_2是比RCO_2^-更强的碱。结果产生两性离子：

$$\begin{array}{c} R—CH—CO_2^- \\ | \\ NH_3^+ \end{array}$$

因为它们都是两性的，这些物质可用强酸或强碱滴定。许多氨基酸太弱而不能在水溶液中被滴定，但一些可以，特别是如果用pH计来构建一个滴定曲线。

我们可以考虑两性离子的共轭酸为二元酸，它逐步电离：

$$\underset{\substack{|\\ NH_3^+}}{R—CH—CO_2H} \rightleftharpoons H^+ + \underset{\substack{|\\ NH_3^+}}{R—CH—CO_2^-} \rightleftharpoons H^+ + \underset{\substack{|\\ NH_2}}{R—CH—CO_2^-}$$

两性离子共轭酸　　　两性离子　　　　两性离子共轭碱　　　（4–10）

氨基酸经常列出K_{a1}和K_{a2}值。列出的值代表连续电离的质子化的形式（即共轭酸的两性离子）；它离子化后首先得到两性离子，再次电离为共轭碱，作为弱酸水解盐这是相同的。氨基酸的酸碱平衡就像任何其他二元酸。两性离子的氢离子浓度用和任何两性盐相同的方式计算，如HCO_3^-，正如

$$[H^+]=\sqrt{K_{a1}K_{a2}} \tag{4–11}$$

氨基酸滴定不像其他两性物质滴定，如HCO_3^-。后者与碱滴定给出了CO_3^{2-}，建立一个中间CO_3^{2-}/HCO_3^-缓冲区，继续滴定给出H_2CO_3，有中间HCO_3^-/H_2CO_3缓冲区。

当一个氨基酸的两性离子与强酸滴定，缓冲区由两性离子（“盐”）和共轭酸组成，缓冲区首次建立。滴定到半终点时，$pH=pK_{a1}$（HCO_3^-/H_2CO_3同时存在）；化学计量点时，pH决定于共轭酸的（K_{a1}，H_2CO_3）。当两性离子与强碱滴定，共轭碱（“盐”）和两性离子（现在的“酸”）的缓冲区就建立了。化学计量点的一半，$pH=pK_{a2}$值（如HCO_3^-/CO_3^{2-}；在化学计量点pH是确定的共轭碱（$K_b=K_w/K_{a2}$，如CO_3^{2-}）。

氨基酸可能含有多个羧基或氨基；在这种情况下，它们可能像其他多元酸（或碱）一样逐步电离，提供不同的产物，它们的K值至少相差10^4倍才能被准确滴定。

第九节　凯式定氮法：蛋白质检测

准确测定蛋白质和其他含氮化合物中的氮的一个重要方法是凯氏定氮分析法。由氮的量可以计算出蛋由质含量。虽然确定蛋白质的其他更迅速的方法也存在，但凯氏定氮法是所有方法的基础。

用硫酸消解法将材料分解，将氮转化为硫酸氢铵：

$$C_aH_bN_c \xrightarrow[\text{催化剂}]{H_2SO_4} aCO_2\uparrow + 1/2bH_2O + cNH_4HSO_4$$

将溶液冷却后，加入浓碱溶液，使溶液呈碱性，易挥发的氨用过量的酸标准溶液吸收，以下是蒸馏，多余的标准酸溶液用标准碱溶液滴定。

$$cNH_4HSO_4 \xrightarrow{OH^-} cNH_3\uparrow + cSO_4^{2-}$$

cNH_3+（c+d）HCl→cNH_4Cl+dHCl

dHCl+dNaOH→1/2dH_2O+dNaCl

N(c）的物质的量=反应的HCl的物质的量

=过量的HCl的物质的量×（c+d）–NaOH（d）的物质的量

$C_aH_bN_c$的物质的量=N的物质的量×1/c

通过加入硫酸钾提高了消解速度，增加了沸点，并用硒盐和铜盐等作为催化剂。对含氮化合物中氮的含量以质量比表示。

例4–4：0.200 0 g含尿素样品的凯式定氮法。

$$NH_2—\overset{\overset{\displaystyle O}{\|}}{C}—NH_2$$

氨用50.00 mL 0.050 00 mmol/mL H_2SO_4收集，多余的酸用0.050 00 mmol/mL NaOH滴定，消耗3.40 mL。计算样品中尿素的含量。

解：滴定反应是

H_2SO_4+2NaOH→Na_2SO_4+2H_2O

NaOH消耗的物质的量=3.40 mL×0.05 mmol/mL=0.17 mmol

H_2SO_4中和的物质的量=0.17/2 mmol=0.085 mmol

H_2SO_4初始的物质的量=0.050 00 mmol/mL×50.00 mL=2.500 mmol

H_2SO_4被NH_3中和的物质的量=（2.500–0.085）mmol=2.415 mmol

和氨气的反应是：2NH_3+H_2SO_4→（NH_4）$_2SO_4$

2 mmol NH_3和1 mmol硫酸反应，2 mmol NH_3来自1 mmol尿素。因此，硫酸被氨中和2.415 mmol，和尿素量相同。通过乘以60.05 mg/mmol，我们得到2.415 mmol×60.05 mg/mmol=145.02 mg尿素。

尿素质量比为145.02/200.0 × 100%=72.51%

大量不同的蛋白质中含有几乎相同比例的氮。氮含量是正常血清蛋白（球蛋白和白蛋白）的质量因素，蛋白质饲料混合物的质量比是6.25（即蛋白质含氮16%）。当样品几乎完全是球蛋白时，6.24更准确。如果它包含的主要是白蛋白，则6.27是首选。

许多蛋白质几乎包含同样量的氮。

在传统的凯氏定氮法中，两个标准溶液是必需的，用于收集氨气和返滴定酸。一种可用于改性直接滴定的标准酸是硼酸，在硼酸溶液中收集到的氨在蒸馏过程中，形成了等量的硼酸铵：

$$NH_3+H_3BO_3 \rightleftharpoons NH_4^++H_2BO_3^- \quad (4-12)$$

硼酸太弱而不能被滴定，但硼酸相当于氨的量，是一个相当强的Bmisted碱，它可以用标准酸以甲基红为指示剂来滴定。硼酸很弱从而不会产生干扰，且其浓度不需准确知道。同时，硼酸几乎不电离，所以它是不导电的。相比之下，硼酸铵是离子化的，是导电的。如今，是通过测定形成的硼酸铵的电导率来测定氨吸收，而不是滴定法。

例4–5：用改进的凯氏定氮法测定0.300 g饲料样品中蛋白质含量。如果滴定需要25 mL0.100 mmol/mL HCl，求样品的蛋白质含量是多少?

解：这是HCl与NH_3 1 ∶ 1直接滴定法，NH_3的物质的量（也是N的）等于盐酸的物质的量。乘以6.25得到蛋白质的质量（mg）。

硼酸法（直接法）更简单，通常更准确，因为它需要标准化和精确的测量，只有一种溶液。然而终点突跃没那么尖锐，需要返滴定的间接法通常倾向于微量凯氏定氮分析。宏观凯氏定氮分析需要5 mL的血液，而微量凯氏定氮分析只需要大约0.1 mL。

我们只讨论物质中以–3价态存在的氮，如氨。这些化合物包括胺和酰胺类化合物。含有氧化形式的氮，如有机硝基和偶氮化合物的化合物，必须用还原剂进行处理，以达到完全转化为铵离子，此时应用还原剂如铁（Ⅱ）或硫代硫酸钠。通过这种处理无机硝酸盐和亚硝酸根不会转化为氨。

第十节　无测量体积的滴定

没有测量体积能滴定吗？是的。The University of Montana的Michael DeGrandpre教授开发了“示踪剂监测”滴定（TMT），其用分光光度法监测滴定剂的稀释程度，而不是体积增量，把分析的任务放在分光光度计上。大多数现代滴定系统是完全自动化的精密泵。TMT的方法对泵的精度和自动滴定仪重复性不要求，可以允许应用不精确和不太昂贵的泵。

惰性示踪剂（例如，染料）加入滴定剂。稀释滴定剂滴定容器中的脉冲跟踪总示踪剂浓度，测定吸光度（测量有色物质的浓度光吸收的仪器技术基于Beer定律）。检测到终点的示踪剂的浓度（例如，从pH测量），通过Beer定律计算滴定剂和样品的相对比例。

传统的滴定法中样品中分析物的浓度为[分析物]，即

$$[\text{分析物}]=Q[\text{滴定剂}]V_{\text{tit, ep}}/V_{\text{样品}} \tag{4-13}$$

式中，Q是反应的化学计量（摩尔分析物、摩尔滴定剂）；[滴定剂]是滴定剂浓度；$V_{\text{tit, ep}}$是终点滴定剂的体积；$V_{\text{样品}}$是样品起始体积。

TMT的方法是基于确定终点滴定剂的稀释因子D_{ep}，用惰性示踪剂测定：

$$D_{\text{ep}}=V_{\text{tit, ep}}/(V_{\text{tit, ep}}+V_{\text{sample}})=[\text{示踪剂}]_{\text{ep}}/[\text{示踪剂}]_{\text{tit}} \tag{4-14}$$

式中，$[\text{示踪剂}]_{\text{ep}}$是终点混合物中的示踪剂浓度；$[\text{示踪剂}]_{\text{tit}}$是滴定剂示踪物浓度。样品分析物的浓度为

$$[\text{分析物}]=Q[\text{滴定剂}]/[(1/D_{\text{ep}})-1] \tag{4-15}$$

所以我们可以使用任何惰性示踪剂，只需要确定D_{ep}，例如，可以在滴定剂中使用低浓度的荧光染料。该技术也可以应用于其他类型的滴定之中，例如，配位滴定或氧化还原滴定。还将认识到，如果在滴定开始时，在样品中添加指示剂染料，那么，随着滴定的进行，滴定剂只是以相同的滴定进程简单地稀释染料浓度。无论哪种方式，该方法消除了需要的体积测量，然而染料浓度范围必须遵守Beer定律的使用原则。

第五章　络合反应与滴定

许多金属离子都能与不同的配体（络合试剂）形成弱电离的络合物。分析化学家会明智地使用络合物来掩蔽不需要的反应。络合物的形成构成简便是可精确滴定金属离子的基础，在此类滴定中，滴定剂就是络合试剂。络合滴定被用于测定大量金属元素。选择性滴定可通过适当地使用掩蔽剂（加入其他能与产生干扰的金属离子反应，但不与被测金属离子反应的络合剂）和调控pH来实现，这是因为大部分络合剂是弱酸或弱碱，其平衡受pH影响。在本章中，我们将讨论金属离子和它们的平衡，以及pH对这些平衡的影响；阐述非常实用的络合剂EDTA滴定金属离子、影响络合滴定的因素以及络合滴定的指示剂。EDTA同时滴定钙和镁，通常被用来测定水的硬度。在食品工业中，常用络合滴定法测定玉米片中的钙。在电镀工业和五金行业中，络合（也称螯合）滴定法被用来测定镀液和蚀刻液中的镍。在制药工业中，相似的滴定方法被用来测定液体抗酸剂中的氢氧化铝。几乎所有的金属元素都能用络合滴定法进行精确测定。在重量分析法、分光光度法和荧光测定法中，络合反应被用于掩蔽干扰离子。

第一节　络合物和络合常数

络合物在许多化学和生化过程中都发挥着重要的作用。例如血液中的血红素分子能与铁紧密结合，这是因为血红素中的氮原子可形成强配位或络合键。总之，氨基中的氮是一个强配体。另一方面，Fe（Ⅲ）很容易跟氧键合，它从肺部将氧气传输到身体的其他部位以后又很容易地将氧释放出来，因为氧是一个弱配体。一氧化碳中毒是因为它是强配体，可把氧置换出来，其与血红素的结合能力是氧的200倍，形成碳氧血红蛋白。

在溶液中，许多阳离子能与多种具有一对孤电子对（如分子中N，O，S

等原子）且满足金属阳离子配位数的物质反应形成络合物。金属阳离子属于路易斯酸（电子对受体），而络合剂则属于路易斯碱（电子对给体）。金属阳离子的配位数和配体分子的络合基团共同决定了一个络合物中所含络合剂（称为配体）分子的个数。

大部分配体中含有O，S或N作为配位原子。

氨是一种简单配体，它只含一对孤对电子，能与铜离子络合：

NH_3

..

Cu^{2+}+4：NH_3⇌$[H_3N：Cu：NH_3]^{2+}$

..

NH_3

此反应中，铜离子为路易斯酸，氨则为路易斯碱。Cu^{2+}（水合）在溶液中呈淡蓝色，而它与氨形成的络合物（氨络物）则呈深蓝色。一个类似的反应为：绿色的水合镍离子与氨发生络合反应生成深蓝色的氨络物。

氨也可与银离子络合，生成无色的络合物。两分子氨与一个银离子以多级的方式络合，我们可以写出每一级的平衡常数，称为形成常数K_f：

$$Ag^{+}+NH_3 \rightleftharpoons Ag(NH_3)+K_{f1}=\frac{[AgNO_3^{+}]}{[Ag^{+}][NH_3]}=2.5\times10^{3} \quad (5\text{–}1)$$

$$Ag(NH_3)^{+}+NH_3 \rightleftharpoons Ag(NH_3)_2+K_{f1}=\frac{[AgNO_3^{2+}]}{[AgNO_3^{+}][NH_3]}=1.0\times10^{4} \quad (5\text{–}2)$$

总反应为两步反应之和，总形成常数则为各级形成常数之积：

$$Ag^{+}+2NH_3 \rightleftharpoons Ag(NH_3)_2+K_f=K_{f1}K_{f2}=\frac{[AgNO_3^{2+}]}{[AgNO_3^{+}][NH_3]}=2.5\times10^{7} \quad (5\text{–}3)$$

对生成简单的1：1络合物（例如：M+L=ML）的反应来说，形成常数为K_f=[ML]/[M][L]。形成常数也称为稳定常数K_s或K_{stab}。

我们可以把络合平衡像电离平衡一样反过来写。如果我们这么做，则平衡常数表达式中的各浓度项要取其倒数。此时的平衡常数就简单地表示成形成常数的倒数。称为不稳定常数K_i，或者电离常数K_d：

$$Ag(NH_3)_2^+ \rightleftharpoons Ag^+ + 2NH_3 \quad K_d = 1/K_f = \frac{[Ag^+][NH_3]}{[AgNO_3{}^{2+}]} = 4.0 \times 10^{-8} \qquad (5-4)$$

K_f=K_s=1/K_i或1/K_d。

在计算中，只要使用适当的反应式与正确的表达式，就可以使用任意一种平衡常数。另外，酸的电离（$HA \rightleftharpoons H^+ + A^-$）实际上与金属-配体络合物的电离（$ML \rightleftharpoons M+L$）非常相似。尽管如此，按照惯例，我们通常把前者写成电离反应，把后者写成缔合反应。

例5-1：二价离子M^{2+}与配体L反应生成1∶1络合物：

$$M^{2+} + L \rightleftharpoons ML^{2+} \quad K_f = \frac{[ML^{2+}]}{[M^{2+}][L]}$$

计算0.20 mol/L M^{2+}与0.20 mol/L等体积混合反应后溶液中M^{2+}的浓度。K_f=1.0×10^8。

解：我们已经按照化学计量比加入等量的M^{2+}和L。络合物足够稳定所以两者的反应实际上是完全的。由于我们加入相等的体积，各组分的浓度被稀释成其初始浓度的一半。用x表示[M^{2+}]。平衡时，我们有：

$M^{2+} + L \rightleftharpoons ML^{2+}$

$x \quad x \quad 0.10-x \approx 0.10$

基本上，所有的M^{2+}（初始浓度为0.20 mmol/mL）都被转化成等量的ML^{2+}，只余下一小部分未络合的金属离子。把各浓度值代入K_f表达式中：

$0.10/xx = 1.0 \times 10^8$

$x = [M^{2+}] = 3.2 \times 10^{-5}$mol/L

也可以通过Excel中的“单变量求解”函数求解方程（0.10–x）/x^2=K_f。即使在K_f不是很高的时候这个方法也适用，实际上我们不能假设x值很小，0.10–x取近似值0.10。

例5-2：银离子与三亚乙基四胺[$NH_2(CH_2)_2NH(CH_2)_2NH(CH_2)_2NH_2$，简称“trien”]反应生成稳定的1∶1络合物。将25 mL 0.010 mmol/mL硝酸银加入50 mL 0.015 mmol/mL“trien”中，计算银离子的平衡浓度。K_f=5.0×10^7。

解：

$$Ag^{+}+trien \rightleftharpoons Ag（trien）+ \quad K_f=\frac{\left[Agtrien^{+}\right]}{\left[Ag^{+}\right]\left[trien\right]}$$

计算加入的Ag^+和“trien”的物质的量（mmol）:

Ag^+：25 mL × 0.010 mmol/mL=0.25 mmol

trien：50 mL × 0；015 mmol/mL=0.75 mmol

由于平衡向右进行得很完全，故实际上可以假设所有的Ag^+与0.25 mmol trien完全反应（余下过量的0.50 mmol trien未反应）生成0.25 mmol络合物。计算各组分物质的量浓度：

$[Ag^+]=x$

$[trien]=（0.50\ mmol/75\ mL）+x=6.7\times10^{-3}+x$

$\approx 6.7\times10^{-3}$（mmol/mL）

$[Ag（trien）^+]=（0.25\ mmol/75\ mL）-x=3.3\times10^{-3}-x$

$\approx 3.3\times10^{-3}$（mmol/mL）

尝试把x与其他浓度相比较后将其忽略：

$3.3\times10^{-3}/（x\times6.7\times10^{-3}）=5.0\times10^{7}$

$x=[Ag^+]=9.8\times10^{-9}$ mmol/mL

由此可知，我们忽略x是合理的。

第二节　螯合：EDTA——金属离子的终极滴定剂

简单的络合剂如氨等很少用作滴定剂，因为很难得到明显的反应终点，该终点相对应于络合反应的化学计量点。由于各级平衡常数经常彼此相近且其值都不够大，所以观察不到单一化学计量比的络合物。然而，分子中含有两个或者多个络合基团的某些络合剂确实能形成结构明确的络合物，因而可用作滴定剂。施瓦岑巴赫（Schwarzenbach）证实如果使用双齿配体（一个配体中含两个配位基团），则络合产物的稳定度可得到大幅提高。例如他展示用双齿乙二胺$[NH_2CH_2CH_2NH_2$（en）]取代氨，可生成高度稳定的$Cu（en）_2^{2+}$络合物。

“螯合”这一名词来自希腊语，意为“爪状”。从字面上理解，螯合剂就是那些能把金属离子包裹起来的试剂。

通常情况下，最有用的滴定剂是氨基羧酸，其中氨基氮和竣酸根基团充当配体。氨基氮比羧酸根基团更显碱性，质子化（$-NH_3^+$）能力更强。当这些基团与金属原子键合时，它们会失去质子。不论金属离子带有多少电荷，它们与这些多齿络合剂形成络合物的比例通常是1∶1，因为一个配体分子有足够的配位基团满足金属离子的所有配位点。

具有两个或两个以上基团能同时与金属离子络合的有机试剂称为螯合剂，形成的复合物称为螯合物。螯合剂被称为“配体”。使用螯合剂的滴定称为螯合滴定，这类滴定也许是络合滴定中最重要和最实用的类型。

在滴定中应用最广泛的螯合剂是乙二胺四乙酸（EDTA）。

该分子中两个氮和四个羧基基团均各包含一对能与金属离子络合的孤电子对。因此，EDTA包含六个络合基团。我们将以符号“H_4Y”代表EDTA。它是一个四元酸，H_4Y中的氢指四个羧酸基团中可电离的氢。在足够低的pH条件下，两个氮原子也能被质子化，生成双质子化的EDTA，可视其为六元酸。但是这只发生在非常低的pH条件下，而EDTA几乎从未在这种条件下使用。实际上是未质子化的配体“Y^{4-}”与金属离子形成络合物，即：当进行络合反应时，EDTA中的质子被金属离子置换出来。

当与金属离子发生螯合时，EDTA的质子被置换出来，形成了带负电的螯合物。

请注意：上文分子式中我们已经把该EDTA的分子结构画成不带电的两性离子；这是它实际存在的形式。这也是为什么最容易得到的是EDTA钠盐，其中两个电离的羧酸基团形成盐。

一、螯合效应——络合基团越多越好

与结构相似的二齿或者单齿配体相比，多齿螯合剂能与金属离子形成稳定性更强的络合物。这是络合物生成时热力学效应的结果。化学反应由焓的降低（放热，负ΔH）和熵的增加（混乱度增加，正ΔS）所驱动。当吉布斯自由能的变化值（ΔG）为负时，化学过程自发进行，$\Delta G=\Delta H-T\Delta S$。基团相似的配体其焓变通常也是相似的。例如四个氨分子与Cu^{2+}络合和来自两个乙二胺分子的四个氨基与Cu^{2+}络合将释放大致相等的热量。然而，$Cu(NH_3)_4^{2+}$

络合物的电离（生成了五个组分）比Cu（$NH_2CH_2CH_2NH_2$）$_2^{2+}$的电离（生成了三个组分）产生的混乱度或者熵值更大。因此，前者电离产生更大的ΔS，导致ΔG更负，从而增大了其电离趋势。综上，多齿络合物更稳定（有更大的K_f值）主要原因在于熵效应，这就是著名的螯合效应，是针对螯合试剂如EDTA所提出来的。EDTA有足够多的配体原子，可占据多达六个金属离子配位点。

二、EDTA平衡

一般情况EDTA被认为有4个K_a值，与4个质子的分步电离相对应：

$$H_4Y \rightleftharpoons H^+ + H_3Y^- \qquad K_{a1}=1.0\times10^{-2}=\frac{[H^+][H_3Y^-]}{[H_4Y]} \tag{5-5}$$

$$H_3Y^- \rightleftharpoons H^+ + H_2Y^{2-} \qquad K_{a1}=2.2\times10^{-3}=\frac{[H^+][H_3Y^{2-}]}{[H_3Y^-]} \tag{5-6}$$

$$H_2Y^{2-} \rightleftharpoons H^+ + HY^{3-} \qquad K_{a1}=6.9\times10^{-7}=\frac{[H^+][HY^{3-}]}{[H_2Y^{2-}]} \tag{5-7}$$

$$HY^{3-} \rightleftharpoons H^+ + HY^{4-} \qquad K_{a1}=5.5\times10^{-11}=\frac{[H^+][Y^{4-}]}{[HY^{3-}]} \tag{5-8}$$

图5-1显示了EDTA每一个形态的分布图，它是pH的函数。在络合物形成过程中，由于配体是Y^{4-}阴离子，所以络合平衡明显受pH影响。H_4Y在水中的溶解度非常低，所以通常使用的是有两个羧基被中和的钠盐$Na_2H_2Y\cdot H_2O$。该盐在水溶液中电离出主要组分H_2Y^{2-}；溶液的pH大致范围是4~5（从$[H^+]=\sqrt{K_{a2}K_{a3}}$计算出的理论值为4.4）。

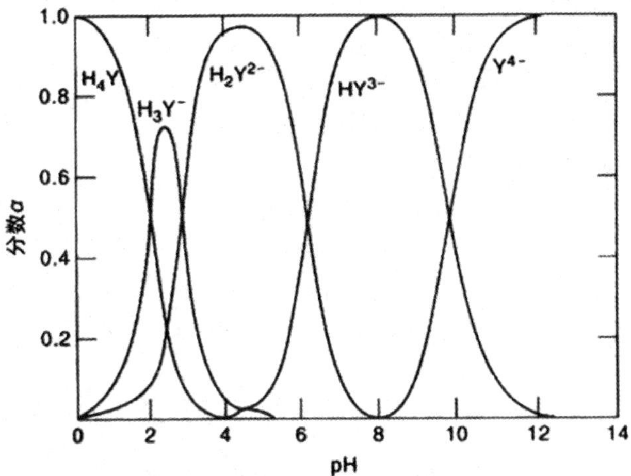

图5-1　EDTA各组分的pH函数分布图（在这张图中我们忽略了H_4Y以外氮的进一步质子化）

以下阶梯图显示了EDTA在pH变化时的形态分布。该阶梯图来自哈佛大学的Galina Talanova教授。如上所述，EDTA分子中的氮在非常强的酸性溶液中可质子化，当考虑到这个问题时，我们能写出6个K_a值，以下阶梯图中的pK_3~pK_6与式（5-5）~式（5-8）中的K_{a1}~K_{a4}相对应（请注意：氮的质子化发生在pH0~1.5）。

主要形态

Y^{4-}

pK_6————$pH=pK_{a6}=10.24$

HY^{3-}

pK_5————$pH=pK_{a5}=6.16$

较高

H_2Y^{2-}

（单碱）pK_4————$pH=pK_{a4}=2.66$

|

H_3Y^-

pH　pK_3————$pH=pK_{a3}=2.0$

较低

H_4Y

（单酸）pK_2————$pH=pK_{a2}=1.5$

H_5Y^+

pK_1————$pH=pK_{a1}=0.0$

H_6Y^{2+}

三、形成常数

以EDTA与Ca^{2+}形成螯合物为例。可由下式表示

$$Ca^{2+}+Y^{4+}\rightleftharpoons CaY^{2-} \tag{5-9}$$

该平衡的形成常数为

$$K_f=\frac{[CaY^{2-}]}{[Ca^{2+}][Y^{4-}]} \tag{5-10}$$

一些典型的EDTA形成常数值收录在附录中。

四、EDTA平衡的pH效应——Y^{4-}形态有多少?

当氢离子浓度增加时，由于氢离子竞争螯合阴离子，式（5-9）中的平衡向左移动。电离平衡方程式如下所示：

$$CaY^{2-}\rightleftharpoons Ca^{2+}+\underbrace{Y^{4+}\overset{H^+}{\rightleftharpoons}HY^{3-}\overset{H^+}{\rightleftharpoons}H_2Y^{2-}\overset{H^+}{\rightleftharpoons}H_3Y^{-}\overset{H^+}{\rightleftharpoons}H_4Y}_{cH_4Y}$$

请注意$cH_4Y=[Ca^{2+}]$。或者，从总平衡可得：

$$Ca^{2+}+H_4Y\rightleftharpoons CaY^{2-}+4H^+$$

根据勒夏特列原理，增加酸度有利于竞争平衡，即：有利于Y^{4-}的质子化（平衡式中包括了EDTA的所有形态，但有些形态的浓度非常低，见图5-1）。降低酸度则有利于CaY^{2-}螯合物的形成。

从已知的pH以及所涉及的平衡可得，式（5-10）可以用来计算不同溶液条件下的游离Ca^{2+}浓度（如用于解释滴定曲线）。也可根据此方法计算出不同pH条件下Y^{4-}的浓度（多元酸）。如果我们设cH_4Y为未络合的EDTA各形态的总浓度，则：

$$cH_4Y=[Y^{4-}]+[HY^{3-}]+[H_2Y^{2-}]+[H_3Y^{-}]+[H_4Y] \tag{5-11}$$

我们也能写出：

$$[Y^{4-}]=\alpha_4 cH_4Y \tag{5-12a}$$

α_4指cH_4Y中以Y^{4-}的形态分布，由下式给出；该表达式的推导过程见式：

$$\alpha_4=K_{a1}K_{a2}K_{a3}K_{a4}/Q_4$$

$$=K_{a1}K_{a2}K_{a3}K_{a4}/（[H^+]^4+K_{a1}[H^+]^3+K_{a1}K_{a2}[H^+]^2 \tag{5-12b}$$

$$+K_{a1}K_{a2}K_{a3}[H+]+K_{a1}K_{a2}K_{a3}K_{a4})$$

对EDTA的其他形态分布，可推导出类似的α_0，α_1，α_2和α_3方程（这是构建图5-1的方法）。

然后我们可以用式（5-12b）计算出给定pH条件下EDTA中的Y^{4-}形态分布；结合未络合的EDTA（cH_4Y）浓度值，使用式（5-10）我们就能计算出游离Ca^{2+}的浓度。

质子与金属离子竞争EDTA离子。为应用式（5-10），我们必须用α_4c_{H4Y}取代$[Y^{4-}]$，作为Y^{4-}组分的平衡浓度。

例5-3计算pH10时EDTA的Y^{4-}形态分布，并以此计算pH10时，向100 mL 0.100 mmol/mL Ca^{2+}加入100 mL 0.100 mmol/mL EDTA后的pCa。

解：

$Q_4=[H^+]^4+K_{a1}[H^+]^3+K_{a1}K_{a2}[H^+]^2+K_{a1}K_{a2}K_{a3}[H^+]+K_{a1}K_{a2}K_{a3}K_{a4}$

代入$[H^+]=10^{-10}$和式（5-5）~式（5-8）中列出的各值，我们得出：

$Q_4=2.35\times10^{-21}$

式（5-12b）中的分子为：

$K_{a1}K_{a2}K_{a3}K_{a4}=8.35\times10^{-22}$

因此，从式（5-12b）可得：

$\alpha_4=8.35\times10^{-22}/2.35\times10^{-21}=0.36$

Ca^{2+}和EDTA按化学计量比相混合生成等量的CaY^{2-}，其电离的量较少：

$n_{Ca^{2+}}=0.100\ \text{mmol/mL}\times100\ \text{mL}=10.0\ \text{mmol}$

$n_{EDTA}=0.100\ \text{mmol/mL}\times100\ \text{mL}=10.0\ \text{mmol}$

在200 mL体积中生成T10.0 mmolCaY^{2-}，即0.050 0 mmol/mL：

$Ca^{2+}+EDTA\rightleftharpoons CaY^{2-}$

x　　x　　0.050 0 mmol/mL$-x$

≈0.050 0 mmol/mL（因为K_f很大）

x指所有形态的EDTA的总平衡浓度cH_4Y，必须代入式（5-10）的$[Y^{4-}]$等于α_4cH_4Y。由此，我们把式（5-10）写成：

$$K_f=\frac{[CaY^{2-}]}{[Ca^{2+}]\alpha_4cH_4Y}$$

从附录中可查出$K_f=5.0\times10^{10}$，因此：

$5.0\times10^{10}=0.0500/(x\times0.36\times x)$

$x=1.7\times10^{-6}$ mmol/mL

pCa=5.77

五、条件形成常数在固定的pH条件下使用

“条件形成常数”这个术语在特定的条件下（如在某pH条件下）使用，计算时很方便。在使用条件形成常数时，我们认为EDTA只有一部分以Y^{4-}的形态存在。在式（5-10）中，我们可用$\alpha_4 cH_4Y$代替$[Y^{4-}]$：

$$K_f=\frac{[CaY^{2-}]}{[Ca^{2+}]\alpha_4 cH_4Y} \tag{5-13}$$

整理该方程可得：

$$K_f\alpha_4=K'_f=\frac{[CaY^{2-}]}{[Ca^{2+}]\alpha_4 cH_4Y} \tag{5-14}$$

式中，K'_f为条件形成常数，它取决于α_4和pH。我们可以使用这个方程取代式（5-10），计算给定pH条件下不同组分的平衡浓度。

条件形成常数应用于特定的pH条件。

例5-4：CaY^{2-}的形成常数是5.0×10^{10}在pH10时，计算出α_4（例5-3）等于0.36，从而得到了一个值为1.8×10^{10}[根据式（5-14）]的条件形成常数。计算pH10时，向100 mL 0.100 mmol/mL Ca^{2+}加入（a）0 mL；（b）50 mL；（c）100 mL；（d）150 mL的0.100 mmol/mL EDTA后的pCa值。

解：

$$(a)\ pCa=-\lg[Ca^{2+}]=-\lg(1.00\times10^{-1})=1.00$$

（b）我们从Ca^{2+}开始计算：0.100 mmol/mL × 100 mL=10.0 mmol。加入的EDTA的物质的量为0.100 mmol/mL × 50 mL=5.0 mmol。总体上，适用一个双组分缔合反应（A+B⇌C）的经验规则是：当有效平衡常数大于10^6时，可以假定低于化学计量浓度的试剂已经完全定量反应（99.9%）。在此情况下条件形成常数更大，所以式（5-9）将会向右进行完全。因此，我们可以忽略从CaY^{2-}电离出来的Ca^{2+}，游离Ca^{2+}的物质的量基本上等于未反应的物质的量：

$n_{Ca^{2+}}=10.0-5.0=5.0$ mmol

$[Ca^{2+}]=5.0$ mmol/150 mL=0.033 mmol/mL

pCa=$-\lg(3.3\times10^{-2})$=1.48

（c）在等当量点，所有的Ca^{2+}全部被转化成CaY^{2-}。因此，我们必须使用式（5–14）来计算Ca^{2+}的平衡浓度。所生成的CaY^{2-}的物质的量等于Ca^{2+}的初始量，$[CaY^{-}]$=10.0 mmol/200 mL=0.050 0 mmol/mL。从CaY^{2-}的电离可得$[Ca^{2+}]=cH_4Y=x$；当平衡时，$[CaY^{2-}]$=0.050 mmol/mL$-x$。但是由于只是弱电离，我们可以把x与0.050 mmol/mL比较后将其略去。因此，从式（5–14）可得：

$0.050/(x\times x)=1.8\times10^{10}$

$x=1.7\times10^{-6}$ mmol/mL=$[Ca^{2+}]$

pCa=$-\lg1.7\times10^{-6}$=5.77

将该值与例5–3中用K_f而非计算出来的值相比较。

（d）的浓度等于所加入的过量EDTA浓度（忽略CaY^{2-}的电离，其电离在EDTA过量时将更弱）。CaY^{2-}的物质的量将与（c）中的值相等。因此：

$[CaY^{2-}]$=10.0 mmol/250 mL=0.040 0 mmol/mL

$N_{过量的cH_4Y}$=0.100 mmol/mL × 150 mL–0.100 mmol/mL × 100 mL

=5.0 mmol

cH_4Y=5.0 mmol/250 mL=0.020 mmol/mL

$0.04/([Ca^{2+}]\times0.020)=1.8\times10^{10}$

$[Ca^{2+}]=1.1\times10^{-10}$ mmol/mL

pCa=$-\lg1.1\times10^{-10}$=9.95

通过影响EDTA和金属离子的形态，pH能够影响络合物的稳定性（如K'_f）。例如：可形成水合化合物（$M^{2-}+OH^{-}\rightarrow MOH^{+}$），正如$H^+$竞争$Y^{4-}$、$OH^-$竞争金属离子。图5–2（使用工作表作图）提供了三种具有中等（Ca）到强（Hg）形成常数的金属–EDTA络合物的K'_f随pH变化情况。显然，在酸溶液中钙螯合物由于稳定度太差不能被滴定，而汞螯合物在酸中则足够稳定，可被滴定。在pH13的条件下，几乎所有的K'_f都等于K_f，因为α_4值基本上为1，即：EDTA完全电离成Y^{4-}。由于在每个pH条件下，每个K_f都乘以相同的值以求得K'_f值，所以曲线间相互平行。

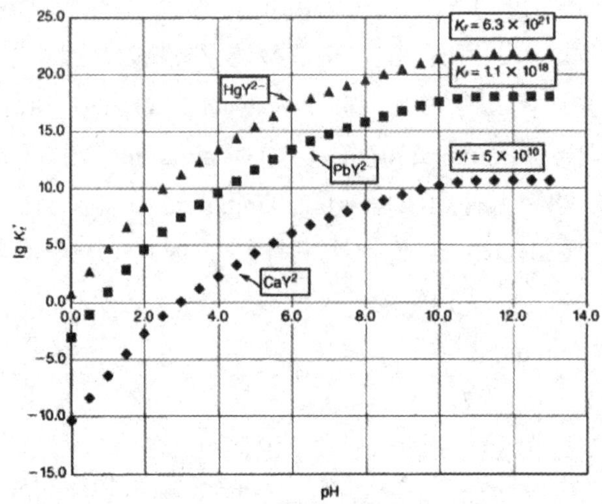

图5-2　pH对EDTA螯合物K'_f值的影响

第三节　金属—EDTA滴定曲线

通过向样品溶液中滴加螯合试剂来实现滴定；反应的发生如式（5-9）所示。图5-3是pH10条件下用EDTA滴定Ca^{2+}的滴定曲线。在等当量点之前，Ca^{2+}浓度几乎与未螯合（未反应）的钙相等，因为螯合物是弱电离（类似于未沉淀离子数）。在等当量点及等当量点之后，给定pH条件下的pCa根据螯合物的电离，使用K'_f或K_f计算得到，如例5-3和例5-4所示。从图5-3中pH7的滴定曲线可看出，pH对滴定有较大影响。

你将会回想起在pH滴定中，计算需要多少滴定标准液才能达到指定的pH值会比反过来计算（例如：求算加入一定量的滴定标准液后的pH值）更加简单。对金属离子（M）-EDTA（L）滴定也一样。与通常情况一样，我们可以假定滴定是在pH不变的缓冲介质中进行，条件形成常数为K'_f。我们取体积为V_M mL，分析浓度为c_M的金属离子进行滴定。在任意给定点加入体积为V_L mL，浓度为c_L的滴定标准液L，并且我们希望能计算出游离金属离子浓度（以pM表示，类似于以pH表示氢离子的浓度）。根据pM=−lg[M]，求V_L值。

基于质量平衡方法，很容易得到：

$$V_L=\frac{V_M c_M-[M](1+K'_f[M])}{c_L K'_f+[M]+[M](1+K'_f[M])} \tag{5-15}$$

我们以10^{-pM}先计算出[M]值，然后再计算V_L值。为了生成图5-3的数据，我们取K'_f值为5.01×10^{-10}，计算出pH10和pH7时的分别为0.355和4.80×10^{-4}，进而计算出分别为1.8×10^{10}和2.4×10^{7}。

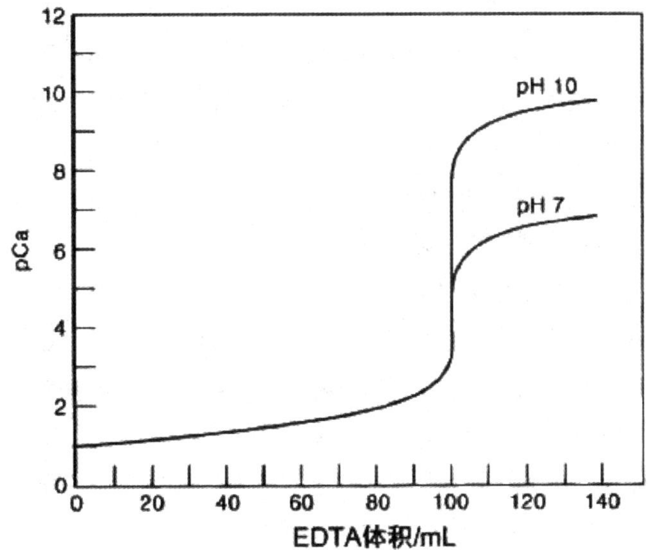

图5-3　pH7和pH10时的滴定曲线：0.1 mmol/mL Na_2EDTA滴定100 mL 0.1 mmol/mL Ca^{2+}

但是，请注意：与酸–碱滴定中水的电离使问题复杂化不同，当前情况是对包含M和L的组分均可列出质量平衡方程式。以此产生如下所示的二次方程，而该方程可精确求解。以式（5–14）为例，对金属离子M和配体L，我们可以写出：

K'_f=[ML]/[M][L_T]

式中，L_T指所有含L而非ML的组分。我们设滴定任意点的总体积为V_M+V_L（两者单位皆为mL），为V_T；c_MV_M为初始取用的金属离子物质的量，mmol；c_LV_L为任意滴定点处配体的总物质的量，mmol。M的质量平衡要求金属离子的初始用量减去ML，然后除以V_T必须等于[M]：

[M]=（c_MV_M–[ML]V_T）/V_T

同理，对组分L，也产生一个类似的质量平衡方程：

$[L_T]=(c_LV_L-[ML]V_T)/V_T$

以上三个方程联立，得出：

$K'_f(c_MV_M-[ML]V_T)(c_LV_L-[ML]V_T)=[ML]V^2_T$

这是一个关于[ML]的二次方程，通常记为：

$\alpha=K'_fV^2_T$，$b=-V_T\{K'_f(c_MV_M+c_LV_L)V_T\}$和$c=K'_fc_MV_Mc_LV_L$

螯合物越稳定（K_f越大），平衡反应式（5–9）将向右进行得更完全，终点突跃也将越明显。同样，螯合物越稳定，就可以在更低的pH条件下进行滴定（图5–2）。这一点很重要，因为它允许一些离子在很低的pH条件下被滴定，而其他共存金属离子则由于其与EDTA生成的螯合物在低pH条件下稳定性太差而不能被滴定。

只有一部分金属离子螯合物在酸溶液中足够稳定，可以在酸性条件下被滴定；其他金属离子则需要在碱溶液中滴定。

图5–4给出了EDTA滴定不同金属离子的最低pH。曲线上的每一个点表示对应的金属离子的条件形成常数K'_f值为10^6时的pH（$\lg K'_f=6$，强制选定该值作为得到敏锐的终点突跃的最低要求）。请注意：K_f越小，溶液碱性必须越强以使达到10^6（比如α_4必须越大才行）。因此，由于Ca^{2+}的K_f值大约为10^{10}），故要求pH≥8。根据各金属离子的形成常数，图中的虚线将它们分成几组。其中在高酸度（pH＜3）溶液中可滴定第一组金属离子，在pH3~7中可滴定第二组金属离子，在pH＞7时可滴定第三组金属离子。在pH的最高区域，所有金属离子都将参与反应，但由于会生成氢氧化物沉淀，所以并不是所有这些离子都能被直接滴定。例如：在不使用返滴定法或者辅助络合试剂以避免水解的情况下，Fe^{3+}和Th^{4+}就不能在高pH范围直接滴定。在pH中间范围内，不能滴定第三组离子，而第二组离子则可以在第三组离子存在的情况下被滴定。最后，在酸度最强的pH范围内，只有第一组离子能被滴定，而且在其他两组离子存在的情况下都可以被准确测定。

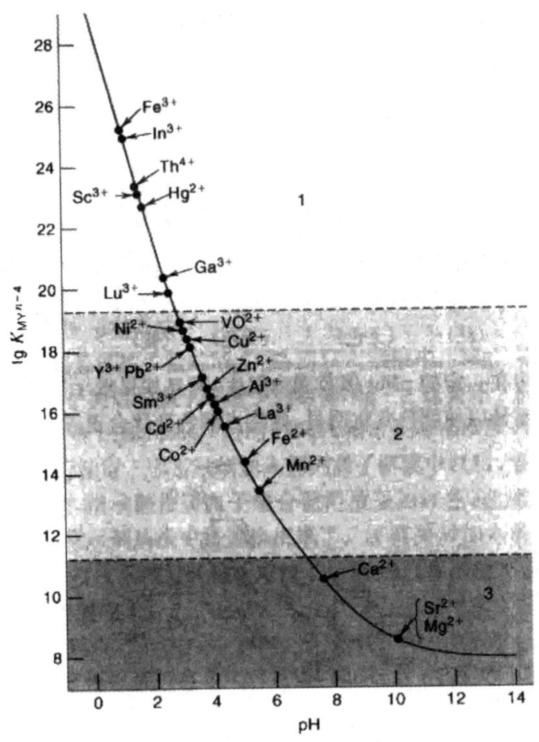

图5-4　用EDTA有效滴定不同金属离子的最小pH

掩蔽可以通过产生沉淀、生成络合物、氧化-还原反应和动力学等方法来实现。这些技术通常相互结合使用。例如：Cu^{2+}可以通过使用抗坏血酸将其还原成Cu（Ⅰ）和使用I^-与其络合的方法进行掩蔽。滴定铋时，可用硫酸根沉淀共存的铅离子。大部分的掩蔽都是通过选择性地形成一种稳定且可溶的络合物来实现。钙溶液中的铝离子可以用氢氧根离子络合成$Al(OH)_4^{2-}$或AlO_2^-进行掩蔽以实现钙离子的滴定。在滴定Sn（Ⅱ）时，氯离子可以掩蔽Sn（Ⅳ）。氨可与铜络合，所以很难在氨缓冲液中用EDTA滴定Cu（Ⅱ）。在Cr（Ⅲ）存在的情况下，其他金属离子可被滴定，原因在于虽然Cr（Ⅲ）的EDTA络合物非常稳定，但只能缓慢生成。

第四节　终点检测

如果有合适的电极（如离子选择电极），我们就能够通过电位滴定法测定

pM，但如果能使用指示剂，则测定过程会更简单。用于络合滴定的指示剂本身也是螯合剂。它们通常是O，O'–二羟基偶氮类染料。

一、铬黑T

铬黑T是一种典型的指示剂。它包括三个可电离的质子，所以我们将其写成H_3In。该指示剂能用于EDTA滴定Mg^{2+}。往样品溶液中加入很少量的铬黑T，它与部分Mg^{2+}形成一种红色络合物。未络合的铬黑T呈蓝色。一旦所有游离的Mg^{2+}被滴定完毕，EDTA就开始把镁从指示剂中置换出来，使溶液颜色由红变蓝：

$$MgIn^{-}+H_2Y^{2-}\rightarrow MgY^{2-}+HIn^{2-}+H^{+} \tag{5-16}$$

（红）（无色）（无色）（蓝）

该反应将在一定的pMg值范围内发生，而且如果指示剂的浓度尽可能稀但又保证足够量以使颜色变化明显，则终点颜色变化会更灵敏。

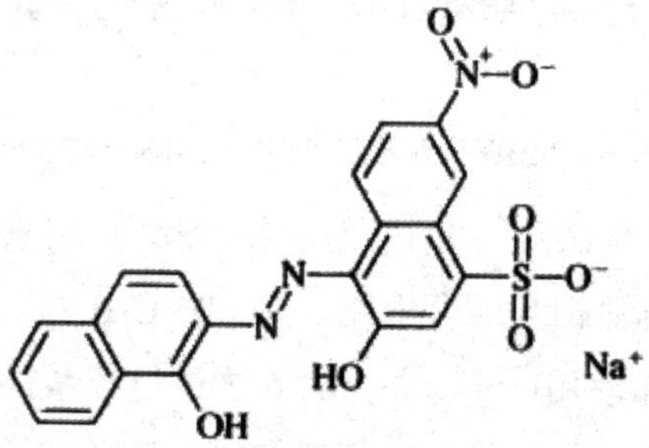

铬黑 T

当然，金属–指示剂络合物的稳定性必须比金属–EDTA络合物低，否则EDTA将无法将金属离子从指示剂中置换出来。另一方面，它又必须具有一定的稳定性，否则EDTA在滴定开始时就会将其置换出来，导致终点难以判定。总之，金属–指示剂络合物的K_f应该为金属–滴定剂络合物的1/100~1/10。

钙和镁的EDTA络合物的形成常数太接近，以至于无法在EDTA滴定中将两者区分，甚至通过调节pH也不行（图5–4）。所以它们只能被一起滴定，可用铬黑T按上述方法进行指示终点。该滴定被用来测定水的总硬度。然而，在不含镁的溶液中，铬黑T不能被用来指示用EDTA滴定钙的终点，因为指示剂与钙形成的络合物稳定性太差不能产生敏锐的终点变化。如上所述，往含Ca^{2+}的溶液中加入少量浓度已知的Mg^{2+}，因为只要Ca^{2+}和少量游离的Mg^{2+}被一起滴定，终点颜色变化就会很明显（Ca^{2+}首先被滴定因为其与EDTA形成的螯合物更稳定）。在缓冲液中加入等量的Mg^{2+}进行“空白”滴定，以此来校正混合溶液中用于滴定Mg^{2+}的EDTA的量。

水的总硬度以ppm$CaCO_3$表示，指钙镁总量。

与加入$MgCl_2$相比，直接加入2 mL 0.005 mmol/mL Mg–EDTA更加便捷。该溶液制备如下：0.01 mmol/mL $MgCl_2$与0.01 mmol/mL EDTA等体积混合后，加入pH10的缓冲液和铬黑T，用逐滴加入的方法调节$MgCl_2$和EDTA的比例，直到试剂部分呈暗紫色。此时，一滴0.01 mmol/mL EDTA就可以使溶液变蓝，而一滴0.01 mmol/mL $MgCl_2$则可使溶液变红。

如果我们往样品溶液中加入Mg–EDTA，样品中的Ca^{2+}会把Mg^{2+}从EDTA中置换出来（因为Ca–EDTA更稳定），释放出的Mg^{2+}与指示剂反应。到达滴定终点时，等量的EDTA则把指示剂从Mg^{2+}中置换出来，导致颜色改变，这样就不需要对加入的Mg–EDTA进行校正。

另一种方法则是添加少量的Mg^{2+}到EDTA溶液中。Mg^{2+}立即与EDTA反应形成MgY^{2-}，平衡后只余下非常少的游离Mg^{2+}。这实际上降低了EDTA的物质的量浓度，所以加入Mg^{2+}后的EDTA溶液用基准碳酸钙（溶解在HCl中并调节pH）进行标定。当指示剂加入到钙离子溶液中以后，溶液呈浅红色。但是一旦滴定开始，指示剂被镁离子络合使溶液呈酒红色，在滴定终点时，溶液变成蓝色，因为指示剂从镁中被置换出来了。不需要对加入的这部分Mg^{2+}进行校正，因为EDTA溶液已经被标定过了。该EDTA溶液不能用于滴定除了钙以外的其他金属离子。

二、高纯度EDTA

高纯度EDTA可以通过在80 ℃下干燥$Na_2H_2Y \cdot 2H_2O$ 2 h制得。水合分子仍然保留；它可作为基准物用于配置EDTA标准溶液。

钙和镁的EDTA滴定在pH10的氨–氯化铵缓冲液中进行。pH不能太高，否则可能产生金属离子的氢氧化物沉淀，导致钙和镁与EDTA的反应变得非常慢。在镁存在的条件下使用强碱把pH升高到12，可对钙离子进行精确滴定；

此时镁生成Mg（OH）$_2$沉淀而不被滴定。

由于铬黑T和其他一些指示剂都是弱酸，它们的颜色将取决于pH，因为它们的离子组分显示不同的颜色。例如：对铬黑T，H_2In^-显红色（pH＜6），HIn^{2-}显蓝色（pH6~12），In^{3-}则显黄橙色（pH＞12）。这样，指示剂可以在指定的pH范围内使用。但是应该强调：络合滴定的指示剂对pH有响应，但是滴定的作用机理并不包括pH变化，因为滴定是在缓冲液中进行的。不过，pH影响指示剂与金属离子生成的络合物的稳定性，同样也影响EDTA与金属离子生成的络合物的稳定性。在给定的pH条件下，当金属离子与滴定剂反应生成的络合物比其与指示剂生成的络合物更稳定时，这样的指示剂才可用于指示滴定终点。这听起来可能有点复杂，但使用不同的螯合试剂进行滴定时，所选用的适当的指示剂都是人们所熟知的。

对使用EDTA滴定钙和镁而言，钙镁指示剂的终点指示比铬黑T更灵敏。其保质期也更长。二甲酚橙用于指示那些与EDTA形成强稳定性络合物的滴定，pH范围为1.5~3.0。例如钍（Ⅳ）和铋（Ⅲ）的直接滴定，以及通过返滴定前两种金属离子之一而实现锆（Ⅳ）和铁（Ⅲ）的间接测定。还有许多其他指示剂可用于EDTA滴定。Flaschka和Barnard的工作展示了许多EDTA滴定的实例，对不同金属离子的滴定过程进行了详细描述。

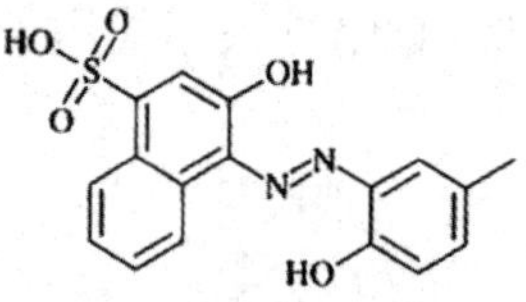

钙镁指示剂 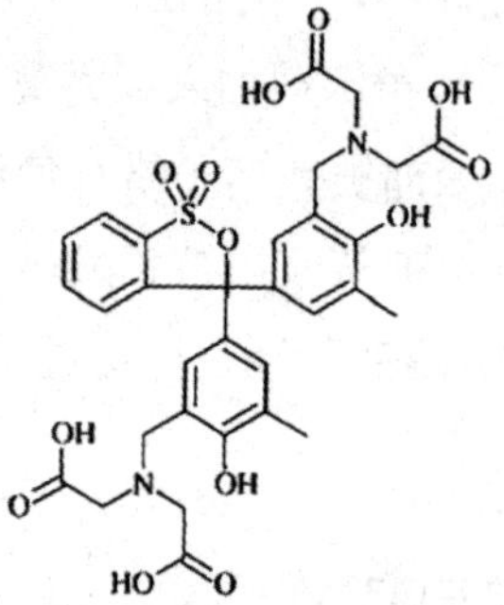　　　　二甲酚橙

还有其他大量的有用试剂适用于络合滴定。乙二醇双（β–氨基乙基醚）–N，N，N'，N'–四乙酸（EGTA）就是一个典型的例子。这是一个EDTA的醚同类物，它在镁存在时能选择性滴定钙。

对比镁重的碱土金属离子，含醚键的络合试剂具有很强的络合能力。钙–EGTA的$\lg K_f$为11.0，而镁–EGTA则只为5.2。

EGTA可以在镁存在时滴定钙。

除碱金属外，几乎每种金属都可以用络合滴定法进行精准测定。这些方法比重量分析法更加快速和方便，因此除了少数精度要求更高的案例以外，人们更喜欢络合滴定法。但是，近年来这些络合滴定测定金属的方法正被原子光谱法和质谱法所取代。

在临床检验中，络合滴定法受限于那些浓度相当高的组分，因为容量分析法通常不够灵敏。血液中钙的测定是络合滴定法的重要应用之一。螯合试剂如EDTA被用于重金属中毒的处置，例如：当儿童误食含铅的油漆碎片时，灌食钙螯合物（分子式Na_2CaY）以避免铅在体内蓄积；服食Ca-EDTA（而非Na_2EDTA）以防止骨钙的流失。铅等重金属与EDTA形成的络合物比钙更稳定，会把钙从EDTA中置换出来。螯合的铅通过肾脏排出体外。

第五节 络合物的其他用途

除了滴定法之外，络合物还有其他方面的应用。例如：通过溶剂萃取，金属离子可以形成螯合物并被萃取到与水不相溶的溶剂中进行分离。金属离子与螯合剂双硫腙形成的络合物被用于萃取。这些螯合物通常高度显色。它们的形成则构成分光光度法和原子光谱法测定金属离子的基础，也可能形成荧光络合物。金属离子螯合物有时候会发生沉淀。在重量分析法中，镍-丁二酮肟沉淀就是个实例。络合平衡可能影响色谱分离，另外，络合试剂可作为掩蔽剂以避免干扰反应。例如：在使用螯合试剂喹啉（8-羟基喹啉）对钒进行溶剂萃取时，用EDTA螯合铜可避免铜被萃取，从而避免了铜-喹啉螯合物的形成。许多金属离子螯合物带有很亮的颜色。如今的惯用做法是：先通过色谱分离金属离子，再引入生色螯合配体非选择性地与不同的金属离子反应；然后用分光光度法检测产物。此时，缺乏选择性是个优点，因为同一种螯合试剂可以用于检测大量已经被分离的金属离子。

螯合反应应用于重量分析法、分光光度法、荧光检测法、溶液萃取法和色谱法中。

所有这些络合反应都取决于pH，而人们总是需要通过调控pH（用缓冲液）以优化想要的反应或者抑制不想要的反应。

第六节　累积络合常数和分步形成的络合物中特定组分的浓度

EDTA与金属离子基于1：1的计量比反应。许多配体，特别是那些有多于一个有限结合位点的配体，将以分步的方式与金属离子反应，一次累加一个配体。例如：氨与Ni^{2+}的络合反应分6步进行，最终形成$Ni(NH_3)_6^{2+}$。金属离子与配体反应的分步形成常数可以写成：

$M+ML \rightleftharpoons ML[ML]/[M][L]=K_{f1}$

$ML+L \rightleftharpoons ML_2[ML2]/[ML][L]=K_{f2}$

依此类推，

$ML_{n-1}+L \rightleftharpoons ML_n[ML]/[ML_{n-1}][L]=K_{fn}$

如果将其与多元酸H_nA相比较，你将会注意到H类似于L，而M类似于A。但是我们不仅把平衡写成缔合反应而非电离反应，而且我们也有相反的分步平衡次序。对酸的电离，我们会把第一步电离写成H_nA电离出$H_{n-1}A^-$和H^+，并且把电离常数指定为K_{a1}。所以，$1/K_{fn}$与K_{a1}相对应，$1/K_{fn-1}$与K_{a2}相对应，依此类推直到$1/K_{f1}$，它与K_{an}相对应。

在处理缔合反应平衡时，也经常用到指定为β的累积常数。生成ML_n时，其累积形成常数指定为β_n，其值为各级K_f值的乘积，因此：

$$\beta_n=K_{f1}K_{f2}K_{f3}\cdots K_{fn} \tag{5-17}$$

例如：对ML_3的累积生成，平衡以及相应的常数写成：

$$M+3L \rightleftharpoons ML_3；[ML_3]/[M][L]^3=K_{f1}K_{f2}K_{f3}=\beta$$

请注意：β_1与K_{f1}相同。虽然没有物理意义，但为了数学处理方便（在下一节中其原因就会很明显），β_0取1。

在一个含M，L，各种ML_n组分的金属离子-配体体系，各种金属组分的浓度总和（包括游离的金属离子）通常称为金属离子的分析浓度，指定为c_M：

$$c_M=[M]+[ML]+[ML_2]+[ML_3]+\cdots+[ML_n]$$

该式很容易展开成：

$$c_M=[M]+\beta_1[M][L]+\beta_2[M][L]^2+\beta_3[M][L]^3+\cdots+\beta_n[M][L]n$$

$$c_M=[M](1+\beta_1[L]+\beta_2[L]^2+\beta_3[L]^3+\cdots+\beta_n[L]n) \tag{5-18}$$

假如β_0取1，式（5–18）可以写成一个更紧凑的形式：

$$c_M=[M]\sum_{i=0}^{i=n}\left(^2{}_i[L]^i\right)^{-1} \quad (5-19)$$

游离金属离子所占的分数（以α_M表示，我们经常对其感兴趣），很容易从式（5–18）求得：

$$\alpha_M=[M]/c_M=\left(\sum_{i=0}^{i=n}\left(^2{}_i[L]^i\right)\right)^{-1} \quad (5-20)$$

因为[M]也可以被表达成：

$$[M]=c_M/(\sum_{i=0}^{i=n}\left(^2{}_i[L]^i\right) \quad (5-21)$$

所以任何其他组分如ML_i，也很容易计算出其浓度为$\beta_i[M][L]^i$。举例说明如下。

例5–5：已知Cu^{2+}形成四氨络合物，对i=1~4，其lgβ_i值依次为3.99，7.33，10.06和12.03。查得Cu^{2+}–EDTA络合物的形成常数为6.30×1018。计算在NH_3–NH_4Cl缓冲液中Cu^{2+}–EDTA络合物的条件形成常数。设pH为10，$[NH_3]$=1.0 mmol/mL。评论在这些条件下用EDTA滴定Cu^{2+}的可行性。

解：条件平衡常数不仅取决于各EDTA形态中Y^{4-}组分所占的分数（我们之前已经计算得到pH10时α_{Y4-}=0.35），它也取决于未被氨络合的Cu^{2+}离子所占的分数（α_{cu}；未计入与EDTA络合的部分）。换言之，条件平衡常数可以写成：

$$K_f=[CuY^{2-}]/[Cu^{2+}][Y^{4-}]=\frac{1}{\alpha_{Cu}\alpha_{Y^{4-}}}\frac{\left[CuY^{2-}\right]}{c_{Cu}c_{Y^{4-}}}=\frac{K_f^{'}}{\alpha_{Cu}\alpha_{Y^{4-}}}$$

因此

$K'_f=\alpha_{cu}\alpha_{Y4-}K_f$

我们从式（5–20）中计算出

α_{Cu}=（$1+10^{3.99}\times1.0+10^{7.33}\times10^2+10^{10.06}\times10^3+10^{12.03}\times10^4$）$^{-1}$

=（$1+9770+2.14\times10^7+1.15\times10^{10}+1.07\times10^{12}$）$^{-1}$=$9.26\times10^{-13}$

所以$K'_f=9.26\times10^{-13}\times0.35\times6.3\times10^{18}=1.2\times10^6$

判定一个滴定可行性的最低条件形成常数为10^6，所以在这些条件下刚好可以进行滴定。

例5-6：11.9 mg$NiCl_2 \cdot 6H_2O$溶解在100 mL 0.010 mmol/mL NH_3溶液中，Ni^{2+}的NH_3络合物的$\lg\beta_i$值依次为2.67，4.79，6.40，7.47，8.10，8.01（i=l~6）。计算不同$Ni(NH_3)_i^{2+}$组分的浓度。

解：$NiCl_2 \cdot 6H_2O$的相对分子质量为237.7 g/mol，11.9 mg为11.9/238=0.050 0 mmol，溶解在0.1LNH_3溶液中，$c_{Ni}=5.00\times10^{-4}$ mmol/mL。一个非常简单的方法是假设游离NH_3（L）的浓度为1.0×10^{-2} mmol/mL；因此，我们可用式（5-19）计算[注意代数缩略记法，如β_1L_1：$\beta_1L_1=10^{267}\times10^{-2}=10^{(2.67-2)}$]；

$$\alpha_{Ni}=(1+10^{(2.67-2)}+10^{(4.79-6)}+10^{(6.40-6)}+10^{(7.47-8)}+10^{(8.10-10)}+10^{(8.01-12)})^{-1}$$

$$=(1+4.68+6.17+2.51+0.30+0.01+1.00\times10^{-4})^{-1}=6.8\times10^{-2}$$

$$[Ni^{2+}]=c_{Ni}\alpha_{Ni}=5.00\times10^{-4}\times6.8\times10^{-2}=3.4\times10^{-5}\text{ mmol/mL}$$

$$[Ni(NH_3)^{2+}]=[Ni^{2+}]\beta_1[L]=3.4\times10^{-5}\times4.68=1.6\times10^{-4}\text{ mmol/mL}$$

$$[Ni(NH_3)_2^{2+}]=[Ni^{2+}]\beta_2[L]^2=3.4\times10^{-5}\times6.17=2.1\times10^{-4}\text{ mmol/mL}$$

$$[Ni(NH_3)_3^{2+}]=[Ni^{2+}]\beta_3[L]^3=3.4\times10^{-5}\times2.51=8.5\times10^{-5}\text{ mmol/mL}$$

$$[Ni(NH_3)_4^{2+}]=[Ni^{2+}]\beta_4[L]^4=3.4\times10^{-5}\times0.30=1.0\times10^{-5}\text{ mmol/mL}$$

$$[Ni(NH_3)_5^{2+}]=[Ni^{2+}]\beta_5[L]^5=3.4\times10^{-5}\times0.01=3.4\times10^{-7}\text{ mmol/mL}$$

$$[Ni(NH_3)_6^{2+}]=[Ni^{2+}]\beta_6[L]^6=3.4\times10^{-5}\times0.01\times10^{-4}=3.4\times10^{-9}\text{ mmol/mL}$$

但是该解法只解出近似值，因为它忽略了生成$Ni(NH_3)_n$络合物时所消耗的NH_3。0.16 mmol/L $Ni(NH_3)^{2+}$，0.21 mmol/L $Ni(NH_3)_2^{2+}$，0.085 mmol/L $Ni(NH_3)_3^{2+}$和0.01 mmol/L $Ni(NH_3)_4^{2+}$分别消耗0.16 mmol/L，0.42 mmol/L，0.26 mmol/L和0.04 mmol/L NH_3，总计0.88 mmol/L NH_3。当总NH_3初始值为10 mmol/L时，该消耗将给结果带来明显误差。使用“单变量求解”我们可以无误差地解决这个问题。

我们首先按照常用的方法写出α_M和[M]的表达式，然后写出配体总浓度（L_T=0.01），为含该配体的所有项之和：

$$L_T-([L]+[ML]+2\times[ML_2]+3\times[ML_3]+4\times[ML_4]+5\times[ML_5]+6\times[ML_6])=0$$

第六章　氧化还原滴定法及新进展

使用氧化剂或还原剂滴定的定量分析可用于很多测定中。滴定时，通常使用显色剂或通过合适的指示电极测量获得滴定曲线。本章我们将讨论基于半反应的氧化还原滴定曲线，描述几个具有代表性的氧化还原滴定，以及获得滴定所需的待测物的正确氧化态的必要步骤。同时也会描述滴定曲线的绘制，包括导数滴定曲线及格氏作图法的绘制方法。

一些常用的氧化还原滴定的例子，包括维生素C片中抗坏血酸的含量的测定，或用碘滴定法测定葡萄酒中二氧化硫的含量等。卡尔·费休（Karl Fisher）滴定法测样品中的水分也涉及了碘，通常用碘或溴量法通过计算每100 g样品吸收碘或溴的量测定饱和脂肪酸的值。矿石中铁的含量可通过高锰酸钾滴定铁（Ⅱ）的方法进行测定。

第一节　氧化还原反应的配平

定量分析法中的计算需要先进行配平反应。配平反应的方法很多，使用最习惯的方法即可。

可使用多种方法平衡氧化还原反应，这里我们采用半反应表示法。这种表示方法是将一个反应拆成两部分：氧化部分和还原部分。在每个氧化还原反应中氧化剂与还原剂反应，在反应的过程中氧化剂被还原同时还原剂被氧化。完整的反应由半反应组成且都可以拆成两个半反应。于是，在如下反应中：

$$Fe^{2+}+Ce^{4+}\rightarrow Fe^{3+}+Ce^{3+}$$

Fe^{2+}是还原剂，Ce^{4+}是氧化剂，相关半反应式为

$$Fe^{2+}\rightarrow Fe^{3+}+e^{-}$$

$$Ce^{4+}+e^{-}\rightarrow Ce^{3+}$$

每个半反应式都必须平衡，以确保氧化还原反应的平衡。首先，在反应中得失电子数必须一致；其次，当通过适当的配比系数，半反应加和后，电子可以消掉；最后，两个半反应式相加。通过上一个1：1反应的例子简单地说明了半反应表示法的原理。

第二节　反应平衡常数的计算——等当量点电位计算

在基于氧化还原电位讨论氧化还原滴定曲线之前，首先需要了解如何通过半反应电位计算反应的平衡常数。反应平衡常数用于计算平衡时物质浓度，进一步计算化学计量点的电位。反应达到平衡时电池电压为零，两个半反应的电位差为零（或两电位相等），则两个半反应的能斯特方程相同。当把方程式加和，平衡常数以lg的形式来表示，可以计算得到平衡常数的值。公式反应的是平衡常数和吉布斯自由能之间的关系。$\Delta G^\circ = -RT\ln K$，$\Delta G^\circ = -nFE^\circ$ 因此

$$-RT\ln K = -nFE^\circ \tag{6-1}$$

或

$$E^\circ = (RT/nF)\ln K$$

自发反应中，ΔG° 为负，E° 为正。

等当量点时浓度未知，需要通过K_{eq}计算。通过配平两个能斯特方程计算，并结合浓度项得出K_{eq}，再从ΔE° 解出K_{eq}。

例6–1：298 K下，将5 mL的0.10 mmol/L Ce^{4+}溶液加入5 mL的0.30 mmol/L Fe^{2+}溶液中，利用铈的半反应式计算溶液平衡时的电位（vs.NHE）。

解：这道题由于Fe^{2+}和Fe^{3+}平衡浓度已知，可通过铁的半反应计算电位。

首先，投入的Fe^{2+}有0.30×5.0=1.5 mmol，Ce^{4+}有0.1×5.0=0.5 mmol，则生成0.5 mmol的Fe^{3+}和Ce^{3+}，并剩余1.0 mmol的Fe^{2+}。

$Fe^{2+}+Ce^{4+} \rightleftharpoons Fe^{3+}+Ce^{3+}$

$1.0+x \quad x \quad 0.50-x \quad 0.50-x$

式中，x代表Ce^{4+}的物质的量，要想使用铈的半反应需先解出x的值。只有先将两个半反应电位配平后计算出反应中的平衡常数才能解出。Ce^{4+}/Ce^{3+}半反应如下：

$Ce^{4+}+e^{-}\rightleftharpoons Ce^{3+}$

$E=1.61-0.05916\ \lg([Ce^{3+}]/[Ce^{4+}])$

当反应平衡时，两个半反应电位相同。

因此，$1.61-0.059\ 16\ \lg([Ce^{3+}]/[Ce^{4+}])=0.771-0.059\ 16\ \lg([Fe^{2+}]/[Fe^{3+}])$

$0.84=0.059\ 16\ \lg([Ce^{3+}][Fe^{3+}]/[Ce^{4+}]Fe^{2+}])=0.059\ 16\ \lg K_{eq}$

$[Ce^{3+}][Fe^{3+}]/[Ce^{4+}]Fe^{2+}]=10^{0.84/0.059\ 16}=10^{14.2}=1.6\times10^{14}=K_{eq}$

注意，K_{eq}数量级大说明反应离向右进行的反应平衡还较远。因为体积项相抵消，可用mmol代替mmol/mL（物质的量浓度），则有

$[Ce^{3+}]=0.50-x\approx0.50$ mmol

$[Ce^{4+}]=$xmmol

$[Fe^{3+}]=0.50-x\approx0.50$ mmol

$[Fe^{2+}]=1.0+x\ \cong\ 1.0$ mmol

因此$[(0.50\ \text{mmol})\times(0.50\ \text{mmol})]/[(x\ \text{mmol})\times(1.0\ \text{mmol})]=1.6\times10^{14}$

$x=1.6\times10^{-15}$ mmol

总体积为10 mL，则Ce^{4+}的浓度为1.6×10^{-16} mmol/mL。

可以看出$[Ce^{4+}]$非常小，从能斯特方程可以计算出电位

$$E=1.61-0.059\ 16\ \lg\frac{Ce^{3+}}{Ce^{4+}}=1.61-0.059\ 16\ \lg\frac{0.50\ \text{mmol}}{1.6\times10^{-15}\ \text{mmol}}=0.75\ \text{V}$$

可以将本结果计算得出的0.753V比较，还可以熟悉单变量求解法。

显然，利用具备最多已知信息的半反应来计算更简单；事实上，半反应的电位必须借助另一个半反应才能计算出来。通过计算表明，混合溶液中，平衡时所有组分的浓度是每个半反应电位相同时的浓度。注意，当存在过量反应物时，将接近于半反应的标准电位（E°），在本例中，Fe^{2+}是过量的。

当反应物过量时，电位接近于半反应的E°值。

需要指出的是，两个半反应中的n值不用必须相等来配平能斯特方程。

方便起见，两个半反应通常在配平能斯特关系前就已调整至同样的n值。

当反应物的量是化学计量的量时，比如，在滴定的等当量点，两个半反应中组分的平衡浓度都是未知的，需要利用例6–1或例6–4的方法来计算。

例6–2：10 mL的0.20 mmol/mL的Fe^{2+}和10 mL的0.20 mmol/mL的Ce^{4+}反应，计算298 K时反应平衡时的电位。

解：反应物几乎定量转换为等量的Fe^{3+}和Ce^{3+}，且最终浓度都为0.10 mmol/mL（不考虑逆反应的量）：

$Fe^{2+}+Ce^{4+} \rightleftharpoons Fe^{3+}+Ce4+$

$x \quad x \quad 0.10-x \quad 0.10-x$

式中，x表示达到平衡时Fe^{2+}和Ce^{4+}的浓度，随后将其代入任意一个半反应的能斯特方程计算出电位（做练习）。另一种方法如下。

由任意一个能斯特方程给出

$$E=E^{\circ}_{Fe3+,\ Fe2+}-\frac{0.05916}{n_{Fe}}\lg\frac{[Fe^{2+}]}{[Fe^{3+}]};$$

$$n_{Fe}E=n_{Fe}E^{\circ}_{Fe3+,\ Fe2+}-0.05916\lg\frac{x\ \text{mmol/mL}}{0.10\ \text{mmol/mL}}$$

$$E=E^{\circ}_{Ce4+,\ Ce3+}-\frac{0.05916}{n_{Fe}}\lg\frac{[Ce^{3+}]}{[Ce^{4+}]};$$

$$n_{Fe}E=n_{Ce}E^{\circ}_{Ce4+,\ Ce3+}-0.05916\lg\frac{0.10\ \text{mmol/mL}}{x\ \text{mmol/mL}}$$

注意，每个组分的能斯特方程都是以还原形式给出的，即使本例中Fe^{2+}事实上是在反应中被氧化。通过等式的加和解出每个半反应的电位E，因此反应平衡时电位：

$$n_{Fe}E+n_{Ce}E=n_{Fe}E^{\circ}_{Fe3+,\ Fe2+}+n_{Ce}E^{\circ}_{Ce4+,\ Ce3+}-0.059\,16\lg\frac{x\ \text{mmol/mL}}{0.10\ \text{mmol/mL}}\times\frac{0.10\ \text{mmol/mL}}{x\ \text{mmol/mL}}$$

$$E=(n_{Fe}E^{\circ}_{Fe3+,\ Fe2+}+n_{Ce}E^{\circ}_{Ce4+,\ Ce3+})/(n_{Fe}+n_{Ce})=(1\times0.77+1\times1.61)/(1+1)=1.91\ \text{V}$$

上述方法是普适的，即反应物以化学计量浓度反应后的电位E：

$$E=(n_1E_1^{\circ}+n_2E_2^{\circ})/(n_1+n_2) \qquad (6-2)$$

式中，n_1和E_1°分别为一个半反应的n（电子转移数）和标准电位；而n_2和E_2°是另一个半反应的参数。也就是说，E是两个半反应的E°加权平均数。上述例子中，仅是简单的平均值，因为n是统一的。此方程仅适用于反应中没有多原子组分，同时对氢离子无依赖的（或氢离子活度为单位活度，即，pH为0）反应。如果有pH和浓度因素的影响，这些条件必须考虑在内，公式需包含其他项。若使用表观电位，即适用于特定酸度条件下的电位时，式（6–2）仍适用。

如果反应中没有多原子物质或者不是质子依赖型反应可通过这个等式计算等当量点的电位。

第三节　计算氧化还原滴定曲线

对于还原剂和滴定剂的半反应，滴定终点的电位变化将接近于两半反应的E° 之差。

可通过对氧化还原平衡的理解来描述氧化还原滴定曲线。可通过待测物及滴定剂的半反应的E° 值来预测滴定曲线形状。简单地说，在跨越等当量点过程中产生的电位变化等于两E° 之差；在达到滴定等当量点前，溶液电位接近分析物半反应的E° ，当滴定等当量点结束后，溶液电位接近滴定剂半反应的E° 。

使用0.1 mmol/mL的Ce^{4+}的硝酸（1 mmol/mL）滴定100 mL 0.1 mmol/mL的Fe^{2+}，1 mmol的Ce^{4+}氧化1 mmol的Fe^{2+}，因此滴定终点将发生于100 mL时。滴定曲线如图6–1所示。这实际上是以NHE（标准氢电极）为参比的溶液电位滴定曲线，NHE电位规定为0。

我们知道，氧化还原半反应电池间的电位差可以利用惰性电极（如铂电极）在类似图6–1中的电池组中测量。浸入滴定溶液或待测溶液中的电极称为指不电极，另一个电极称为参比电极，后者电位保持恒定。因此，指示电极会如图6–1所示相对于参比电极电位而变化。将相对于NHE的电极电位对滴定体积作图。这与酸碱滴定中将溶液pH对滴定体积作图类似。也与在沉淀或者配合滴定中，pM相对于滴定体积作图相类似。

在氧化还原滴定中，随浓度变化的是氧化还原电位而不是pH。滴定开始时，溶液中只有F^{e2+}，不能计算出溶液的电位。随着第一滴滴定剂的加入，一部分Fe^{2+}转变为Fe^{3+}，可以知道$[Fe^{2+}]/[Fe^{3+}]$的值，故可以通过此电对的能斯特方程计算出此时溶液的电位。在滴定终点前，溶液的电位将接近于此半反应的标准电位。

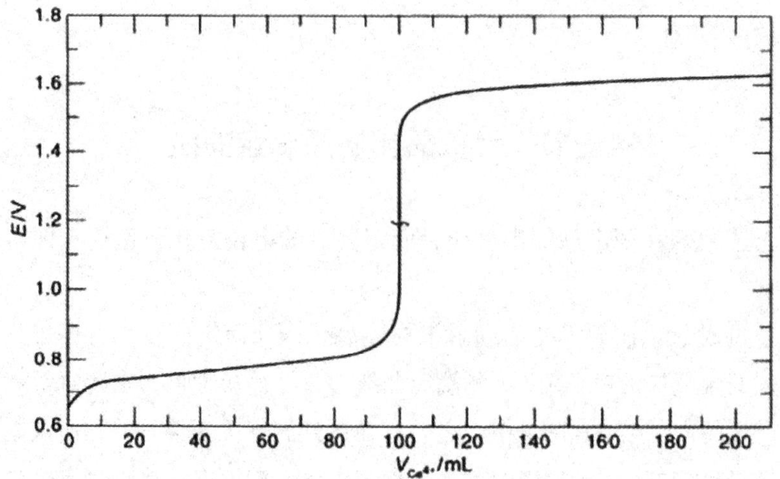

图6–1　0.1 mmol/mL Ce^{4+}滴定100 mL 0.1 mmol/mL Fe^{2+}溶液的滴定曲线

指示电极监测的是整个滴定过程中的电位变化。

值得注意的是，在滴定中间点处，$[Fe^{2+}]/[Fe^{3+}]$为1，lg1=0，因此此时电位等于Fe^{2+}/Fe^{3+}电对的E°，此种情况仅适用于对称半反应。如在半反应$I_2+2e^- \rightarrow 2I^-$，滴定中，$[I^-]$是$[I_2]$的2倍，$[I^-]^2/[I_2]=4$，电位比E°小（−0.059/2）×lg4即−0.018 V。

在滴定的等当量点，有如下关系

$Fe^{2+}+Ce^{4+} \rightleftharpoons Fe^{3+}+Ce^{3+}$

$x \quad x \quad c-x \quad c-x$

式中，c是Fe^{3+}的浓度，所有Fe^{2+}都转换成Fe^{3+}（相比于c，x可以忽略不计）。但是Fe^{2+}在半反应中的转化量是未知的，因此需要配平两个能斯特方程，求解c，如例6–1所示。之后即可通过任何一个半反应来计算。另外，也可以用公式6–2计算，因为这个反应是对称的，没有多原子组分参与。

超过等当量点后，Ce^{4+}过量，而Fe^{2+}的量未知。由于在Ce^{4+}/Ce^{3+}半反应里Ce^{4+}和Ce^{3+}的量已知，我们可以利用Ce^{4+}/Ce^{3+}能斯特方程求出。注意，随着滴定剂的过量，滴定接近Ce^{4+}/Ce^{3+}电对的E°，当滴定量达到200%时，$[Ce^{3+}]/[Ce^{4+}]$=1，此时电位等于Ce^{4+}/Ce^{3+}的电位E°。

例6–3：说明终点突越的程度与两点对的E°差值有关，其差至少为0.2 V才会出现尖锐的终点。

要获得尖锐的终点需要的最小电位变化0.2 V。

此滴定的等当量点如图6–1所示。由于此反应是对称反应，等当量点（曲线的拐点——曲线最陡处）出现在曲线上升处的中间点。在非对称滴定反应中，曲线的拐点不在中间点处。例如在Fe^{2+}和MnO_4^-滴定反应中，最陡的部分在接近突越顶端处，这是由于在反应中质子的消耗，导致非对称性引起的，如例6–4（见下文），滴定曲线详见网页文本。

与酸碱滴定不同，酸碱滴定初始pH很容易计算，而氧化还原滴定中，初始电位通常不能算得，因为我们只知道氧化还原电对中一种形式的浓度。

例6–3：计算298 K时分别以10.0 mL、50.0 mL、100 mL和200 mL 0.100 mmol/mL的Ce^{4+}溶液滴定100 mL的0.100 mmol/mL的Fe^{2+}溶液时的溶液电位。

解：反应方程为

$Fe^{2+}+Ce^{4+}\rightleftharpoons Fe^{3+}+Ce^{3+}$

加入10 mL 0.100 mmol/mL Ce^{4+}溶液时：

$nCe_{加入}^{4+}=0.100\ \text{mmol/mL}\times 10.0\ \text{mL}=1.00\ \text{mmol}$

$nFe_{反应}^{2+}=1.00\ \text{mmol}=nFe_{生成}^{3+}$

$nFe_{剩余}^{2+}=0.100\ \text{mmol/mL}\times 100\ \text{mL}-1.00\ \text{mmol}=9.0\ \text{mmol}$

$E=0.771-0.05916\times\lg(9.0/1.00)=0.715\ \text{V}$

加入50.0 mL 0.100 mmol/mL Ce^{4+}溶液时：

一半的Fe^{2+}转化为Fe^{3+}

$E=0.771-0.05916\times\lg(5.00/5.00)=0.771\ \text{V}$

加入100.0 mL 0.100 mmol/mL的Ce^{4+}溶液时：

$nFe^{3+}=10.0-x\approx 10.0\ \text{mmol}$

$nFe^{2+}=x$

$nCe^{3+}=10.0-x\approx 10.0\ \text{mmol}$

$nCe^{4+}=x$

需要求解x值。因为两个半反应达到平衡，因此两个能斯特方程相等，建立等式如下：

$$0.771-\frac{0.05916}{1}\lg\frac{[Fe^{2+}]}{[Fe^{3+}]}=1.61-\frac{0.05916}{1}\lg\frac{[Ce^{3+}]}{[Ce^{4+}]}-0.84=$$

$$-0.059\ 16\ \lg\frac{\left[Fe^{3+}\right]\left[Ce^{3+}\right]}{\left[Fe^{2+}\right]\left[Ce^{4+}\right]}=-0.059\ 16\ \lg K_{eq}$$

$K_{eq}=1.7\times10^{14}$

将x代入K_{eq}中（使用mmol作单位，因为体积相互抵消），故

$10.0\times10.00/x=1.7\times10^{14}$

$x=7.7\times10^{-7}\ \text{mmol}=n_{Ce4+}$

通过任意半反应可计算出

$$E=0.771-0.059\ 16\times\lg\frac{7.7\times10^{14}}{10.0}=1.19\ \text{V}$$

将此结果与例6–2中算得的值进行比较。也可以试着用Ce^{4+}/Ce^{3+}的能斯特方程计算。注意此电位处于两个标准电位之间。

加入200 mL 0.100 mmol/mL的Ce^{4+}溶液时：

此时滴定剂Ce^{4+}过量100 mL，使用Ce^{4+}/Ce^{3+}半反应计算更简单一些。

$n_{Ce3+}=10.0-x\approx10.0\ \text{mmol}$

$n_{Ce4+}=0.100\ \text{mmol/mL}\times100\ \text{mL}+x\approx10.0\ \text{mmol}$

$E=1.61-0.05916\times\lg(10.0/10.0)=1.61\ \text{V}$

[也可以先通过Fe^{2+}/Fe^{3+}半反应计算电位，从K_{eq}计算出：x（$[Fe^{2+}]$）。]

也可以通过显式方程获得图6–1。用体积为V_{Ce}（L），浓度为$c_{Ce(IV)}$ mmol/mL的Ce^{4+}溶液滴定体积为$V_{Fe,\ in}$（L），浓度为$c_{Fe(II)}$ mmol/mL的Fe^{2+}溶液，在任意时刻溶液总体积V_T（L）=（$V_{Fe,\ in}+V_{Ce}$），Fe和Ce总物质的量分别为$V_{Fe,\ in}\times c_{Fe(II)}$和$V_{Ce}\times c_{Ce(IV)}$，任意时刻$Ce^{3+}$和生成的$Fe^{3+}$的物质的量相等，都设为$x$。

在例6–1~例6–3里定义的平衡常数可表达为

$$\frac{\left[Fe^{3+}\right]\left[Ce^{3+}\right]}{\left[Fe^{2+}\right]\left[Ce^{4+}\right]}=K_{eq}=16\times10^{14}=\frac{x^2}{(V_{Fe,\ in}\times c_{Fe}(\text{II})-x)(V_{Ce}\times c_{Ce}(\text{IV})-x)}$$

浓度和含量换算时所有体积都相同，是V_T，故V_T在计算中可以消掉。上式是二次方程式，可以采用符号表本法，设$a=K_{eq}-1$，$b=-K_{eq}(V_{Fe,\ in}\times c_{Fe(II)}+V_{Ce}\times c_{Ce(IV)})$，$c=K_{eq}V_{Fe,in}\times c_{Fe(II)}\times V_{Ce}\times c_{Ce(IV)}$，将一次方程转化为一次求解。

例6–4：用100 mL0.020 0 mmol/mL的MnO_4^-溶液滴定100 mL0.100 mmol/mL的Fe^{2+}溶液（0.500 mmol/mL的硫酸），计算滴定等当量点时的电位。

注意反应物的量及比例的变化。1 mmolFe^{2+}会与1/5 mmolMnO_4^-反应。

解：反应方程式为

$5Fe^{2+}+MnO_4^-+8H^+ \rightleftharpoons 5Fe^{3+}+Mn^{2+}+4H_2O$

$x \quad 1/5x \quad c-x \quad 1/5c-1/5x$

$n_{Fe3+}=0.100\ mmol/mL \times 100\ mL-x \approx 10.0\ mmol$

$n_{Fe2+}=x$

$n_{Mn2+}=1/5 \times 10.0-1/5x \approx 2.00$（mmol）

$n_{MnO4-}=1/5x$

通过配平两个能斯特方程解出x（因为平衡时两者相等）。为使电子转移数相等，Fe^{2+}/Fe^{3+}半反应系数乘以5：

$$0.771-\frac{0.059\ 16}{5}\lg\frac{\left[Fe^{2+}\right]^5}{\left[Fe^{3+}\right]^5}=1.51-\frac{0.059\ 16}{5}\lg\frac{\left[Mn^{2+}\right]}{\left[MnO_4^-\right]\left[H^+\right]^8}-0.74=$$

$$\frac{0.059\ 16}{5}\lg\frac{\left[Fe^{3+}\right]^5\left[Mn^{2+}\right]}{\left[Fe^{2+}\right]\left[MnO_4^-\right]\left[H^+\right]^8}=0.059\ 16/5\ \lg K_{eq}$$

$K_{eq}=5.0 \times 1062$

必须计算反应后的氢离子浓度。

开始有0.50 mol/L × 0.10 L=0.05 molH_2SO_4，每5 mol Fe^{2+}消耗8 mol H^+，故0.01 mol Fe^{2+}需要消耗（8 mol H^+/5 mol Fe^{2+}）× 0.01 mol Fe^{2+}=0.016 mol H^+或0.008 mol H_2SO_4，剩余0.042 mol H_2SO_4。总体积为0.2 L，H_2SO_4的浓度为0.21 mol/L。虽然H_2SO_4是二元酸，但二级解离较弱，因此二级电离步骤在此浓度下可以忽略，最后认为$[H^+]$=0.21 mol/L，在其他组分的计算过程中体积被约去：

$0.002 \times 0.01^5/[(1/5x)x^5 \times 0.21^8]=2.8 \times 10^{-12}$ mol

$n_{MnO4-}=1/5(2.8 \times 10^{-12})=5.6 \times 10^{-13}$ mol

使用任意半反应计算电位：

$E=0.771-0.05916 \times \lg(2.8 \times 10^{-12}/0.01)=1.34$ V

Mn^{2+}/MnO_4^-电对E° =1.51 V，注意两电对电位的平均值为1.14 V，而对于这个不对称电对来说，等当量点（拐点）电位更接近于滴定剂电对，滴定曲线是非对称的。

与Fe^{2+}和Ce^{4+}滴定反应不同，整个滴定过程涉及多个电子转移的反应的表达式，通常比较复杂，不适宜用单个显式方程求解。在用酸性MnO_4^-滴定Fe^{2+}过程中，Fe^{2+}、MnO_4^-和H^+以不同物质的量比参加了反应，这点不例外。然而可以将一个反应人为地拆分成三段反应。反应平衡常数较大，因此可以假设在等当量点之前，MnO_4^-按照化学计量关系将Fe^{2+}氧化，电池电位可通过Fe^{2+}/Fe^{3+}电对计算。在等当量点处，电位可以按上述方法计算，而在等当量点之后，电位是通过$Mn^{2+}/MnO_4^-–H^+$电对计算的。

第四节　终点的目视判别

显然，通过测定指示电极相对于参比电极的电位，并对滴定剂体积作图，可以判定滴定终点。但在其他滴定中，使用可以裸眼观测的指示剂更为方便。目前有三种目视判别方法。

一、自身指示剂

如果滴定剂本身有颜色，则自身颜色可以用来鉴别滴定终点。例如0.02 mol/L的高锰酸钾溶液呈深紫色，而高锰酸钾稀溶液是粉红色。其还原产物Mn^{2+}呈极微弱的粉色，接近无色。在以高锰酸钾为滴定剂时，MnO_4^-的紫色一经加入便迅速褪去，因为MnO_4^-被还原为无色的Mn^{2+}；当滴定结束时，只要MnO_4^-稍微过量就可使溶液呈粉红色，表示反应完全。显然，滴定终点不在等当量点处，在实验中往往会过量一滴，这种滴定误差很小，可以通过空白实验予以消除，或在标定时消除。

二、淀粉指示剂

淀粉指示剂用于滴定涉及碘的反应。淀粉与碘溶液反应，生成深蓝色的化合物。淀粉指示剂对量非常少的碘溶液有响应且反应不可逆。在使用碘滴定还原剂时，溶液在等当量点之前一直无色，过量一滴即呈现明显的蓝色。

比较氧化还原指示剂和酸碱指示剂。这里，电位决定了两种颜色的比例，而不是pH。

三、本身发生氧化还原反应的指示剂

尽管滴定反应的完成以及滴定终点的尖锐程度取决于半反应电位，但上述两种判定终点的指示方法不依赖于半反应电位。上述两种目视判定法的例子还比较少，多数氧化还原反应滴定都是通过氧化还原指示剂判定的。这些指示剂通常是一些具有弱的氧化性或者还原性的有色染料，其氧化型和还原型颜色不同。指示剂氧化态及其颜色决定于给定滴定时刻的电位。氧化还原指示剂半反应及能斯特方程如下：

$$Ox_{ind}+ne^{-}\rightleftharpoons Red_{ind} \tag{6-3}$$

$$E_{ind}=E_{ind}^{\circ}\ -0.059\ 16/n\ \lg\frac{Red_{ind}}{Ox_{ind}} \tag{6-4}$$

滴定过程中半反应电位决定了E_{ind}值以及$\frac{Red_{ind}}{Ox_{ind}}$比值。这一比值与由溶液pH决定的pH指示剂不同存在形式的比值类似。因此比值和颜色会随着滴定过程电位变化而变化。我们假设与酸碱滴定类似，此比值在10/1到1/10之间变化，以便发生明显的颜色变化。电位变化需达到2×（0.059 16/n）V。如果指示剂电子转移数为1，则电位变化需要达到0.12 V。如果E_{ind}°的值在等当量点电位附近，此时电位迅速变化且超过0.12 V，颜色会在等当量点变化。这与酸碱指示剂的pK_a值需要在等当量点处的pH附近类似。E_{ind}°必须接近于等当量点电位。电位变化至少应为120 mV，才能使n=l的指示剂半反应产生颜色变化，n=2的话，需要60 mV。

如果氢离子浓度依赖于指示剂的反应，则能斯特方程中需要适当的氢离子项，指示剂变色时的电位将取决于氢离子浓度。

用于指示终点的氧化还原指示剂在一定电位处具有一个变色范围，这个变色范围需要落在滴定曲线等当量点的陡峭部分内。指示剂的氧化还原反应必须迅速且可逆。如果反应缓慢或者不可逆（电子转移速率缓慢），则颜色变化过程缓慢，滴定终点就不够尖锐。

虽然目前有很多有用的酸碱指示剂但好用的氧化还原指示剂较少。表6–1给出一些常见的氧化还原指示剂，以标准电位降低的顺序排列。亚铁灵（1，10–邻二氮菲亚铁硫酸盐）是其中最常用的指示剂之一，其广泛应用于使用

Ce^{4+}作为滴定剂的反应中。它在等当量点被氧化，由红色变为浅蓝色。其他常用的指示剂列于表6-1。二苯胺磺酸常用作酸性溶液中重铬酸根的滴定指示剂，$Cr_2O_7^{2-}/Cr^{3+}$电对的电位低于铈电对电位，所以用二苯胺磺酸钠作为指示剂需要更低的E°，该指示剂终点时的颜色是紫色。然而重铬酸盐已不常用做滴定剂了，这是因为Cr（Ⅵ）有致癌性，废液处理时需要格外注意。滴定剂的选择同样也取决于被滴定样品，因为终点突越程度也取决于样品半反应的电位。

表6-1　氧化还原指示剂

指示剂	颜色		溶液	E° /V
	还原型	氧化型		
硝基邻菲咯啉亚铁离子	红色	淡蓝色	1 mol/L H_2SO_4	1.25
亚铁灵	红色	淡蓝色	1 mol/L H_2SO_4	1.06
二苯胺磺酸	无色	紫色	稀酸	0.84
二苯胺	无色	紫罗兰色	1 mol/L H_2SO_4	0.76
亚甲基蓝	蓝色	无色	1 mol/L酸	0.53
靛蓝四磺酸盐	无色	蓝色	1 mol/L酸	0.36

第五节　碘滴定法及碘量滴定法

氧化还原滴定在许多领域有重要应用，如食品、医药和工业分析。常见例子有用碘滴定红酒中亚硫酸盐（乙醇含量可通过重铬酸钾氧化反应得到测定）。在临床医学方面相对应用较少，因为大部分分析都是痕量检测。但这些滴定在试剂标定中仍然极其有用。应熟练掌握常用的滴定方法。

碘是一种氧化剂，可用于滴定比较强的还原剂。另一方面，碘离子是一种温和的还原剂，用于测定强氧化剂。

一、碘滴定法

碘是一种氧化性一般的氧化剂，可以用于滴定还原剂。在滴定中使用I_2的方法称为碘滴定法。采用该法需在中性或弱碱性（pH=8）至弱酸性的溶液中进行。I_2在碱性环境下发生歧化反应：

$$I_2+2OH^- \rightarrow IO^-+I^-+H_2O \quad (6\text{-}5)$$

在碘滴定法中，滴定剂是I_2，待测物是还原性物质。终点通过淀粉–I_2配合物的蓝色的出现来判定。

不能在强酸性溶液中进行碘量滴定，原因主要有3个：首先，在强酸性溶液中，用于终点检测的淀粉容易水解或分解，从而影响终点判定。其次，一些还原剂的还原能力在中性溶液中较强。如I_2和AS（Ⅲ）的反应：

$$H_3ASO_3+I_2+H_2O \rightarrow H_3AsO_4+I^-+2H^+ \quad (6\text{-}6)$$

平衡受到H^+浓度的影响，在低浓度的H^+条件下，平衡右移。中性溶液中As（Ⅴ）/As（Ⅲ）电对电位降低，使得As（Ⅲ）可以还原I_2；但是在酸性溶液中，平衡向反方向移动，逆反应发生。第三个原因是，酸性条件下，I^-容易被水中溶解氧所氧化：

$$4I^-+O_2+4H^+ \rightarrow 2I_2+2H_2O \quad (6\text{-}7)$$

可通过加入碳酸氢钠使I_2和As（Ⅲ）滴定反应的pH维持在中性。在溶液中通CO_2也有助于去除溶解氧，阻止I^-被氧化，溶液上方的CO_2层也可以防止空气将I^-氧化。

由于I_2是较弱的氧化剂，因此可被滴定的还原剂种类有限。然而，其仍可应用于一些重要的测定中，并且氧化性不强的I_2相比于强氧化性滴定剂更具有选择性。一些常见待测物质见表6–2。锑和砷类似，滴定过程中pH也同样重要，可以在锑化合物中加入酒石酸盐以防止I_2水解。

表6–2 一些常见的碘滴定法测定的物质

待测物质	与碘反应	溶液条件
H_2S	$H_2S+I_2 \rightarrow S+2I^-+2H^+$	酸溶液
SO_3^{2-}	$SO_3^{2-}+I_2+H_2O \rightarrow SO_4^{2-}+2I^-+2H^+$	
Sn^{2+}	$Sn^{2+}+I_2 \rightarrow Sn^{4+}+2I^-$	酸溶液
As（Ⅲ）	$H_2AsO_3^-+I_2+H_2O \rightarrow HAsO_4^{2-}+2I^-+3H^+$	pH8
N_2H_4	$N_2H_4+2I_2 \rightarrow N_2+4H^++4I^-$	

碘的氧化性弱于Ce（Ⅳ）、高锰酸根或者重铬酸根，但是氧化选择性更好。

尽管高纯碘可以用升华法制得，碘溶液还是需要使用还原性基准物质（如As_2O_3/As_4O_6）标定的。将砷的氧化物溶解到稀盐酸或氢氧化钠中，待完全溶解后再将溶液调至中性。如果As（Ⅲ）溶液长时间保存，应将其溶解在中性或酸性溶液中防止As（Ⅲ）在碱性溶液中被缓慢氧化。

I_2溶解度较小，但是I_3^-易溶于水，所以配制碘溶液时通常将I_2溶解在过量碘化钾溶液中：

$$I_2+I^-\rightarrow I_3^- \qquad (6-8)$$

因此，I_3^-是实际参与滴定反应的物质。

例6-5：用碘滴定法测定肼（N_2H_4）样品纯度。称取1.428 6 g油性液体样品加水稀释定容于1 L容量瓶中。用移液管准确量取50 mL样品稀释液于锥形瓶中，用标准碘溶液滴定，终点时消耗42.41 mL。碘溶液用基准物质As_2O_3（0.412 3 g溶解在少量氢氧化钠溶液中并将pH调节至8）标定，碘溶液消耗40.28 mL，求肼样品中肼的质量分数?

对于物质的量浓度来讲，需要随时跟踪反应物的量及比值变化。

解：标定反应：$H_2AsO_3^-+I_2+H_2O\rightarrow HAsO_4^{2-}+2I^-+3H^+$

1 molAs_2O_3生成2 mol $H_2AsO_3^-$，因此$n_{I2}=2n_{As_2O_3}$

$c_{I2}\times 40.28\ \text{mL}\ I_2=412.3\ \text{mg}\ As_2O_3/197.85\ \text{mg}\ As_2O_3/\text{mmol}\times 2\ \text{mmol}\ I_2/\text{mmol}\ As_2O_3$

$c_{I2}=0.103\ 47\ \text{mmol/mL}$

滴定反应：$N_2H_4+2I_2\rightarrow N_2+4H^++4I^-$

$n_{N_2H_4}=1/2n_{I_2}$

滴定消耗的N_2H_4的质量=1.4286 g × 50.00 mL/1000.0 mL=0.071 43 g=71.43 mg

溶液中存在的N_2H_4的质量=[0.103 47 mmol/mL I_2 × 42.41 mL I_2 × 1/2（$n_{N_2H_4}/n_{I_2}$）× 32.045 mg N_2H_4/mmol]=70.31 mg

质量分数：70.31 mg/71.43 mg × 100%=98.43%

注意：由于肼的相对分子质量较低，很难通过万分之一天平称出，但通过滴定法可以准确计算出其质量。

二、碘量滴定法

碘离子是较弱的还原剂，能与较强的氧化剂作用。但它并不作为滴定剂，因为它缺少方便的目视指示剂，并且受其他因素如反应速度的制约。

当过量的碘离子加入氧化剂溶液中时，I_2的生成量和氧化剂的加入量一致，因此可以用还原剂滴定I_2，结果和直接滴定氧化剂一致，常用的滴定剂为硫代硫酸钠。

在碘量滴定法中，待测物是氧化性物质，会与I^-反应生成I_2。I_2使用硫代硫酸盐滴定，通过淀粉和碘的蓝色的消失判定终点。碘量滴定的是生成的I_2，而碘滴定法的滴定剂是I_2。

用此种方法分析氧化剂的方法被称为碘量滴定法（Iodometric method）。如，重铬酸盐的标定：

$$Cr_2O_7^{2-}+I^-（过量）+14H^+ \rightarrow 2Cr^{3+}+3I_2+7H_2O \quad (6\text{-}9)$$

$$I_2+2S_2O_3^{2-} \rightarrow 2I^-+S_4O_6^{2-} \quad (6\text{-}10)$$

1 mmol $Cr_2O_7^{2-}$生成3 mmol I_2，而3 mmol I_2与6 mmol $S_2O_3^{2-}$反应，所以在此滴定反应中$Cr_2O_7^{2-}$的量是$S_2O_3^{2-}$的量的1/6。

碘酸根可通过碘量滴定法测定如下：

$$IO_3^-+5I^-+6H^+ \rightarrow 3I_2+3H_2O \quad (6\text{-}11)$$

1 mmol IO_3^-生成3 mmolI_2，对应消耗6 mmol $S_2O_3^{2-}$，所以IO_3^-的量是$S_2O_3^{2-}$的量的1/6。

计算中需要知道与每毫摩尔分析物反应的硫代硫酸盐的物质的量。若想消耗1 mmol I_2需要2 mmol的硫代硫酸盐。

例6-6：0.200g含铜样品采用碘量滴定法分析。Cu（Ⅱ）被碘离子还原为Cu（Ⅰ）；CuI易沉淀：

$2Cu^{2+}+4I^- \rightarrow 2CuI\downarrow+I_2$

如果滴定释放的I_2需要消耗20.0 mL的0.100 mmol/mL $Na_2S_2O_3$，那么样品中的铜的含量是多少？

解：1 molCu^{2+}可以释放0.5molI_2，因为1分子和2分子$S_2O_3^{2-}$反应，1分子Cu^{2+}对应1分子$S_2O_3^{2-}$，即？$n_{Cu^{2+}}=n_{S_2O_3^{2-}}$

则铜的含量为$\dfrac{0.100\ \text{mmol}\ S_2O_3^{2-}/\text{mL}\times 20.0\ \text{mL}S_2O_3^{2-}\times \text{Mr}}{200\ \text{mg样品}}\times 100\%$

$$=\frac{\dfrac{0.100\ \text{mmol}}{\text{mL}}\times 20.0\ \text{mL}\ S_2O_3^{2-}\times 63.54\ \text{mg/mmol}}{200\ \text{mg样品}}\times 100\% = 63.5\%$$

为什么不直接用硫代硫酸钠溶液滴定氧化剂呢？因为强氧化剂可将硫代硫酸盐氧化到比$S_4O_6^{2-}$更高的价态（如SO_4^{2-}），但是此反应不存在固定的化学计量比。同时，多种氧化剂（如Fe^{3+}）与硫代硫酸盐形成混合的配合物。通过和碘反应，强氧化剂被消耗，同时生成对应量的I_2，而I_2会在合适指示剂存在时和硫代硫酸钠以化学计量比进行反应。此滴定可视为直接滴定。

注意，我们不是利用返滴定法；相反，我们是将不能直接用硫代硫酸盐滴定的更强的氧化剂转化成对应量的I_2，这样I_2就可以用硫代硫酸盐滴定，并使用可视化指示剂。因此这归为直接滴定。

仅需要在接近终点时加入淀粉。

碘量滴定的终点指示剂采用淀粉。蓝色消失代表滴定终点。淀粉并不在滴定开始的时候加，因为碘离子浓度较高。相反地，在稀的碘离子溶液颜色变为浅黄时加淀粉，此时已经接近滴定终点。这样安排的原因主要有两个：其一，因为I_2–淀粉配合物仅缓慢解离，如果大量碘离子吸附在淀粉表面，则会导致滴定终点弥散；其二，大多数碘量滴定法都是在强酸介质中进行的，淀粉在酸溶液中容易水解。

使用酸性溶液的原因是高酸度条件可以促进很多氧化剂和碘离子反应。因此，如：

$$2MnO_4^-+10I^-+16H^+ \rightarrow 5I_2+2Mn^{2+}+8H_2O \tag{6–12}$$

$$H_2O_2+2I^-+2H^+ \rightarrow I_2+2H_2O \tag{6–13}$$

滴定过程要迅速，以使得碘离子被空气氧化的程度最小化。适当的搅拌可以有效地防止硫代硫酸盐因过量而在酸性溶液中沉积：

$$S_2O_3^{2-}+2H^+ \rightarrow H_2SO_3+S \tag{6–14}$$

当溶液中出现胶体状的硫单质，使得溶液混浊时，表明硫代硫酸钠过量。碘量滴定法中，碘离子通常过量加入以促进反应进行（同离子效应）。未反应的碘离子不会产生干扰，但是如果滴定不是立即进行或者滴定进行太久，I^-可能会被空气所氧化。

硫代硫酸钠通常使用碘量法标定，基准物采用纯氧化物如$K_2Cr_2O_7$、KIO_3、$KBrO_3$或者金属铜（溶解生成Cu^{2+}）。使用重铬酸钾标定时，由于三价铬显绿色，会影响碘–淀粉的滴定终点的判断。用二价铜碘量滴定法时，需要加入硫氰酸盐，否则滴定终点会弥散，主反应见例6–6，但是反应中生成的碘化亚铜沉淀表面易于吸附碘，而使硫代硫酸盐滴定反应缓慢，硫氰酸根会包覆在CuSCN沉淀表面并取代表面的I_2，硫氰酸钾应该在接近滴定终点时加入，因为它会被I_2缓慢氧化成硫酸根，滴定过程中pH应保持在3左右，如果pH过高，二价铜容易水解成氢氧化铜沉淀；如果pH过低，铜会催化碘离子的氧化，使得空气对碘离子的氧化更加明显，将金属铜溶解在硝酸里，同时生成氮氧化物，这些氧化物会氧化I_2，可加入尿素去除。一些碘量滴定法测定的例子见表6-3。

表6-3　碘量滴定法

待测物质	与碘离子的反应
MnO_4^-	$2MnO_4^-+10I^-+16H^+ \rightleftharpoons 2Mn^{2+}+5I_2+8H_2O$
$Cr_2O_7^{2-}$	$Cr_2O_7^{2-}+6I^-+14H^+ \rightleftharpoons 2Cr^{3+}+3I_2+7H_2O$
IO_3^-	$IO_3^-+5I^-+6H^+ \rightleftharpoons 3I_2+3H_2O$
BrO_3^-	$BrO_3^-+6I^-+6H^+ \rightleftharpoons Br^-+3I_2+3H_2O$
$2Ce^{4+}$	$2Ce^{4+}+2I^- \rightleftharpoons 2Ce^{3+}+I_2$
$2Fe^{3+}$	$2Fe^{3+}+2I^- \rightleftharpoons Fe^{2+}+I_2$
H_2O_2	$H_2O_2+2I^-+2H^+ \rightleftharpoons 2H_2O+I_2$
$2Cu^{2+}$	$2Cu^{2+}+4I^- \rightleftharpoons 2CuI\downarrow+I_2$
$2HNO_2$	$2HNO_2+2I^- \rightleftharpoons I_2+2NO+H_2O$
$2SeO_3^{2-}$	$SeO_3^{2-}+4I^-+6H^+ \rightleftharpoons Se\downarrow+2I_2+3H_2O$
O_3	$O_3+2I^-+2H^+ \rightleftharpoons O_2+I_2+H_2O$ （pH7~8.5，氧气存在时可以测定）
Cl_2	$Cl_2+2I^- \rightleftharpoons 2Cl+I_2$
Br_2	$Br_2+2I^- \rightleftharpoons 2Br^-+I_2$
HClO	$HClO+2I^-+H^+ \rightleftharpoons Cl^-+I_2+H_2O$

例6-7：碘量滴定法标定$Na_2S_2O_3$溶液。使用0.126 2 g高纯度$KBrO_3$，消耗$Na_2S_2O_3$的体积是44.97 mL。计算$Na_2S_2O_3$的物质的量浓度。

解：反应如下：

$BrO_3^-+6I^-+6H^+ \rightarrow Br^-+3I_2+3H_2O$

$3I_2+6S_2O_3^{2-} \rightarrow 6I^-+3S_4O_6^{2-}$

$n_{S_2O_3^{2-}}=6\times n_{BrO_3^-}$

126.2 mg $KBrO_3^-$

$c_{S_2O_3^{2-}}\times 44.97\ mL=126.2\ mg\ KBrO_3^-/167.01\ (mg/mmol\ KBrO_3)\times 6\ (n_{S_2O_3^{2-}}/n_{BrO_3^-})$

$c_{S_2O_3^{2-}}=0.100\ 82\ mmol/mL$

第六节 氧化还原滴定中的其他氧化剂

之前已经提到一些常用的氧化剂可作为氧化还原反应的滴定剂。作为滴定剂，它应该比较稳定，且易于配制。如果氧化物氧化性过强，则可能不会很稳定。因此，虽然氟（E° =3.06 V）是众所周知的最强的氧化剂，但因为制备不方便，并不适用于分析实验室应用。而氯则本来可以为优良的滴定剂，但它易于从水溶液中挥发，且制备和保存标准样品较困难，因此也不用作滴定剂。

高锰酸钾是常用的氧化性的滴定剂，它的氧化性很强（E° =1.51 V）且自身可以作为终点指示剂，其贮存方式得当时，溶液可以稳定存在。首次制备的高锰酸钾溶液含有少量还原性杂质，会消耗少量的高锰酸钾。在中性溶液中，高锰酸钾的还原产物为MnO_2，在酸性溶液中产物为Mn^{2+}。生成物MnO_2同时又成为高锰酸钾分解反应的催化剂，加快高锰酸钾分解生成MnO_2，如此反复，这种反应称为自催化分解，去除MnO_2可使溶液稳定。故在标定之前，通常将新制好的高锰酸钾溶液加热煮沸以加速杂质的氧化，过夜放置。而MnO_2则采用砂芯玻璃漏斗过滤除去。高锰酸钾溶液可通过基准物质草酸钠（$Na_2C_2O_4$）来标定，其溶解在酸中生成草酸：

$$5H_2C_2O_4+2MnO_4^-+6H^+\rightarrow10CO_2+2Mn^{2+}+8H_2O \tag{6-15}$$

此反应必须加热以加速反应。Mn^{2+}对反应有催化作用。反应开始时较为缓慢，当有催化剂Mn^{2+}生成后反应速率逐渐加快。高纯电解铁单质也可以作为基准物质，可将其溶于酸中并还原为Fe^{2+}用于滴定。

当使用高锰酸钾盐滴定Fe（Ⅱ）时，氯离子的存在会使得滴定变得困难。室温下，氯离子将被高锰酸根氧化为Cl_2，但在室温下此反应通常很缓慢。然而存在铁时氧化反应将被催化。若将含铁样品溶解于盐酸，或用氯化亚锡还原Fe（Ⅱ）（见下文），需要在滴定过程中加入Zimmermaim–Reinhardt试剂（Z–R试剂）。这种试剂含有Mn（Ⅱ）和磷酸。Mn（Ⅱ）的存在降低了MnO_4^-/Mn^{2+}电对的电位，导致高锰酸钾无法氧化氯离子。由于高浓度的Mn（Ⅱ）使表观电位低于E° ，电位的降低减小了滴定突越的范围。因此加入磷酸来络合

Fe（Ⅲ），也可以降低Fe^{3+}/Fe^{2+}电对的电位；Fe（Ⅱ）不会被络合。换句话说，Fe（Ⅲ）一经生成即被去除，这样反应会向右进行，使滴定突越尖锐。总体效果仍然是滴定曲线突越电位变大，但整个曲线向较低电位处移动。

Z-R试剂防止Cl^-被MnO_4^-氧化，使终点尖锐。

络合铁（Ⅲ）的另一个作用是其磷酸盐化合物是近无色的物质，而氯化物（通常以氯化物形式存在于介质中）则是深黄色。这样，滴定终点颜色变化更为尖锐。

重铬酸钾，$K_2Cr_2O_7$是一种比高锰酸钾氧化性稍弱的氧化剂，其优势在于它可以直接称量配成基准物质，因此溶液通常不需要标定。然而在Fe（Ⅱ）的滴定中，为了获得准确的结果，常采用电解纯的铁单质标定$K_2Cr_2O_7$，因为还原产物Cr^{3+}呈绿色，会导致终点判定的微小误差（二苯胺磺酸指示剂），而标定可将其校正。应当承认，这一步骤仅当要求极其准确时才是必需的。

使用重铬酸盐滴定时，不存在氯离子的氧化问题。但是在1 mol/L的盐酸溶液中，$Cr_2O_7^{2-}/Cr^{3+}$电对的表观电位会从1.33 V降至1.00 V，同时滴定过程中需要加入磷酸以降低Fe^{3+}/Fe^{2+}电对的电位。同时，由于等当量点也会降低至与二苯胺磺酸钠的标准电位接近处。否则，滴定终点会滞后。

Ce（Ⅳ），Ce（Ⅳ）是一种氧化性较强的氧化剂。其表观电位取决于所使用的酸[Ce（Ⅳ）必须保存在酸性溶液中；否则易水解生成氢氧化铈沉淀]。滴定过程通常在硫酸或者高氯酸中进行。在硫酸介质中，其表观电位为1.44 V；在高氯酸介质中，其表观电位为1.70 V。故Ce（Ⅳ）在高氯酸介质中，表现出更强的氧化性。Ce（Ⅳ）可以代替高锰酸钾，用于绝大多数使用高锰酸盐滴定的反应中，它具有诸多优势：Ce（Ⅳ）是强氧化剂，不同酸介质下，其电位不同；氯离子氧化速率即使在铁存在时也较慢，滴定可在适量氯离子存在且无需加Z-R类保护剂的情况下进行；Ce（Ⅳ）的硫酸溶液无限可溶，但硝酸和高氯酸会使其缓慢分解。Ce（Ⅳ）的另一个优点是Ce（Ⅳ）盐-硝酸铈铵可作为基准物质，其溶液无须标定。Ce（IV）的最大缺点是相比于高锰酸盐成本较高，不过因为节省了时间这一点并不算制约因素。很多Ce（Ⅳ）参与的滴定反应都采用亚铁灵作为指示剂。

Ce（Ⅳ）溶液可以使用基准物质As_2O_3、$Na_2C_2O_4$和电解铁标定。其与As（Ⅲ）反应速率较慢，需要加入催化剂OsO_4或ICl来加速反应。室温下，亚铁灵做指示剂与草酸反应也较缓慢，可以加入同样的催化剂加速反应。不过该反应在2 mol/L高氯酸溶液中即使在室温也能迅速反应。滴定过程中硝基邻菲咯啉亚铁离子为指示剂。

Ce（Ⅳ）溶液通常可以使用如下试剂标定：$(NH_4)_4Ce(SO_4)_4\cdot 2H_2O$、$(NH_4)_2Ce(NO_3)_6$（尽管不是高纯基准物）或水合氧化铈（$CeO_2\cdot 4H_2O$）。其中标准物质$(NH_4)_2Ce(NO_3)_6$虽然成本高，但可节省时间。

第七节　氧化还原滴定中的其他还原剂

还原性标准溶液不像氧化剂使用的那样广泛，因为它们大多数都会被溶解氧所氧化，所以不能方便地制备和使用。硫代硫酸盐是唯一常用的、可在空气下稳定存在的还原剂，且其可长时间保存。这也是碘量滴定法测定氧化物更为吸引人的原因。但是有时需要比碘离子还原性更强的试剂。

Fe（Ⅱ）在硫酸溶液中会被空气缓慢氧化，也是一种比较常用的还原型滴定剂。其还原性不强（E° =0.771 V），可以滴定强的氧化剂，如Ce（Ⅳ）、Cr（Ⅵ）（重铬酸根）以及V（Ⅴ）（钒酸根）。亚铁灵是前两个滴定剂的优良指示剂，而后一个滴定常用氧化型二苯胺磺酸作为指示剂。Fe（Ⅱ）会缓慢氧化，用前需要进行日常标定。

Cr（Ⅱ）和Ti（Ⅲ）是较强的还原剂，易被空气氧化而难以处理。Cr^{3+}/Cr^{2+}电对的标准电位为-0.41 V；TiO^{2+}/Ti^{3+}电对的标准电位为0.04 V。铜、铁、银、金、铋、铀、钨和其他金属的氧化形式都可以用Cr（Ⅱ）滴定。Fe（Ⅲ）、Cu（Ⅱ）、Sn（Ⅳ）、铬酸盐、钒酸盐和氯酸盐可用Ti^{3+}滴定。

第八节　溶液的制备

当溶解样品时，待测元素通常处于混合价态，或者非滴定所需价态。可在滴定前用多种氧化剂或还原剂将不同金属转化为特定氧化态。多余的预氧化剂或者预还原剂需要在滴定金属离子前除去。

一、滴定前样品的还原

通常使用可以被轻易去除的还原剂来还原待测物，这一步骤需要在氧化剂滴定待测物之前进行。

还原剂对滴定过程不能产生干扰，如果有干扰，则未反应的还原剂需在滴定前除去。当然，大部分预还原剂会与氧化性滴定剂反应，应当易于去除。在酸性溶液中，亚硫酸钠（Na_2SO_3）和二氧化硫是很好的还原剂（$E^\circ=0.17\ V$），过量部分可通过CO_2鼓泡去除或加热去除。如果没有SO_2，也可以在酸化溶液中加入亚硫酸钠或亚硫酸氢钠。铊（Ⅲ）可被还原为+1价，砷（Ⅴ）和锑（Ⅴ）还原为+3价，钒（Ⅴ）还原为+4价，硒和碲还原为单质。若加入催化剂硫氰酸盐，Fe（Ⅲ）和Cu（Ⅱ）可分别被还原为+2和+1价。

氯化亚锡（$SnCl_2$）通常用于将Fe（Ⅲ）还原为Fe（Ⅱ），Fe（Ⅱ）以Ce（Ⅵ）或重铬酸盐滴定，在氯离子（如热的盐酸溶液中）存在的条件下反应迅速。含铁的样品（如矿石）溶解后（通常溶于盐酸），部分或全部铁以+3价形式存在，因此必须被还原。$SnCl_2$与氯化亚锡的反应方式如下：

$$2Fe^{3+}+SnCl_2（aq）+2Cl^-\rightarrow 2Fe^{2+}+SnCl_4（aq） \qquad (6\text{–}16)$$

当溶液Fe^{3+}黄色消失时，反应完全。过量的Sn（Ⅱ）用Hg_2Cl_2除去：

$$SnCl_2+2HgCl_2（过量）\rightarrow SnCl_4+Hg_2Cl_2 \qquad (6\text{–}17)$$

反应中，必须迅速加入过量的氯化亚汞冷溶液，并不停搅拌。因为过少或加入过慢，氯化亚汞容易被局部过量的$SnCl_2$还原为汞单质，而出现灰色沉淀。与汞不同，氯化亚汞Hg_2Cl_2是奶白色沉淀，其同重铬酸钾和铈酸盐反应速率较慢。为了防止大量剩余的锡（Ⅱ）及后续生成汞的风险，氯化亚锡需要逐滴加入直至Fe（Ⅲ）的黄色恰好消失。如果在加入$HgCl_2$后，样品出现灰色沉淀，则此样品需要丢弃不能再用于实验。$SnCl_2$可用于将As（Ⅴ）还原为As（Ⅲ），将Mo（Ⅳ）还原为Mo（Ⅴ），同时以$FeCl_3$做催化剂，将U（Ⅵ）还原为U（Ⅳ）。然而其本身具有的毒性，易升华而在实验室消失以及反应中需要用到汞的特性，阻碍了$SnCl_2$作为还原性滴定剂的应用。

金属还原剂广泛应用于样品的前处理。常常将其以颗粒形式填充色谱柱以允许样品溶液通过。随后在色谱柱内加入稀酸作为洗脱剂，可以将样品溶液从色谱柱上洗脱下来。氧化产物金属离子不干扰滴定，因为金属不溶，所以溶液中不会有过量还原剂。例如，铅单质可以用来还原Sn（Ⅳ）：

$$Pb+Sn^{4+} \rightarrow Pb^{2+}+Sn^{2+} \tag{6-18}$$

从柱上洗脱下来的溶液中含有Pb^{2+}和Sn^{2+}，但没有金属铅。表6-4列出了几种常用金属还原剂和其可还原的元素。还原反应一般在酸溶液中进行。对于锌而言，金属锌会与汞形成合金，阻碍其与氢离子反应生成氢气。

$$Zn+2H^{+} \rightarrow Zn^{2+}+H_2 \tag{6-19}$$

有时，样品被空气迅速氧化，因此必须在二氧化碳的氛围下进行滴定，通常先将溶液酸化，之后加入碳酸氢钠。锡（Ⅱ）和钛（Ⅲ）的溶液必须隔绝空气。有时，对于易被空气迅速氧化的元素，还原柱一端浸泡在Fe（Ⅲ）溶液中，这样，元素一经洗脱便置于Fe（Ⅲ）溶液。样品与Fe（Ⅲ）反应生成等量的铁（Ⅱ），可用高锰酸盐或重铬酸盐对Fe（Ⅱ）进行滴定。铁可以将Mo（Ⅲ）氧化为Mo（Ⅵ），Cu（Ⅰ）也可以用类似方法测定。

表6-4 金属还原剂

还原剂	被还原物
Zn（Hg）（琼斯还原器）	Fe（Ⅲ）→Fe（Ⅱ），Cr（Ⅵ）→Cr（Ⅱ），Cr（Ⅲ）→Cr（Ⅱ），Ti（Ⅳ）→Ti（Ⅲ），V（Ⅴ）→V（Ⅱ），Mo（Ⅵ）→Mo（Ⅲ），Ce（Ⅳ）→Ce（Ⅲ），Cu（Ⅱ）→Cu
Ag（1 mol/L HCl）（瓦尔登还原器）	Fe（Ⅲ）→Fe（Ⅱ），U（Ⅵ）→U（Ⅳ），Mo（Ⅵ）→Mo（Ⅴ）（2 mol/L HCl），Mo（Ⅵ）→Mo（Ⅲ）（4 mol/L HCl），V（Ⅴ）→V（Ⅳ），Cu（Ⅱ）→Cu（Ⅰ）
Al	Ti（Ⅳ）→Ti（Ⅲ）
Pb	Sn（Ⅳ）→Sn（Ⅱ），U（Ⅵ）–U（Ⅳ）
Cd	$ClO_3^- \rightarrow Cl^-$

二、滴定前样品的氧化

大多数元素需要很强的氧化剂才能氧化。热的无水高氯酸是强氧化剂，可用来氧化Cr（Ⅲ）至重铬酸根。混合物必须稀释并迅速冷却以防止被还原。稀的高氯酸不是强氧化剂，只需在氧化后稀释。高氯酸氧化生成Cl_2，需要通过煮沸稀溶液除去。

使用可以被轻易去除的氧化剂来氧化待测物，这一步骤需要在还原剂滴定待测物之前进行。

过硫酸钾（$K_2S_2O_8$）是一种很强的氧化剂，可以将铬（Ⅲ）氧化为重铬酸盐、钒（Ⅳ）氧化为钒（Ⅴ）、铈（Ⅲ）氧化为铈（Ⅳ）、锰（Ⅱ）氧化成高锰酸盐。反应需要在热的酸性溶液中进行，同时需要加少量的银离子作催化剂，过量的过硫酸根通过煮沸溶液除去，煮沸的步骤也会使高锰酸盐有所减少。

溴可在一些反应中作氧化剂，如将铊（Ⅰ）氧化成铊（Ⅲ），将碘离子氧化成碘酸盐。加入苯酚可将过量溴变为溴离子而去除。氯氧化性更强。高锰酸盐可将钒（Ⅳ）氧化为钒（Ⅴ）、铬（Ⅲ）氧化为铬（Ⅵ）。后者仅在碱性条件下迅速反应。不过，在热酸溶液中可以氧化痕量铬（Ⅲ）。过量的高锰酸盐可以通过加入肼煮沸除去。过氧化氢可将铁（Ⅱ）氧化成铁（Ⅲ）；在温和的碱溶液中，可将钴（Ⅱ）氧化为钴（Ⅲ）；在强碱溶液中，将铬（Ⅱ）氧化为铬（Ⅵ）。其中在与铬的反应中，也可以直接加入固体过氧化钠，过量的过氧化氢可以通过多种催化剂除去。

对于大部分的氧化还原反应，各种形式样品中不同元素样品的制备所需特定的步骤都已在文中介绍，可从本章讨论中体会不同操作步骤背后的原因。

临床医学中唯一常用的氧化还原滴定是体液中钙的检测。首先将钙离子沉淀为草酸钙，随后将沉淀清洗过滤溶解在酸中，用标准高锰酸钾滴定草酸。由于钙的量与草酸的量存在化学计量比，钙含量可以由此算出。此方法目前多被更为便捷的技术所取代，如EDTA络合滴定或原子吸收法。

第九节　电位滴定法

定量滴定通常可通过可视化指示剂来较为便捷地判断滴定终点。当不能通过颜色的变化检测时，可以利用电位滴定法。电位滴定法是目前已知的最准确的分析方法之一，因为电位是随真实的活度变化而改变的。因此滴定终点常常与等当量点一致。而且，如前文所述，其滴定终点的判断比使用可视化滴定剂更为灵敏。因此电位滴定法通常用于稀溶液。

电位指示法比可视法更灵敏、更准确。

电位滴定法比较直接。通过测定指示电极相对于传统参比电极的电位并将此电位差对滴定剂体积作图。在等当量点处会产生较大的电位突越。由于我们仅关注产生较大电位变化的位置，此处证明滴定终点发生，因此不需要知道指示电极的电位真值。如在pH滴定中，玻璃电极不需要使用标准缓冲液校正，它同样会产生相同形状的滴定曲线，此曲线在电位轴向（Y轴）产生较大幅度的上下变化。但是知道指示电极的电位真值也有好处，可以以此预测滴定终点，且可以检测到异常值。

工作电极的读数需要一个参比电极来测得。例如，在酸碱滴定中，玻璃电极不需要用标准缓冲溶液校准，它会在突越滴定曲线的中轴线上下波动，有些校正指示剂的终点可以确定，同时终点误差也可以被检测到。

因为我们对电位“绝对值”并不感兴趣，液体接界电位也不重要。它在一定情况下将在整个滴定过程保持恒定，和终点处电极变化相比，微小的电位可以忽略。同时，电位不需要读数非常准确，因此任何pH计都可用于此类滴定。

一、pH滴定——使用pH电极

通过学习，我们知道酸碱滴定中，溶液pH在等当量点处出现很大的突越。除了使用可视化指示剂，这一pH变化还可使用玻璃pH电极轻松检测。通过将测得的pH对滴定剂体积作图，可获得类似的滴定曲线。滴定终点被认为是在等当量点处，有较大pH突越的拐点处发生；即曲线最陡处。

玻璃pH电极用于追踪酸碱滴定。

二、沉淀滴定——使用银电极

在沉淀滴定中，指示电极用于追踪pM或pA的变化，M是生成沉淀的阳离子，A是阴离子。前一个方程中，lg（$1/a_{Ag^+}$）等于pAg；而后一个方程中，$\lg a_{Cl^-}$等于–pCl。因此银离子电极电位将直接等比例转变为pAg或者PCl，a_{Ag^+}或a_{Cl^-}每变化10倍，电位变化2.30RT/F（V）（约59 mV）0以电位对滴定剂体积作图可获得一个形状的滴定曲线。（注意因为$a_{Ag^+}+a_{Cl^-}$=常数，a_{Cl^-}正比于a_{Ag^+}，而pCl正比于–pAg，因此不论是测pCl还是pAg，得到的滴定曲线形状都相同）。

银电极用于追踪银离子作为滴定剂的反应。

三、氧化还原滴定——使用铀电极

氧化还原滴定总的来讲不难找到合适的指示电极，因此应用广泛；惰性金属如铀就可以满足作电极的要求。氧化型和还原型都可溶，其比值在滴定过程中不断变化。指示电极的电位直接正比于lg（a_{red}/a_{ox}），和计算滴定曲线电位一样，参与图6-1中Ce^{4+}滴定Fe^{2+}的滴定曲线。需要指明，电位可通过任意一个半反应测定。总的来说，在这些滴定过程中pH通常是恒定的，能斯特方程中含H^+的项可从lg项中消掉。

惰性电极（如铂）用于追踪氧化还原滴定。

典型的电位滴定图如图6-1所示，对于合适的可视化滴定剂的评估和选择用处很大，尤其是新的滴定体系。对于转变点电位而言，选择一个颜色变化恰好落在这一电位变化范围之内的指示剂是可能的。或者说，在可视化滴定过程中电位可被真实测得，通过比较颜色变化范围和电位滴定曲线，可以看出此指示剂是否对应等当量点。

电位滴定曲线用于选择合适的氧化还原指示剂（E_{In}° 需要接近于$E_{eq,\ pt}$）

四、滴定反应中离子选择性电极——测定pM

$\lg a_{ion}$也可以表示为-pIon，所以离子选择性电极（Ion-selective Electrodes，ISE）可以用于检测滴定过程中的pM变化。例如，对银离子灵敏的阳离子选择性电极可用于追踪硝酸银滴定反应中pAg的变化。钙离子选择性电极可用于指示EDTA滴定钙反应。如果电极对溶液中第二个离子也有相应反应，并且此离子的活度在整个滴定过程中几乎不变。滴定曲线会变形；这是因为电极电位是由lg（a_{ion}+常数）而不是$\lg a_{ion}$决定的。如果第二个离子的贡献不是很大，则滴定曲线变形不会很厉害，终点处仍然能显示一个较好的突越。涉及阴离子的滴定也可以用阴离子选择性电极监测。如，氟离子可被La（Ⅲ）沉淀，氟离子电极可以用于标记滴定终点。

电位滴定法常常比直接电位分析法更准确，这是因为直接电位法测定中存在不确定度问题。在直接电位法中，精度达到10^{-2}级就很少见了，而电位滴定的精度常常可以达到10^{-3}级。对电位滴定总结如下：

（1）稀溶液中，接近终点时电位读数常常滞后，这是因为溶液平衡较差。

（2）接近终点时对电位作图是必要的。在接近滴定终点时，滴定剂应以小量增加，如0.1 mL或0.05 mL。不需要正好加至滴定终点体积，但这是由E对体积作图的截距决定的。

（3）指示电极相对于参比电极的极性（正负）可能会在滴定过程中变化。即，电位差值可能从一个极性值变为0再转为另一个极性方向；现在使用的大多数电压表/pH计可以读出极性值，但如果不能，则测定电位的仪器的极性可能需要改变。

五、导数滴定

记录滴定曲线的一阶导数或二阶导数可更准确地指出滴定终点。

关于使用导数滴定法选择滴定终点的另一个方法，即在程序中输入接近滴定终点时的信号值和体积值。此方法使用简便，但是对于更精确的作图，需要使用导数滴定简便程序。

在这些方法中，体积的增加不能太大，否则接近终点时的数据点就不够多。如果增加量过小，则二阶导数图就没有必要了，因为在图的直线部分会有两个以上的点通过0点。另一方面，增加量不能太小，小到体积测量的实验误差以内，这样也很耗时。当然，只是在接近终点时有这些微小的体积变化。在一些滴定中，电位突越足够大，电位变化的程度可以等同于加入体积的变化量，滴定终点就在变化最大的那点处。同时，有时候不用滴定到电位滴定终点，通过计算或者从已测得的滴定曲线的经验就可以推断出终点。

需要注意的是，在导数法中，求导会使数据点产生噪声或者散点，二阶导数更甚。因此，如果特定的滴定剂导致噪声或者电位漂移时，不建议使用导数作图法。

六、格氏作图法测定终点

Gunnar Gran提出了一种独特的预测滴定终点的方法，不需要真正达到滴定终点就能知道终点的方法。我们假设，不是用电极电位而是用每次滴定时剩余待测物浓度对滴定剂体积作图。理论上将获得一个直线图（忽略体积变化），且沿直线外推得到样品剩余浓度终将在终点处为0（假设滴定反应向右进行）。因为在滴定完成20%时，剩余80%样品未被滴定，滴定完成50%时，剩余50%样品未被滴定，滴定完成80%时，剩余20%样品未被滴定，等等（实际操作中，在更接近于终点的区域作图）。类似地，超过等当量点后滴定剂浓度曲线也是线性图，且可以外推得到终点处浓度为0。

以硝酸银滴定氯离子为例。接近等当量点时，AgCl溶解度相比于未反应的氯离子更为明显。在滴定过程的其他任何时候，溶液中氯离子浓度都可以由最初的物质的量与$AgNO_3$的物质的量相减求得：

$$[Cl^-]=\frac{c_{Cl}V_{Cl}-c_{Ag}V_{Ag}}{V_T} \tag{6-20}$$

式中，c_{Cl}和V_{Cl}分别为分析物中氯的物质的量浓度和体积；c_{Ag}和V_{Ag}分别是银滴定剂的物质的量浓度和加入的体积；V_T是溶液的总体积，即$V_{Cl}+V_{Ag}$。氯离子选择性电极的（忽略活度系数）电位：

$$E_{cell}=k-S\lg[Cl^-]$$

或

$$\lg[Cl^-]=(k-E_{cell})/S$$

式中，S是能斯特方程中电位斜率的经验值（理论上为0.059）；k是经验电位滴定池常数（理论上是指示电极和参比电极的E°值之差）。将式（6–20）代入式（6–22）得

$$\lg\frac{c_{Cl}V_{Cl}-c_{Ag}V_{Ag}}{V_T}=\frac{k-E_{cess}}{S}$$

$$V_T 10^{(k-E_{cell})/S}=c_{Cl}V_{Cl}-c_{Ag}V_{Ag}$$

格氏作图法将对数响应转换为线性响应。

V_{Ag}（独立变量）对等式左边作图可获得一条直线（在上述计算中浓度根据体积变化校正）。这就是格氏作图法。$n_{Cl}=n_{Ag}$为等当量点，即当左边的项（Y轴）为零，曲线如图6–2所示。接近终点时有曲率，因为氯化银有限的溶解度，即反对数项不为零（电位会无限大），因而用终点前的几个点外推。

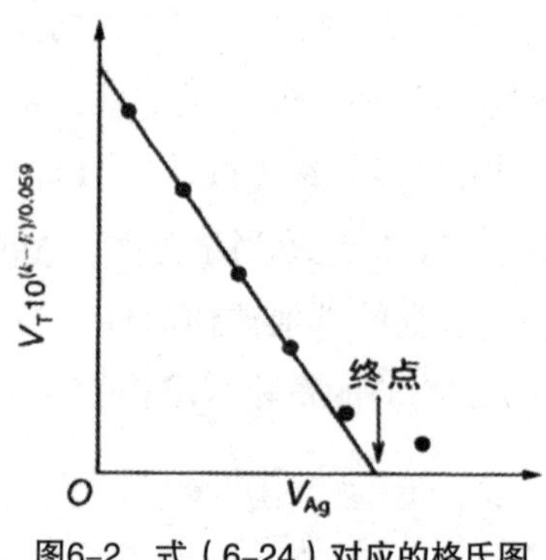

图6-2　式（6-24）对应的格氏图

将式（6-24）应用于格氏图可以获得能斯特方程中的常数k的信息，从而使得Y轴处截距为零。这（以及斜率）可以从标准中测得。

格氏作图法可以被应用到很多领域，可以得到电位对分析物浓度的校准曲线，并用来将电位读数直接转换为浓度读数，终点处截距可对应为零浓度时的Y轴值。可以算出电位或pH读数的反对数，并对滴定体积作图（$E \propto \lg c$，即反对数$E \propto c$）。截距对应于零浓度样品时的电位测定值，也可以用电子逆对数放大器实现信号转换。

格氏图也可通过超过滴定终点后的滴定获得（反对数项从滴定终点开始从零增加）。此时，电位截距最好通过空白滴定并通过Y轴到0 mL的线性部分外推获得。

反对数的值与浓度成比例，必须对体积变化校正。观测值乘以（V_T/V_0）获得校正值，其中V_0是初始体积，V_T是任意时刻的总体积。一个弱酸-强碱或强酸-弱碱滴定体系的格氏图可使用pH电极监测，详见网页文本。

格氏作图的优点是曲线的线性，此外，格氏作图法不需要接近终点处的精确测量，此时电位容易漂移，因为所感应的离子浓度较低，滴定剂必须小量加入。另外，格氏作图只需要在终点很远处直线部分取几个点就可以。

使用格氏作图法不需要精确测定到底何时是滴定终点。

典型的格氏作图法如图6-3所示，用银离子滴定氯离子。过量的滴定剂用Ag/Ag_2S电极监测。对滴定体积作图得到线性曲线（右侧坐标轴）以及常规的S形电位滴定曲线（左侧坐标轴）；电位滴定反映出的数据点几乎不可识别，因为涉及浓度很小。与之相反，格氏图是一条直线，可轻易外推回水平坐标轴，并确定终点（需要做空白滴定，之后将空白直线外推至0 mL处，便可精确确定水平轴）。若终点附近的直线存在一定曲率，表明有沉淀溶解、配合物解离等。

直线图有很多优点。只需要几个点就能确定一条直线，终点也很容易通过直线向水平轴外推确定，只需要在等当量点稍远处精确描点，此时滴定剂大大过量，可抑制滴定产物的解离，同时电极响应也很快速，因为其中一种离子相比于等当量点时处于相对高的水平。在小拐点处（图6-3），终点更容易通过格氏图确定。

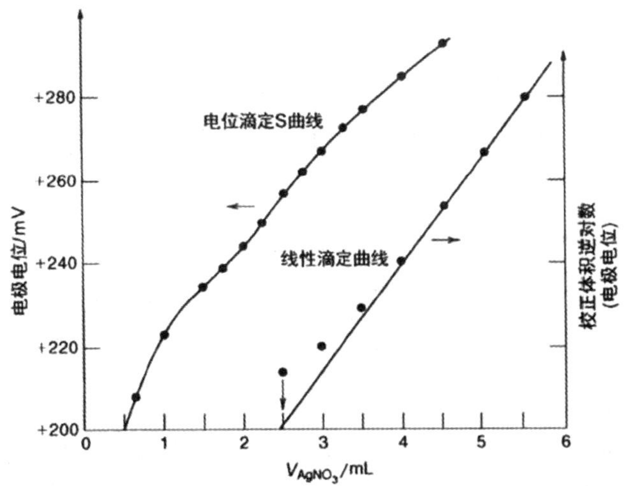

图6-3　以$AgNO_3$（2×10^{-3} mol/L）滴定Cl^-（5×10^{-5} mol/L，100 mL）的格氏图，Ag_2S为电极

格氏作图法也可以通过一阶导数曲线的倒数作图获得，即$\Delta E/\Delta V$对V作图，其中$\Delta E/\Delta V$在等当量点处趋近于无穷大，其倒数在两线相交时为零，得到一个V字形或倒V字形曲线。在此应用中，对两个增量的平均体积作图，如同一阶导数曲线那样。$\Delta E/\Delta V$需要根据体积变化校正以获得直线（$\Delta E/\Delta V$对体积变化呈线性关系）。

一阶导数滴定可用于格氏作图。

格氏作图法对于标准加入法和加入法中比较方便。标准加入法适用于样品基体影响待测物信号的情况。在这些方法中，首先记录一个样品信号，之后已知量的标准溶液加至样品中，记录信号变化。后一个测定可提供样品基体作为未知待测物的校正，对于未知样品和标准样品，基体的效应是一样的。这种情况下，校正的是电极响应。多数分析方法给出相对于分析物的线性响应；但是在电位法中，响应是对数的。通过格氏作图法可获得一直线，简化计算过程。首先记录样品电位，随后已知量的标准溶液加入至样品。电位的反对数值对所加入标准溶液的量作图，获得线性最佳的曲线（如，通过最小二乘法分析），外推至水平轴（通过空白进行类似测量，并外推至零浓度获得）可得到样品中待测物的量（图6–4）。

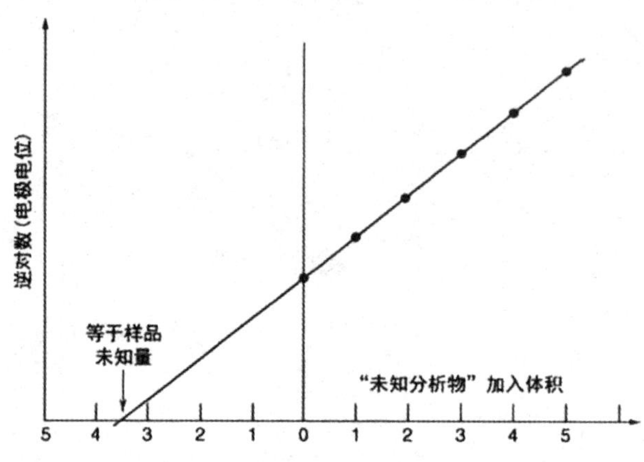

图6–4　点位传感器的标准加入法逆对数曲线

标准加入法具体参见例6–8。

例6–8：血清中钙离子浓度使用离子选择性电极通过标准加入法测定。样品通过电极测定其电位为+217.6 mV。将100 μL的2000 mg/L标准溶液加入到2 mL样品溶液中，测得其电位为+226.8 mV。假设是能斯特响应（活度每变化10倍电位变化59.2/2 mV），则样品中钙离子浓度为多少？

解：因为待测样品和标准加入的溶液具有相同的基体和离子强度，因此电极响应符合能斯特方程。故有：

$$E=k+29.61g[Ca^{2+}]$$

标准样品（0.100 mL）稀释于2 mL样品，稀释度约1：20，则标准样品浓度为100 mg/L，或更精确地，校正了5%的体积变化：

c=2000 mg/L×（0.100 mL/2.10 mL）=95.2×10^{-6}=95.2 mg/L

设工为样品未知浓度，单位是mg/L，

217.6 mV=k+29.6 lg$x$（1）

226.8 mV=k+29.6 lg（x+95.2）（2）

两式相减：

$-9.2\ \text{mV}=29.6\lg x-29.6\lg(x+95.2)$

$-9.2\ \text{mV}=29.6\lg[x/(x+95.2)]$

$\lg[x/(x+95.2)]=-0.31$

$x/(x+95.2)=0.467$

$x=83.5\ \text{mg/L}$

若电极的实际斜率未知，应多次加入标准溶液以确定实际形状。

不论是线性响应还是对数响应，标准加入法提供了有力的校正方法来去除待测物响应对样品基体的依赖性。但是，当样品中存在能使传感器产生响应的非待测组分时，这是不能校正的。

七、自动滴定仪

有很多自动滴定仪采用滴定终点法检测。其通常可以自动记录数值，计算出一阶或二阶导数，读出滴定终点时的滴定剂体积。样品置于滴定容器中，滴定剂存放于储液池，由注射器驱动的滴定管滴加样品。体积是电子读数，通过电子驱动的注射针管的排样量读出。导数值尤其是pH或者其他电位传感器测量值的导数，通常用于控制滴定管流速，即pH变化的速率。当需要更为准确的滴定终点测定时需要放缓滴定。滴定仪也可以采用光度法检测指示剂的颜色变化。自动滴定仪参见图6-5，自动滴定仪使得定量分析变得快速简便、可重现。虽然仪器分析方法提供了很多便利，但传统的定量分析仍然被广泛应用，在诸如制药、化学及石化行业中仍用处很大。

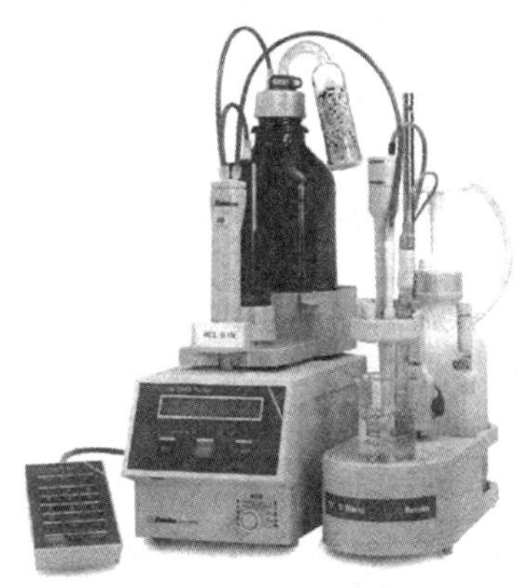

图6-5　自动电位滴定仪

第七章　重量分析法和沉淀平衡

重量分析法是宏观定量分析中最精准的方法之一。在重量分析过程中，分析物被选择性地转化成不溶物，分离出的沉淀经过干燥或者焙烧（可能转化成别的物质），然后精确称重。从沉淀的质量及其化学成分，我们能计算出所求化学形态的分析物质量。

重量分析法能进行极其准确的分析。实际上，重量分析法用于测定许多元素的原子量，精度可达六位有效数字。哈佛大学西奥多·威廉·理查兹（Theodore W.Richards）教授开发了高精准的银和氯的重量分析法。他使用这些方法测定了25种元素的原子量：首先制备这些元素的氯化物纯样，然后分解质量已知的这些化合物，最后通过重量分析法测定这些化合物的氯含量。鉴于这项工作，他成了第一个获得诺贝尔奖的美国人。他是位伟大的分析化学家!

因为重量分析法的计算只基于原子量或分子量，所以它并不需要系列标准物来计算未知物含量。测定时只需准确地分析平衡。由于精确度高，重量分析法也可以代替标准参考物来校正仪器。然而该方法耗时冗长，它的潜在应用是那些对结果要求非常准确的领域，例如：用于铁矿石中铁含量的测定（矿石的价值由铁含量决定），或用于测定水泥中的氯含量。在环境化学中，硫酸根用钡离子沉淀；在石油领域，脱硫废水中的硫化氢用银离子沉淀。

本章描述了重量分析法的详细步骤，包括合适沉淀剂的制备、沉淀过程以及如何获得高纯和可过滤的沉淀、过滤和洗涤中如何避免损失和引入杂质、如何加热沉淀将其转化为可称量的化学形态。给出了从沉淀质量中计算分析物含量的计算过程。同时也提供了一些重量分析法的常见实例。最后，讨论了溶度积和相关的沉淀平衡。

第一节　重量分析的操作步骤

成功的重量分析包括许多重要操作步骤，这些步骤被设计用于获取适合称重分析的纯的和可过滤的沉淀。你也许希望通过往含氯溶液中加入硝酸银以获得氯化银沉淀。比起简单地往含氯溶液中倒入硝酸银溶液然后过滤，重量分析需要更多的操作步骤。

精确的重量分析法要求仔细控制沉淀的生成和处理。

其具体步骤如下：

①溶液制备；②沉淀；③消化；④过滤；⑤洗涤；⑥干燥或灼烧；⑦称重；⑧计算。

这些操作步骤及其重要性如下所述。

一、首先是制备溶液

进行重量分析的第一步是制备溶液。可能需要一些初步的分离以去除干扰物质。我们也必须调节溶液条件以维持沉淀的低溶解度以及获得适合过滤的沉淀形态。在沉淀之前对溶液条件的适当调节也可能掩蔽掉潜在的干扰。必须考虑的因素包括沉淀过程中溶液的体积、待测物的浓度范围、其他共存组分及浓度、温度和pH等。

虽然可能需要初步分离，但是在一些其他实例中重量分析法在沉淀这一步的选择性是足够的，这样就不需要其他的分离步骤。pH很重要因为它通常会影响分析物沉淀的溶解度和其他物质干扰的可能性。例如：草酸钙在碱性介质中是不溶的，但在低pH条件下草酸根离子与氢离子结合形成弱酸并开始溶解。8-羟基喹啉（也称8-喹啉醇）可以用来沉淀大量元素，但通过调控pH值，我们可以选择性沉淀某些元素。铝离子在pH4时沉淀，但是在该pH值下喹啉阴离子的浓度太低而不能沉淀镁离子；羟基喹啉镁有大得多的溶度积，溶度积的概念将在本章后面讨论。

通常情况下，沉淀反应对分析物具有选择性。

8-羟基喹啉结合pH调节可用于选择性沉淀不同金属离子。在pH4时Al^{3+}可以选择性地从含Mg^{2+}溶液中沉淀出来。

为沉淀镁，需要更高的pH以使离子化步骤向右进行。然而，如果pH太高，将会发生氢氧化镁沉淀，导致干扰。

当我们讨论到沉淀步骤时，前面提到的其他因素的作用将会变得更加明显。

二、沉淀的产生

准备好溶液之后，下一个步骤就是沉淀。再次强调：条件很重要。沉淀首先应该是溶解度小，这样才能忽略沉淀溶解产生的损失。沉淀应该生成容易过滤的大晶粒。所有的沉淀都趋向于带出溶液中的其他组分。这部分杂质应该是可忽略不计的。保持大的沉淀颗粒能够使杂质含量降到最少。

首先通过观察沉淀过程我们可以筛选合适的沉淀条件。当一种沉淀剂加入被测溶液形成沉淀时（例如$AgNO_3$溶液加入含氯化物溶液中产生AgCl沉淀），实际沉淀过程是按一系列步骤进行的。沉淀过程包括异相平衡，所以它不是瞬时完成的。平衡条件用溶度积来表示，这将在本章的结束部分讨论。首先发生过饱和，即液相中含有溶解盐的浓度比平衡时更多。这是一种亚稳状态，它将驱动体系达到平衡（饱和）。这一过程以成核作用开始。为使成核现象发生，必须有最低数量的颗粒物聚集到一起以产生固相晶核。过饱和度越高，成核速率越大。单位时间内形成的晶核数越多，将最终生成粒度更小、数量更多的晶体。晶体总表面积将会越大，而吸附杂质的危险性也将越高（见以下讨论）。

在沉淀过程中，先发生过饱和（应尽量避免！），随后是成核及沉淀。

虽然成核现象理论上是自发发生的，但它却通常被诱导产生，如粉尘颗粒、容器表面的划痕，或者加入沉淀晶种（在非定量分析中）。

成核之后，随着其他沉淀颗粒的沉降，初始晶核会生长形成某种特定几何形状的晶体。再次强调：溶液过饱和度越大，晶体的生长速度就越快。晶核生长速度过快会增加晶体缺陷和包埋杂质的概率。

冯·韦曼（Von Weimarn）发现在沉淀过程中，沉淀的颗粒度与溶液的相对过饱和度成反比。

相对过饱和度=（Q–S）/S

式中，Q为沉淀发生前混合液的浓度；S为平衡时沉淀的溶解度；$Q-S$为过饱和度。该比率（$Q-S$）/S为相对过饱和度，也称为冯・韦曼比率。

如前所述，当一种溶液过饱和时，它处于亚稳平衡状态，这有利于快速成核，进而形成大量小颗粒物，即：

相对过饱和度高→许多小晶体（表面积大）

相对过饱和度低→更少、更大的晶体（表面积小）

因此，在沉淀过程中我们显然想保持Q值低而S值高。通常用来维持沉淀有利条件的措施有以下几种。

（一）从稀溶液中沉淀，这样可以保持低0值。

（二）缓慢加入低浓度的沉淀剂，并进行有效搅拌。这也可以保持低Q值。搅拌避免试剂局部过量。

（三）从热溶液中沉淀。这可以增大S值。溶解度不应太大否则沉淀将无法定量（未沉淀量低于1‰）。可以先在热溶液中进行沉淀，然后冷却溶液以实现定量沉淀。

（四）在尽可能低的pH条件下进行沉淀以保持定量沉淀。正如我们所见，许多沉淀在酸介质中溶解度更好，这可降低沉淀速率。沉淀在酸中溶解度更大是因为沉淀的阴离子（来自弱酸）与溶液中的质子相结合。

这是如何使过饱和度降到最低，获取更大晶粒的方法。

这些操作步骤中的大多数也能降低杂质含量。杂质浓度被维持在更低的水平、增大它们的溶解度以及降低沉淀速率都能减少这些杂质被沉淀带出的概率。越大的晶体具有越小的比表面积（例如单位质量的表面积更小），因而吸附杂质的概率就越小。请注意：最难溶的沉淀物并不是获取纯的和易于过滤的沉淀的最佳选择。例如水合铁氧化物（或氢氧化铁）就形成了大比表面积的凝胶型沉淀。

非常难溶的沉淀物并不是重量分析法的最佳选择！它们易形成过饱和溶液。

当进行沉淀时，加入稍微过量的沉淀剂能通过质量作用（同离子效应）降低沉淀的溶解度并保证沉淀完全。应避免沉淀试剂过量太多，因为这除了浪费试剂以外，还增加了沉淀表面吸附的概率。如果已知分析物的大致

含量，则通常加入过量10%的沉淀剂。通过等沉淀沉降后往上清液中加

入几滴沉淀试剂来判断沉淀反应是否完成。如果没有新沉淀生成，则沉淀反应已经完成。

检查沉淀反应是否完成!

三、沉淀老化以制备更大和更纯的晶体

我们知道小晶体的比表面积大，比大晶体具有更高的表面能和更大的表观溶解度。这是初始速率现象，并不代表平衡条件，它是异相平衡的结果。当沉淀出现在母液（产生沉淀的溶液）中时，大晶粒的生长消耗了小晶粒。这个过程称作老化，或者奥斯瓦尔德老化（Ostwald ripening），如图7–1所示。小颗粒比大颗粒具有更大的表面积，相应的表面能更大，溶解度也更大一些。小颗粒趋向于溶解并重新沉淀到更大的晶体表面。此外，单独的颗粒间会发生凝聚以有效共享对离子层（图7–1），凝聚的颗粒最终会通过形成连接桥而粘在一起。这明显降低了表面积。

奥斯瓦尔德老化改善了沉淀的纯度和结晶度。

老化可减弱晶体的缺陷，被吸附或者包埋的杂质在老化过程中也会重新溶解到溶液中。虽然在有些情况下老化是在室温下进行的，但是通常情况下为了加快消化进程，它会在较高温度下进行。这改善了沉淀的可滤性及其纯度。

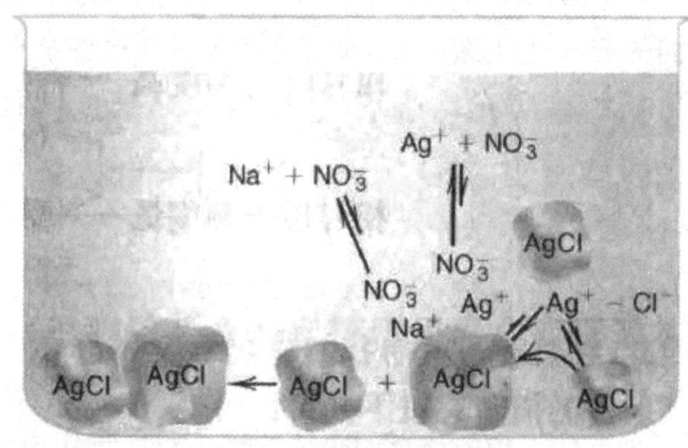

图7–1　奥斯瓦尔德老化

许多沉淀的冯 · 韦曼比率并不令人满意，特别是那些非常难溶的沉淀。因此，不可能直接产生晶形沉淀（少量的大颗粒物），沉淀首先是胶状的（大

量的小颗粒物）。

胶状颗粒非常小（1~10 nm），其表面与质量之比非常大，这促使了表面吸附。胶状颗粒的形成是由沉淀机理决定的。作为沉淀的一种形式，沉淀中的离子是以固定模式排列的。例如在AgCl沉淀中，将会有Ag^+和Cl^-交替排列在沉淀表面（图7–2）。虽然沉淀表面有局部正电荷和负电荷，但是其净电荷数为零。然而，沉淀表面确实倾向于吸附溶液中过量的构晶离子，例如用过量的Ag^+来沉淀Cl^-，这将使AgCl沉淀表面带电荷（与倾向于形成胶体的那些颗粒物相比，晶形沉淀吸附离子的程度通常比较小）。这种吸附产生了具有强吸附性能的初始吸附层，成为晶体不可分割的一部分。该初生层会吸引位于对离子层或次生层的带相反电荷的离子，使整体显电中性。将会有溶剂分子散布在这两层之间。一般情况下，对离子层会完全中和初生层，且很靠近初生层，所以颗粒会聚集在一起形成更大的颗粒，即它们会凝聚。然而，如果次生层结合松散，则初生层将会排斥同类粒子，从而维持胶体状态。

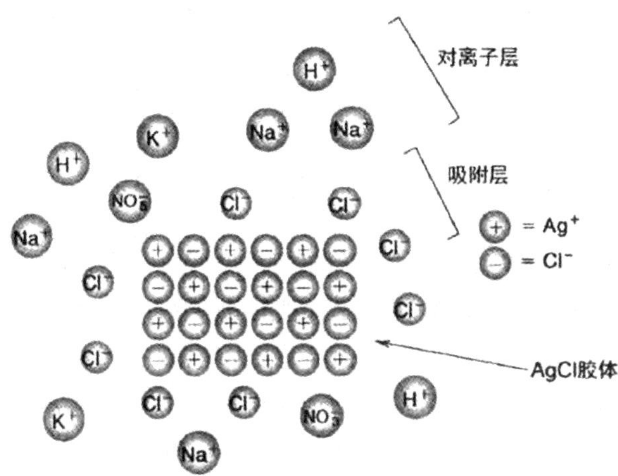

图7–2　Cl^-过量时的氯化银胶体颗粒和吸附层

当凝聚的颗粒被过滤时，它们保持了吸附的初生层和次生离子层以及层间的溶剂。用水洗涤这些沉淀颗粒增加了层间的溶剂分子（水），导致次生层结合松散，使沉淀颗粒回复到胶体状态。这个过程称为胶溶，在接下来的沉淀洗涤部分会进行详细讨论。加入电解质将会使次生层结合更紧密从而促进凝聚。加热会减弱吸附并减少吸附层的有效电荷，因此有利于凝聚。搅拌也有利于凝聚。

胶溶是凝聚的逆过程（使沉淀返回胶体状态而损失）。通过使用可挥发电解质溶液进行洗涤可以避免胶溶。

所有的胶体体系都会增加分析测定的难度，其中某些体系比另一些影响更重。根据分散质对水的亲和程度，胶体体系可分为亲水和疏水两种体系。前者在水中趋于产生稳定的分散系，而后者则倾向于产生凝聚。

疏水胶体的凝聚很容易发生，它产生凝乳状沉淀，例如氯化银。亲水胶体（如水合氧化铁）则很难凝聚，它产生凝胶型沉淀；这些胶状沉淀很难过滤，因为它们会堵塞滤纸中的孔道。另外，由于表面积大，胶状沉淀容易吸附杂质。有时候需要对过滤后的沉淀进行再沉淀。再沉淀过程中，溶液中的杂质（来自原样基质）浓度被降到很低，从而使吸附到沉淀上的杂质变得很少。

AgCl形成疏水胶体（一种溶胶），很容易发生凝聚。$Fe_2O_3 \cdot xH_2O$则形成表面积大的亲水胶体（一种凝胶）。

尽管氯化银具有胶体的特性，但是与其他技术如滴定法相比，重量分析法测定氯化物是最精确的分析测定方法之一。实际上，它被西奥多·威廉·理查兹用来测定原子量，他使用浊度法（光散射）来校正氯化银胶体。

四、沉淀中的杂质

沉淀具有将其他通常可溶的组分从溶液中带出的趋势，导致沉淀掺杂。这一过程称为共沉淀。该过程可能基于平衡或受动力学控制。杂质共沉淀方式有许多种。

（1）包藏和混晶。在包藏过程中，非晶体结构部分的物质被包埋在晶体中。例如当$AgNO_3$晶体形成时水分子被包埋在晶体中，它可以通过溶解和重结晶去除一部分。在沉淀过程中如果发生这种机械包埋，则被包埋的水中将含有溶解的杂质。当具有相似粒径和荷电量的离子被包含在晶格（同晶型包含，如K^+包含于NH_4MgPO_4沉淀）中时，则发生混晶。这种混晶并不属于平衡过程。

包藏指沉淀内部包埋杂质。

被包藏或混晶的杂质很难去除。老化可能有助于去除一部分但并非完全有效。该杂质不能通过洗涤去除。通过溶解和沉淀进行纯化有利于去除该杂质。

（2）表面吸附。我们已经提到过沉淀表面将有一个由过量构晶离子组成的第一吸附层。这就会导致表面吸附，是最常见的掺杂形式。例如当硫酸钡完全沉淀之后，过量的晶格离子为钡离子，它们构成了第一吸附层。对离子则为外源阴离子，如两个硝酸根与一个钡离子配对。所以净结果就是产生了基于平衡过程的硝酸钡吸附层。这些吸附层通常可以通过洗涤去除，或者被容易挥发的离子取代。然而，凝胶型沉淀则特别麻烦。老化降低了表面积因此降低了表面吸附量。

杂质的表面吸附是重量分析法中最常见的误差来源。可以通过合理的沉淀技术、老化和洗涤来减少吸附量。

（3）同晶置换。如果两种化合物具有相同类型的分子式，以相似的几何构型结晶，则它们属于同晶化合物。当它们的晶格尺寸基本相同时，一种化合物的离子可以取代另一种化合物晶体中的离子，导致混晶的产生。这一过程称为同晶置换或同晶取代。例如，以磷酸铵镁的形式沉淀Mg^{2+}时，K^+与NH_4^+具有几乎相同的离子半径，它可取代NH_4^+生成磷酸钾镁。同晶置换的发生会导致主要的干扰，没有什么办法能解决该问题。当沉淀中发生同晶置换时，它极少用于分析。例如在其他卤化物存在的情况下，氯化物不能以AgCl沉淀的形式进行选择性测定，反之亦然。生成混晶是一种沉淀平衡方式，虽然它可能受沉淀速率影响。这种混合沉淀与固溶体类似。如果晶体与溶液的最终组分平衡（均质共沉淀），则混晶可能是空间均质的；如果混晶的生成与溶液之间瞬时达到平衡（非均质共沉淀），则混晶可能是空间非均质的，因为在沉淀过程中溶液的组成会发生变化。

（4）后沉淀。有时候，当沉淀与母液保持接触时，另一种物质会缓慢地与沉淀剂形成沉淀，这称为后沉淀。例如在镁离子存在的情况下产生草酸钙沉淀时，草酸镁并没有立即沉淀，因为它首先倾向于形成过饱和溶液。但是如果溶液放置太长时间不进行过滤，则会发生草酸镁沉淀。类似地，在锌离子存在的酸性溶液中，硫化铜会首先产生沉淀而硫化锌不沉淀，但是最终硫化锌也会发生沉淀。后沉淀是一个缓慢的平衡过程。

五、沉淀的洗涤和过滤

共沉淀杂质（特别是表面的共沉淀杂质）可以通过过滤后洗涤沉淀将其去除。沉淀被母液润湿，通过洗涤也可以除去母液。因为会发生胶溶，所以许多沉淀不能用纯水洗涤。如前所述，胶溶是凝聚的逆过程。

以上讨论的凝聚过程至少是部分可逆的。我们已经看到凝聚的颗粒有一层由被吸附的构晶离子和对离子组成的中性吸附层。我们也看到加入其他电解质会导致对离子更接近吸附层，因而促进凝聚。这些外源离子在凝聚时被带出。用水洗涤可稀释和去除这些外源离子，而对离了将占据更大的体积，对离子层与吸附层之间的溶剂分子数会更多。结果是颗粒间的排斥力再次变强，部分颗粒返回胶体状态，穿过滤纸而流失。这可通过往洗涤液中加入电解质来避免，例如在AgCl沉淀的洗涤液中加入HNO_3或NH_4NO_3（但不能是KNO_3因为它不挥发，如下所述）。

所加入的电解质必须在干燥或灼烧的温度下可挥发，而且它不能溶解沉淀。例如稀硝酸被用作氯化银的洗涤液，硝酸取代Ag^+|阴离子吸附层，且它在110 ℃干燥时可挥发。硝酸铵被用作水合铁氧化物的洗涤电解质。当沉淀在高温下通过灼烧进行干燥处理时，它被分解成NH_3、HNO_3、N_2和氮氧化物。

当洗涤沉淀时，应该进行一次测试以判断洗涤是否完成，这通常通过测试滤液中是否存在沉淀剂离子来实现。用小体积的洗涤液进行数次洗涤后，在试管中收集几滴滤液进行测试，例如若氯离子用硝酸银试剂沉淀，则可通过加入氯化钠或者稀HCl来检测滤液中的银离子。

六、干燥或灼烧沉淀

若过滤后收集到的沉淀适合称重，则必须加热沉淀以去除来自洗涤液的水分和吸附电解质。干燥通常可通过在110~120 ℃下加热1~2 h来完成。如果沉淀必须被转化成一种更适于称重的化学形态，则必须在更高的温度下进行灼烧。例如，在900 ℃下灼烧，磷酸铵镁（NH_4MgPO_4）会被分解成焦磷酸盐（$Mg_2P_2O_7$）。水合氧化铁（$Fe_2O_3 \cdot xH_2O$）被灼烧成无水氧化铁。许多用有机试剂（如8-羟基喹啉）或者硫离子沉淀的金属离子形成沉淀后被灼烧成相应的氧化物。

第二节　重量分析法的计算

我们称量的沉淀物的化学形态通常与我们要报告其质量的分析物的形态不一致。将一种化学物质转化成另一种物质的质量换算原理所使用的是摩尔化学计量关系。我们引入重量分析因子（GF），用以表示每单位质量沉淀物中的分析物质量。该因子是通过分析物与沉淀物的分子量的比值乘以每摩尔沉淀物所对应的分析物的物质的量，即：

$$GF=\frac{M_{r分析物}}{M_{r沉淀物}}\times（n_{分析物}/n_{沉淀物}）$$

$$=m_{分析物}/m_{沉淀物} \quad （7-1）$$

因此，如果一个样品中的Cl_2被转化成氯化物并以AgCl的形态沉淀，那么生成lgAgCl所对应的Cl_2为：

$$m_{AgCl}\times\frac{M_{rCl_2}}{M_{rAgCl}}\times 1/2$$

$$=m_{AgCl}\times GF$$

$$=m_{AgCl}\times 0.24737$$

分析物克数等于沉淀物克数×GF。

例7-1：对以下转化过程，计算每克沉淀物所对应的分析物的质量

分析物	沉淀物
P	Ag_3PO_4
K_2HPO_4	Ag_3PO_4
Bi_2S_3	BaSO4

解：

$$m_P/m_{Ag_3PO_4}=\frac{M_{rP}\left(g/mol\right)}{M_{rAg_3PO_4}\left(g/mol\right)}\times\frac{1}{1}$$

$$GF=\frac{30.97\left(g/mol\right)}{418.58\left(g/mol\right)}\times\frac{1}{1}=0.07399$$

$$m_{K_2HPO_4}/m_{Ag_3PO_4}=\frac{M_{rK_2HPO_4}(g/mol)}{M_{rAg_3PO_4}(g/mol)}\times\frac{1}{1}$$

$$GF=\frac{174.18(g/mol)}{418.58(g/mol)}\times\frac{1}{1}=0.41612$$

$$m_{Bi_2S_3}/m_{BaSO_4}=\frac{M_{rK_2HPO_4}(g/mol)}{M_{rAg_3PO_4}(g/mol)}\times\frac{1}{3}$$

$$GF-\frac{514.15(g/mol)}{233.40(g/mol)}\times\frac{1}{3}=0.73429$$

在重量分析法中，我们通常对样品中分析物的质量分数感兴趣，即：

$$\omega_{目标物质}（g）=[m_{目标物质}（g）/m_{样品}（g）]\times 100\% \quad （7\text{–}2）$$

式中，$\omega_{目标物质}$为目标物质的质量分数，%。

从沉淀物质量和相应物质的质量/摩尔关系式中[式（7–1）]，我们获得目标物质的质量：

$$m_{目标物质}（g）=m_{沉淀物}（g）\times\frac{M_{r所求}(g/mol)}{M_{r沉淀物}(g/mol)}\times（n_{所求}/n_{沉淀物}） \quad （7\text{–}3）$$

计算通常以百分数计：

$$\omega_A=[m_A（g）/m_B（g）]\times 100\% \quad （7\text{–}4）$$

式中，m_A指目标物的质量，g；$m_{样}$指用于分析的样品质量，g。

我们可以写出一个通用的公式用于计算所求物质的含量：

$$\Omega_{所求物质}（g）=[m_{目沉淀物}（g）/m_{样品}（g）]\times 100\% \quad （7\text{–}5）$$

例7–2：磷酸根（PO_4^{3-}）通过磷钼酸铵[（NH_4）$_3PO_4\cdot 12MoO_3$]称重法测定。如果从0.271 1 g样品中获得1.168 2 g沉淀，计算样品中P和P_2O_5的百分数。使用重量分析因子和仅用量纲分析计算ω_P。

解：

$$\omega_P=\frac{1.1682\ g\times\dfrac{M_{rp}}{M_{r(NH_4)_3PO_4\cdot 12MoO_3}}}{0.2711\ g}\times 100\%$$

$$=\frac{1.168\ 2\ g\times(30.97/1876.5)}{0.271\ 1\ g}\times 100\%=7.111\%$$

$$\omega_{P_2O_5}=\frac{1.1682\ g\times\frac{M_{r\,P_2O_5}}{M_{r\,(NH4)_3PO_4\cdot 12MoO_3}}\times\frac{1}{2}}{0.2711\ g}\times 100\%$$

$$=\frac{1.1682\ g\times\left[141.95/\left(2\times 1876.5\right)\right]}{0.2711\ g}\times 100\%=16.30\%$$

当我们把量纲分析法与重量分析因子计算法相比较时，我们看到等式其实是等同的。但是，量纲分析法更好地显示了消除以及留下哪些单位。

例7–3：通过将矿石中的锰转化成Mn_3O_4然后称重以分析该矿石中的锰含量。如果样品量为1.52 g，生成Mn_3O_4为0.126 g，则样品中Mn_2O_3的百分含量是多少？Mn的百分含量是多少？

解：

$$\omega_{Mn_2O_3}=\frac{0.126\times\frac{3M_{Mn_3O_4}}{2M_{Mn_3O_4}}}{1.52\ g}\times 100\%$$

$$=\frac{0.126\times[3\times 157.9/\left(2\times 228.8\right)}{1.52g}\times 100\%=8.58\%$$

$$\omega_{Mn}=\frac{0.126\times\frac{3M_{Mn}}{2M_{Mn_3O_4}}}{1.52\ g}\times 100\%$$

$$=\frac{0.126\times\left(3\times 54.94/228.8\right)}{1.52\ g}\times 100\%=5.97\%$$

以下两个实例说明重量分析法计算的某些特殊应用。

例7–4：必须称量多少克黄铁矿（不纯的FeS_2用于分析才能使所获得的$BaSO_4$沉淀质量等于样品中S百分含量的一半？

解：

如果S含量为A%，则$BaSO_4$的质量为1/2Ag。因此：

$$A\%=\frac{1/2A\times\frac{M_{rS}}{M_{rBaSO_4}}}{m_g}\times 100\%$$

或

$$1\% = \frac{1/2 \times \dfrac{32.064}{233.40}}{m_g} \times 100\%$$

$M_{样品}$=6.869

混合沉淀——我们需要两种质量。

第三节　有机沉淀物

迄今为止，除了喹啉、铜铁试剂和丁二酮肟（表7–1）以外，我们提到过的所有沉淀试剂都是无机物。其实大量有机化合物也是非常有用的金属离子沉淀剂。其中有些化合物选择性极强，其他化合物所能沉淀的元素种类则非常广泛。

表7–1　一些常用的沉淀分析法

待测物	生成的沉淀	用于称重的沉淀	干扰物质
Fe	Fe（OH）$_3$	Fe_2O_3	多种，Al，Ti，Cr等
	铜铁试剂	Fe_2O_3	四价金属离子
Ai	Al（OH）$_3$	Al_2O_3	多种，Fe，Ti，Cr等
	Al（ox）$_3^a$	Al（ox）$_3$	多种，在酸性溶液中Mg不干扰
Ca	CaC_2O_4	$CaCO_3$或CaO	除了碱金属和Mg以外的所有金属
Mg	$MgNH_4PO_4$	$Mg_2P_2O_7$	除了碱金属以外的所有金属
Zn	$ZnNH_4PO_4$	$Zn_2P_2O_7$	除了Mg以外的所有金属
Ba	$BaCrO_4$	$BaCrO_4$	Pb
sor	$BaSO_4$	$BaSO_4$	NO_3^-，PO_4^{3-}，ClO_3^-
cr	AgCl	AgCl	Br^-，I^-，SCN^-，CN^-，S^{2-}，$S_2O_3^{2-}$
Ag	AgCl	AgCl	Hg（I）
por	$MgNH_4PO_4$	MgP_2O_7	MoO_4^{2-}，$C_2O_4^{2-}$，K^+
Ni	Ni（dmg）2b	Ni（dmg）$_2$	Pd

有机沉淀剂的优势在于有机沉淀物在水中的溶解度非常低且具有令人满意的重量分析因子。它们大多数是螯合剂，能与金属离子形成微溶、不带电

的螯合物。螯合剂是一类络合试剂，具有两个或两个以上基团能与金属离子络合。螯合剂与金属离子生成的络合物称为螯合物。

由于螯合剂是弱酸，所以通常使用调节pH的方法来控制被沉淀元素的数量及选择性。反应可以归纳为（下划线表示沉淀化合物）：

$M^{n+}+nHX \rightleftharpoons MX_n+nH^+$

有机沉淀剂中可能含有一个以上的可电离质子。金属螯合物越不稳定，实现沉淀的pH就需要越高。一些常用的有机沉淀剂列于表7–2。其中有些沉淀并非按化学计量比进行，可通过灼烧成金属氧化物以获得准确的结果。还有一些（例如二乙基二硫代氨基甲酸钠）可用于组分离，与使用硫化氢类似。可参考本章结尾关于这些有机沉淀剂和其他无机沉淀剂的专门文献。Hollingshead的多卷专著中关于喹啉及其衍生物的用法对如何应用这些可挥发试剂非常有帮助。

金属螯合沉淀（具有选择性）有时被灼烧成金属氧化物以改善化学计量。

表7–2 一些有机沉淀试剂

试剂	结构	金属离子沉淀物
丁二酮肟	$H_3C-C=NOH$ $H_3C-C=NOH$	Ni（Ⅱ）在NH_3或HOAc缓冲液中；Pb（Ⅱ）在HCl中（$M^{2+}+2HR \rightarrow MR_2+2H^+$）
α–苯偶姻肟	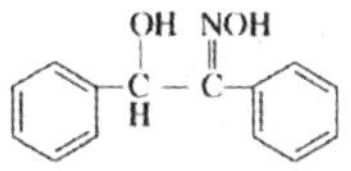 OH NOH C₆H₅–C(H)–C–C₆H₅	Cu（Ⅱ）在NH_3和酒石酸盐中；Mo（Ⅳ）和W（Ⅵ）在H^+中（$M^{n+}+H_2R \rightarrow MR+2H^+$；$M^{2+}=Cu^{2+}$，$MoO_2^+$，$WO_2^{2+}$）称重金属氧化物
N–亚硝基苯胲铵	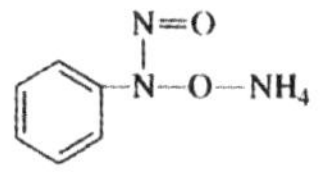 N=O C₆H₅–N–O–NH_4	Fe（Ⅲ），V（Ⅴ），Ti（Ⅳ），Sn（Ⅳ），U（Ⅳ）（$M^{n+}+nNH_4R \rightarrow MR_n+nH^+$）称重金属氧化物
8–羟基喹啉	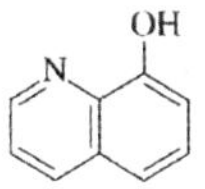 OH N	许多金属离子。对Al（Ⅲ）和Mg（Ⅱ）有效（$M^{n+}+nHR \rightarrow MR_n+nH^+$）
二乙基二硫代氨基甲基钠	S ‖ $N(C_2H_5)_2-C-S^-Na^+$	酸溶液中的许多金属离子（$M^{n+}+nNaR \rightarrow MR_n+nNa^+$）
四苯硼钠	$NaB(C_6H_5)_4$	K^+，Rb^+，Cs^+，Tl^+，Ag^+，Hg（Ⅰ），Cu（Ⅰ），NH_4^+，RNH_3^+，$R_2NH_2^+$，R_3NH^+，R_4N^+。 酸性溶液（$M^++NaR \rightarrow MR+Na^+$）

续表

试剂	结构	金属离子沉淀物
氯化四苯砷	$(C_6H_5)_4AsCl$	$Cr_2O_7^+$，MnO_4^-，ReO_4^-，MoO_4^{2-}，WO_4^{2-}，ClO_4^-，I_3^-。酸性溶液（$A^{n-}+nRCl \rightarrow R_nA+nCl^-$）

第四节　沉淀平衡

当一种物质具有有限的溶解度，且溶质含量超过其溶解度时，则在溶液与固态物质的平衡中产生部分溶解的离子。所谓不溶化合物通常具有该性质。

当一种化合物被称为不溶物时，实际上它是微溶而不是完全不溶的。例如：如果把AgCl固体加入水中，则有一小部分会溶解：

$$AgCl \rightleftharpoons (AgCl)_{aq} \rightleftharpoons Ag^+ + Cl^- \tag{7-6}$$

“不溶”的物质也具有轻微的溶解度。

在给定的温度下，沉淀将有一个明确的溶解度（例如：有确定的溶解量），单位为g/L或mol/L（一种饱和溶液）。平衡时，一小部分未电离的化合物通常存在于水相中（例如：在0.1%的量级，但是这通常少于用来分析的沉淀量，且取决于K_{sp}值），而且它的浓度是不变的。化合物未电离组分的量很难测定，并且我们感兴趣的是该化合物的溶解度及化学可利用性。因此，通常可以忽略未电离组分的存在。

我们可以为以上的多级平衡写出一个总平衡常数，称为溶度积K_{sp}。当两个分步平衡常数相乘时，$(AgCl)_{aq}$这一项就被消除了。

$$K_{sp}=[Ag^+][Cl^-] \tag{7-7}$$

固态组分没有出现在K_{sp}表达式中。

任何固体的“浓度”（例如AgCl）都是常数，并且结合在平衡常数中从而给出K_{sp}值。不管存在多少未电离的中间物，上述的关系式都成立，即游离离子的浓度严格由式（7–7）定义，我们将以此来度量一种化合物的溶解度。在指定温度下如果一种化合物的溶度积已知，则我们能计算出该化合物平衡时的溶解度（溶度积是反过来通过测量溶解度而得到的）。

只要有一部分固体存在，微溶盐溶解的量就不取决于固液平衡时固体的量。固体溶解的量反而取决于溶剂的体积。非对称盐（分子中阳离子与阴离子个数所占的比例不同）如Ag_2CrO_4的K_{sp}如下：

$$Ag_2CrO_4 \rightleftharpoons 2Ag^+ + CrO_4^{2-} \quad (7\text{–}8)$$

$$K_{sp}=[Ag^+]^2[CrO_4^{2-}] \quad (7\text{–}9)$$

此类电解质的溶解或电离并不是分步进行的，因为它们实际上是强电解质。溶解的部分完全电离。因此，没有各级K_{sp}值。与任何平衡常数一样，在指定温度下，溶度积在所有的平衡条件下都成立。由于我们处理的是异相平衡，达到平衡态的速度要比均相溶液平衡慢得多。

不管溶液存放在烧杯中还是游泳池里，只要平衡中有固体组分存在，饱和溶液中溶质的浓度都是相同的，但是将有更多的固体溶解在游泳池中！饱和溶液的浓度与未溶解的固体的量也不相关。

一、饱和溶液

例10.625℃时AgCl的K_{sp}为1.0×10^{-10}。计算饱和AgCl溶液中Ag^+和Cl^-的浓度和AgCl的摩尔溶解度。

解：AgCl电离时生成了等量的Ag^+和Cl^-；$AgCl \rightleftharpoons Ag^+ + Cl^-$，$K_{sp}=[Ag^+][Cl^-]$。设s为AgCl的摩尔溶解度。因为溶解1 mol AgCl产生Ag+和Cl^-各1 mol，所以：

$[Ag^+]=[Cl^-]=s$

$s^2=1.0 \times 10–10$

$s=1.0 \times 10^5$ mol/L

AgCl的摩尔溶解度为1.0×10^{-5} mol/L。

二、同离子效应

如果一种离子的浓度超过另一种离子，则另一种离子被抑制（同离子效应），相应的沉淀溶解度也降低。不过我们仍然能够利用溶度积计算浓度。

加入同种离子可降低溶解度。

例7–7：往10 mL 0.10 mol/L NaCl中加入10 mL 0.20 mol/L $AgNO_3$。计算平衡时溶液中Cl^-的浓度以及AgCl的溶度积。

解：溶液最终体积为20 mL。加入的Ag^+的物质的量（mmol）等于$0.20 \times 10=2.0$ mmol。所取的Cl^-的物质的量（mmol）等于$0.10 \times 10=1.0$ mmol。所以，Ag^+过量（2.0–1.0）=1.0 mmol。从例7–6我们看到从沉淀溶解的Ag^+浓度很小，即无同离子效应时，其量级在10^{-5} mmol/mL。该值在Ag^+过量时将会更

小，因为AgCl的溶解度受到抑制。因此，与过量的Ag^+相比，我们可以把沉淀溶解产生的Ag^+忽略不计。故Ag^+的最终浓度为1.0 mmol/20 mL=0.050 mmol/mL，由AgCl的溶度积得：

$0.050 \times [Cl^-]=1.0 \times 10^{-10}$

$[Cl^-]=2.0 \times 10^{-9}$ mmol/mL

AgCl的溶解度与Cl^-浓度相等，为2.0×10^{-9} mmol/mL。

因为溶度积K_{sp}总是成立，所以除非$[Ag^+]$与$[Cl^-]$的乘积超过K_{sp}，否则沉淀将不会发生。如果两者的乘积刚好等于K_{sp}，则所有的Ag^+和Cl^-将仍然保持在溶液中，不产生沉淀。

构成沉淀产物的离子浓度乘积必须超过溶度积，沉淀才能发生。

三、溶解度取决于化学计量

表7–3列出了一些溶度积以及据此计算出的相应微溶盐的摩尔溶解度。

摩尔溶解度并不一定要正比于K_{sp}，因为它取决于盐的化学计量。AgI的K_{sp}为5.0×10^{15}，比Al（OH）$_3$的K_{sp}大得多，但是它的摩尔溶解度只是Al（OH）$_3$的2倍。即：对给定的K_{sp}值，1∶1型的盐的溶解度比非对称盐低。请注意：HgS的溶度积仅为4×10^{-53}，其摩尔溶解度为6×10^{-27} mol/L！这相当于沉淀平衡时，1 L溶液中溶解的Hg^{2+}和S^{2-}个数均小于1，要使这两种离子共存所需的体积大约是280 L。（你能用阿伏加德罗常数计算出该值吗？）所以这就像两个离子在浴缸中互相寻找对方！（实际上，它们找到的是沉淀物。）

表7–3　一些微溶盐的溶度积常数

微溶盐	K_{sp}	溶解度s/（mol/L）
$PbSO_4$	1.6×10^{-8}	1.3×10^{-4}
AgCl	1.0×10^{-6}	1.0×10^{-5}
AgBr	4×10^{-13}	6×10^{-7}
AgI	1×10^{-16}	1×10^{-8}
Al（OH）$_3$	2×10^{-32}	5×10^{-9}
Fe（OH）$_3$	4×10^{-38}	2×10^{-10}
Ag_2S	2×10^{-49}	4×10^{-17}
HgS	4×10^{-53}	6×10^{-27}

例7-8：在1.0×10^{-3} mol/L NaCl溶液中，若要刚好开始产生AgCl沉淀，则必须加入Ag^+的浓度为多少？

解：

$[Ag^+] \times (1.0 \times 10^{-3}) = 1.0 \times 10^{-10}$

$[Ag^+] = 1.0 \times 10^{-7}$ mol/L

所以Ag^+的浓度必须刚好超过10^{-7} mol/L才能开始产生沉淀。

需注意：就像我们之前观察到的，在沉淀开始前溶液必须过饱和。实际上，不太可能在Ag^+的浓度刚好超过10^{-7} mol/L时就开始发生沉淀。

例7-9：如果PbI_2的溶度积是7.1×10^{-9}，那么它的溶解度是多少（以g/L计）？

解：

沉淀平衡为$PbI_2 \rightleftharpoons Pb^{2+} + 2I^-$，$K_{sp} = [Pb^{2+}] \times [I^-]^2$。设$s$表示$PbI_2$的摩尔溶度积，则：

$[Pb^{2+}] = s$，$[I^-] = 2s$

$(s)(2s)^2 = 7.1 \times 10^{-9}$

$$s = \sqrt[3]{\frac{7.1 \times 10^{-9}}{4}} = 1.2 \times 10^{-3} \text{ mol/L}$$

因此，以g/L计的溶解度为：

1.2×10^{-3} mol/L $\times$ 461.0 g/mol = 0.55 g/L

请注意：在平方之前I^-的浓度并没有乘以表示它的实际平衡浓度，而不是浓度的2倍。我们可以设s表示I的浓度以取代PbI_2的摩尔溶解度，在此情况下$[Pb^{2+}]$以及PbI_2的溶解度为$1/2s$。计算出的s值会是原来的2倍，但是每个组分的浓度还是跟原来一样。你可以试一下这种计算方式！

例7-10：计算$PbSO_4$的摩尔溶解度并将其与PbI_2的摩尔溶解度值相比较。解：

$PbSO_4 \rightleftharpoons Pb^{2+} + SO_4^{2-}$

$[Pb^{2+}][SO_4^{2-}] = 1.6 \times 10^{-8}$

$s \times s = 1.6 \times 10^{-8}$

$s = 1.3 \times 10^{-4}$ mol/L

虽然PbI_2的K_{sp}（7.1×10^{-9}）比$PbSO_4$的（1.6×10^{-8}）小，但是PbI_2的溶解度却更大（例7–9），这是PbI_2沉淀的非对称性导致的。

与构型对称的沉淀相比，非对称沉淀的K_{sp}越小并不表示它的溶解度就越小。

相同价态类型的电解质之间，其溶解度的量级将与相应的溶度积的量级相一致。但是当比较不同价态类型的盐时，量级可能就不一致。当化合物AB与AC_2具有相同的K_{sp}时，AB的摩尔溶解度将比AC_2小。

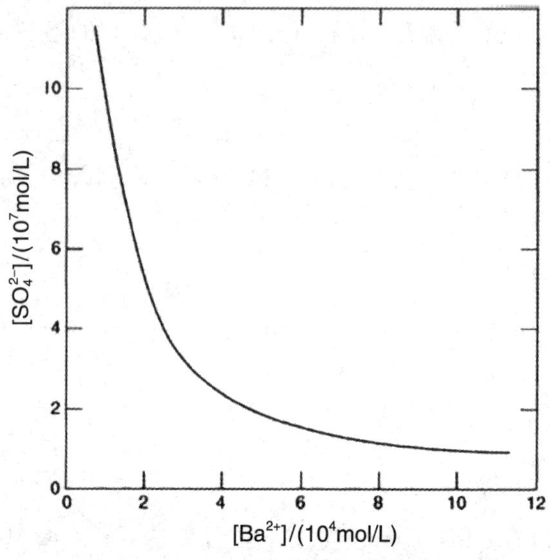

图7–3　过量的Ba^{2+}对$BaSO_4$溶解度的可预测影响。平衡时SO_4^{2-}的浓度等于$BaSO_4$的溶解度。当Ba^{2+}不过量时，其溶解度为10^{-5} mol/L

在沉淀分析法中，我们利用同离子效应来降低沉淀的溶解度。例如：硫酸根离子是通过往溶液中加入氯化钡产生$BaSO_4$沉淀来测定的。图7–3说明了过量的钡离子对$BaSO_4$溶解度的影响。

例7–11：从0.10 mol/L $FeCl_3$溶液中刚好产生Fe（Ⅲ）氢氧化物沉淀时需要的pH是多少？

由于$Fe(OH)_3$的K_{sp}很小，实际上它在酸性溶液中就会沉淀。

解：

$Fe(OH)_3 \rightleftharpoons Fe^{3+}+3OH^-$

$[Fe^{3+}][OH^-]^3=4\times10^{-38}$

$0.1\times[OH^-]^3=4\times10^{-38}$

$[OH^-]=\sqrt[3]{\dfrac{4\times10^{-38}}{0.1}}=7\times10^{-13}$ mol/L

pOH=–lg（7×10^{-13}）=12.2

pH=14–12.2=1.8

因此，当pH刚超过1.8时，我们就能在酸溶液中看到Fe（Ⅲ）氢氧化物沉淀！当你在水中制备$FeCl_3$溶液时，它将会缓慢水解产生Fe（Ⅲ）氢氧化物（水合铁氧化物），它是一种铁锈色的凝胶型沉淀。为了Fe（Ⅲ）溶液稳定，必须酸化溶液，例如用盐酸酸化。

请注意：通常不会刚好在所计算出的pH条件下开始沉淀，因为沉淀需要溶液过饱和。

例7–12：25 mL 0.100 mmol/mL $AgNO_3$与35.0 mL 0.050 0 mmol/mL K_2CrO_4溶液相混合。（a）计算平衡时每种离子组分的浓度。（b）银被定量（>99.9%）沉淀吗？

解：（a）该反应为：

$2Ag^++CrO_4^{2-}\rightleftharpoons Ag_2CrO_4$

我们混合

25.0 mL × 0.100 mmol/mL=2.50 mmol $AgNO_3$

35.0 mL × 0.0500 mmol/mL=1.75 mmol K_2CrO_4

因此将有1.25 mmolCrO_4^{2-}与2.50 mmolAg^+反应，余下过量的0.50 mmol-CrO_4^{2-}混合后最终体积为60.0 mL。如果我们设s为Ag_2CrO_4的摩尔溶解度，那么平衡时：

$[CrO_4^{2-}]$=0.50 mmol/60.0Ml+s=0.0083+s≈0.0083 mmol/mL

由于CrO_4^{2-}一过量，所以s值将会非常小，与0.0083相比，可将其忽略。

$[Ag^+]=2s$

$[K^+]$=3.50 mmol/60.0 mL=0.058 3 mmol/mL

$[NO_3^-]$=2.50 mmol/60.0 mL=0.041 7 mmol/mL

$[Ag^+]^2[CrO_4^{2-}]=1.1\times10^{-12}$

$(2s)^2(8.3\times10^{-3})=1.1\times10^{-12}$

$$s=\sqrt{\frac{1.1\times10^{-12}}{4\times8.3\times10^{-3}}}=5.8\times10^{-6}\ \text{mmol/mL}$$

$[Ag^+]=2\times(5.8\times10^{-6})=1.16\times10^{-5}$ mmol/mL

（b）沉淀的银的含量为：

[（2.50 mmol−60.0 mL × 1.16 × 10^{-5} mmol/mL)/2.50 mmol] × 100%=99.97%

2.50 mmol或者留在溶液中的银的含量为：

[（60.0 mL × 1.16 × 10^{-5} mmol/mL）/2.50 mmol] × 100%=0.028

因此，沉淀是定量的。

第五节　异离子效应对溶解度的影响

我们定义了以活度系数项表示的热力学平衡常数，用于说明惰性电解质对平衡的影响。多种盐分的存在通常会增加沉淀的溶解度，原因是屏蔽了电离的离子组分（其活度被降低）。以AgCl的溶解度为例。其热力学溶度积K_{sp}的表达式为：

$$K_{sp}=\alpha_{Ag+}\cdot\alpha_{Cl-}=[Ag^+]f_{Ag+}[Cl^-]/f_{Cl-} \quad (7\text{–}10)$$

由于浓度溶度积$^cK_{sp}$为$[Ag^+][Cl^-]$，故

$$K_{sp}={}^cK_{sp}f_{Ag}+f_{Cl-} \quad (7\text{–}11)$$

或者

$$^cK_{sp}=K_{sp}/f_{Ag}+f_{Cl-} \quad (7\text{–}12)$$

在所有活度下K_{sp}值都成立。在零离子强度条件下$^cK_{sp}$等于K_{sp}，但是在可观的离子强度下，对每一个离子强度都必须使用式（7–12）计算出$^cK_{sp}$值。请注意：像定性预测的一样，该方程说明离子强度降低会导致$^cK_{sp}$增大，从而增大摩尔溶解度。

在所有离子强度下，$^cK_{sp}$都成立。而$^cK_{sp}$则必须用离子强度来校正。

例7–13：计算0.10 mmol/mL $NaNO_3$溶液中氯化银的溶解度。

解：离子强度为零时的平衡常数，即它们实际上是热力学平衡常数。因此，可查得氯化银的$K_{sp}=1.0\times10^{-10}$。

我们需要Ag^+和Cl^-的活度系数。离子强度为0.10。我们可以找出$f_{Ag+}=0.75$，$f_{Cl-}=0.76$[也可以使用α_{Ag+}和α_{Cl-}值，然后计算活度系数]。从式（7–12）可得：

$$^{c}K_{sp}=\frac{1.0\times10^{-10}}{0.75\times0.76}=1.8\times10^{-10}=[Ag^+][Cl^-]=s^2$$

$$s=\sqrt{1.8\times10^{-10}}=1.3\times10^{-5}\ \text{mmol/mL}$$

这比零离子强度时的值（1.0×10^{-5} mmol/mL）大30%。

加入不同的盐分可以增加沉淀的溶解度，并且多电荷离子对沉淀的影响更大。

图7-4说明由于异离子效应的影响，在$NaNO_3$存在时$BaSO_4$的溶解度增大了。

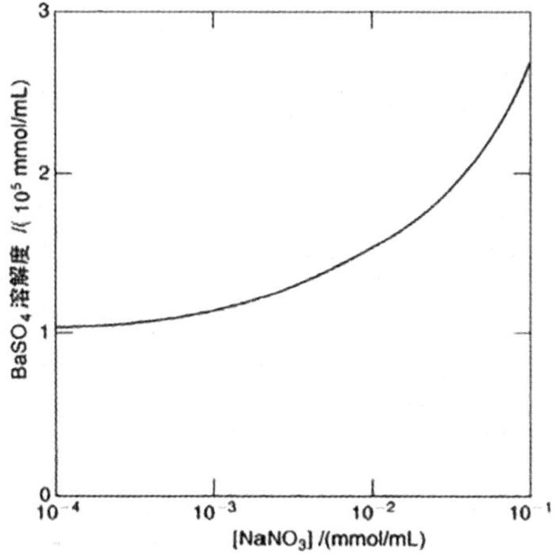

图7-4　增大离子强度对$BaSO_4$溶解度的可预测影响。
$BaSO_4$在零离子强度下的溶解度为1.0×10^{-5} mmol/mL

包含多电荷离子时，沉淀溶解度的增大更明显。在非常高的离子强度下（此时活度系数可能会大于1），溶解度是减小的。在重量分析法中，加入足够过量的沉淀剂以使溶解度降低到很小的值，这样我们就不需要担心异离子效应了。

酸经常影响沉淀的溶解度。当H^+浓度增大时，它能更有效地与被测金属离子竞争沉淀剂（可能为弱酸阴离子）。随着可用的游离试剂的减少，而K_{sp}保持恒定，盐的溶解度必须增大：

$$M^{n+}+nR^-\rightleftharpoons MR_n\text{（所需反应）}$$

$$R^-+H^+\rightleftharpoons HR\text{（竞争反应）}$$

$$MR_n+nH^+\rightleftharpoons M^{n+}+nHR\text{（总反应）}$$

类似地，络合剂与沉淀的金属离子反应将会增大溶解度，例如当氨与氯化银反应时：

$$AgCl+2NH_3 \rightleftharpoons Ag(NH_3)_2^+ + Cl^-$$

工作表实例

2.287 g铁矿石样品中铁含量的测定：首先生成$Fe(OH)_3$沉淀，再灼烧成Fe_2O_3，然后称重。结果得到Fe_2O_3净重0.879 2 g。设置一张工作表以计算矿石中的Fe含量（%）。

	A	B	C	D	E	F	G	II
1	Calculation of %Fe。							
2	g.sample：	2.287g，Fe_2O_3：		0.8792				
3	%Fe：	26.88797						
4								
5	%Fe={[gFe_2O_3 × 2Fe/Fe_2O_3（gFe/gFe_2O_3）/g sample} × 100%							
6	=	{[0.8792gFe_2O_3 × 2（55.845/159.69）gFe/gFe_2O_3]/2.287g sample} × 100%						
7	B3=	（D2*2*（55.845/159.69）/B2）*100						
8								
9	The answer is 26.89% Fe。							

第八章　沉淀滴定法及新进展

许多阴离子可以与某些金属离子反应生成微溶性沉淀，一般用金属溶液来滴定这些阴离子，例如：氯离子用银离子滴定，硫酸根用钡离子滴定。沉淀平衡可能受pH和络合剂的影响。生成沉淀的阴离子可能来自弱酸，因此易与酸溶液中的质子结合导致沉淀溶解。另一方面，金属离子可能与配体（络合剂）络合使平衡朝溶解方向偏移。如银离子可与氨络合导致氯化银溶解。

在本章中，我们描述沉淀平衡中的酸度和络合产生的定量影响，讨论使用硝酸银、硝酸钡滴定剂与不同类型指示剂的沉淀滴定及其理论。首先应该复习一下基础——沉淀平衡。大部分离子分析物，特别是无机阴离子，可以很方便地用离子色谱法进行测定，但是对于高浓度分析物，当沉淀滴定法适用时，它可给出更准确的测定结果。应用重量分析法测定许多分析物，如果用沉淀滴定法对这些分析物进行测定则可能会显得更容易，但是其准确度不如重量分析法。

第一节　酸度对沉淀溶解度的影响

在讨论沉淀滴定之前，我们将首先考虑竞争平衡对沉淀溶解度的影响。在往下阅读之前，可以复习一下多元酸平衡和α值（给定pH条件下每一种酸组分的形态分布）的计算。

阴离子来自弱酸的沉淀，其溶解度在酸加入后会增大，因为酸与阴离子有结合趋势，从而把阴离子从沉淀中溶解出来。例如：沉淀MA的部分溶解会产生M^+和A^-，呈现如下平衡：

$MA^+ \rightleftharpoons M^+ + A^- + H^+ \rightleftharpoons HA$，

阴离子A^-能与质子结合从而增加了沉淀的溶解度。A^-和HA的缔合平衡浓度组成了A的分析总浓度A_T（或生成浓度），它的浓度与从沉淀中溶解出来的

$[M^{+}]$相等（如果M^{+}和A^{-}均不过量）。通过应用所涉及的平衡常数，我们能计算出给定酸度下沉淀的溶解度。

以CaC_2O_4在强酸中的溶解度为例。该平衡为：

$$CaC_2O_4 \rightleftharpoons Ca^{2+}+C_2O_4^{2-}\ K_{sp}=[Ca^{2+}][C_2O_4^{2-}]=2.6\times10^{-9} \quad (8\text{-}1)$$

$$C_2O_4^{2-}+H^{+} \rightleftharpoons HC_2O_4^{-}\ K_{a2}=\frac{[H^{+}][C_2O_4^{2-}]}{[HC_2O_4^{-}]}=6.1\times10^{-5} \quad (8\text{-}2)$$

$$HC_2O_4^{-}+[H^{+}] \rightleftharpoons H_2C_2O_4\ K_{a1}=\frac{[H^{+}][C_2O_4^{2-}]}{[HC_2O_4^{-}]}=6.5\times10^{-2} \quad (8\text{-}3)$$

质子与钙离子相互竞争草酸根离子。

CaC_2O_4的溶解度s等于$[Ca^{2+}]=O_{XT}$，O_{XT}指平衡时草酸所有组分的浓度和（$=[H_2C_2O_4]+[HC_2O_4^{-}]+[C_2O_4^{2-}]$）。在$K_{sp}$的表达式中，可以用$O_{XT\alpha 2}$替代$[C_2O_4^{2-}]$：

$$K_{sp}=[Ca^{2+}]O_{XT\alpha 2} \quad (8\text{-}4)$$

式中，α_2指$C_2O_4^{2-}$的形态分布（$\alpha_2=[C_2O_4^{2-}]/[O_{XT\alpha 2}]$）。计算$H_3PO_4\ \alpha$值的方法可得：

$$\alpha_2=\frac{K_{a1}K_{a2}}{[H^{+}]^2+K_{a1}[H^{+}]+K_{a1}K_{a2}} \quad (8\text{-}5)$$

由此，我们可以写出：

$$K_{sp}/\alpha_2=K'_{sp}=[Ca^{2+}]O_{XT}=s^2 \quad (8\text{-}6)$$

式中，K'_{sp}指条件溶度积，它类似于讨论的条件形成常数。

条件溶度积只在特定的pH条件下成立。

例8–1：计算含0.001 0 mmol/mL H^{+}的溶液中CaC_2O_4的溶解度。

解：

$\alpha_2=(6.5\times10^{-2})\times(6.1\times10^{-5})/[(1.0\times10^{-3})^2+(6.5\times10^{-2})\times(1.0\times10^{-3})+(6.5\times10^{-2})\times(6.1\times10^{-5})=5.7\times10^{-2}$

$s=\sqrt{K_{sp}/\alpha_2}=\sqrt{2.6\times10^{-9}}/5.7\times10^{-2}=2.1\times10^{-4}$ mmol/mL

该值与使用式（8–1）计算出来的水溶液中CaC_2O_4的溶解度5.1×10^{-5} mmol/mL相比，说明CaC_2O_4在酸溶液中的溶解度增大300%。请注意：$[Ca^{2+}]$和O_{XT}均为2.1×10^{-4} mmol/mL。通过将该值乘以草酸的α_0，α_1和α_2值，我们可以分别获得平衡时0.001 0 mmol/mL H^{+}的溶液中草酸根其他形态的浓度$[H_2C_2O_4]$，$[HC_2O_4^{-}]$和$[C_2O_4^{2-}]$。在这里我们不进行推导α_0和α_1，但是算出来的结果是$[C_2O_4^{2-}]=$

1.2×10^{-5} mmol/mL，$[HC_2O_4^-]=2.0\times10^{-4}$ mmol/mL，$[H_2C_2O_4]=3.1\times10^{-6}$ mmol/mL。（尝试计算这些值）

请注意：这个问题比求溶解在0.001 0 mmol/mLHCl中的CaC_2O_4，的质量要简单。在本题的求解过程中，H^+的平衡浓度被假定为0.001 0 mmol/mL。CaC_2O_4在0.001 0 mmol/mL HCl中的溶解将会消耗一部分质子，这样就需要迭代计算。

在上述的计算中我们假设最终溶液中$[H^+]$=0.001 0 mmol/mL。另一种更常见的情况是以$[H^+]$=0.001 0 mmol/mL开始计算，然后看有多少CaC_2O_4会溶解。但这个过程会消耗H^+。在上述计算中，我们可以看到五分之一的H^+会反应生成$HC_2O_4^-$。生成$H_2C_2O_4$所反应掉的H^+可以忽略不计。如果要求更确切的结果，那么我们可以像上述计算一样，从初始酸溶液中减去反应掉的酸，然后使用新的酸度重复计算。重复这一迭代过程直到最终的结果达到精度要求。使用0.8×10^{-3} mmol/mL酸重新计算给出钙的浓度值为1.9×10^{-4} mmol/mL，比原值少10%。

应该强调的是：当处理多平衡时，一个给定平衡表达式的有效性绝不受外加竞争平衡影响。因此不管酸加入与否，上例中CaC_2O_4溶度积的表达式都表述了Ca^{2+}和$C_2O_4^{2-}$之间的关系。换言之，只要溶液中存在固体CaC_2O_4，$[Ca^{2+}]$和$[C_2O_4^{2-}]$之积就是常数。然而，由于溶液中的$C_2O_4^{2-}$被转化成$HC_2O_4^-$和$H_2C_2O_4$，溶解的CaC_2O_4的量就增加了。

第二节　多平衡体系的质量平衡方法

我们也可以通过系统方法，应用平衡常数表达式、质量平衡表达式和电荷平衡表达式来解决多平衡问题。

系统方法非常适用于竞争平衡的计算。

例8–2：计算1 L 0.10 mmol/mL HCl中所能溶解的MA的物质的量。设MA的K_{sp}值为1.0×10^{-8}，HA的K_a值为1.0×10^{-6}。

解：各组分平衡及电离方程为：

$MA \rightleftharpoons M^+ + A^-$

$A^- + H^+ \rightleftharpoons HA$

$H_2O \rightleftharpoons H^+ + OH^-$

$HCl \rightarrow H^+ + Cl$

平衡表达式为：

$K_{sp}=[M^+][A^-]=1.0\times10^{-8}$（1）

$K_a=[H^+][A^-]/[HA]=1.0\times10^{-6}$（2）

$K_w=[H^+][OH^-]=1.0\times10^{-14}$（3）

质量平衡表达式为：

$[M^+]=[A^-]+[HA]=A_T$（4）

$[H^+]=[Cl^-]+[OH^-]-[HA]$（5）

$[Cl^-]=0.10$ mmol/mL（6）

电荷平衡表达式为：

$[H^+]+[M^+]=[A^-]+[Cl^-]+[OH^-]$（7）

表达式的个数对未知量的个数：

有6个未知量（$[H^+]$, $[OH^-]$, $[Cl^-]$, $[HA]$, $[M^+]$和$[A^-]$）和6个独立方程（电荷平衡方程可以通过其他方程的线性组合得到，所以不能计入独立方程）。

方程的个数必须等于或者超过未知量的个数。进行简化设定以简化计算。

简化设定：

（1）在酸溶液中，HA的电离受到抑制，导致$[A]\leqslant[HA]$，所以从式（4）可得：

$[M^+]=[A^-]+[HA]\approx[HA]$

（2）在酸溶液中$[OH^-]$非常小，所以从式（5）和式（6）可得：

$[H^+]=0.10+[OH^-]-[HA]\approx0.10-[HA]$

计算

为了获得溶解于一升酸中的MA的量，我们需要计算$[M^+]$。

从式（1）可得：

$[H^+]=K_{sp}/[A^-]$（8）

从式（2）可得：

$[A^-]=K_a[HA]/[H^+]$

所以，式（8）除以式（9），得

$[M^+]=K_{sp}[H^+]/K_a[HA]=1.0\times10^{-2}[H^+]/[HA]$

从假定（1）得：

$[M^+]\approx[HA]$

从假定（2）得：

$[H^+]\approx0.10-[HA]\approx0.10-[M^+]$

$[M^+]=[(1.0\times10^{-2})(0.10-[M^+])]/[M^+]$

用二次方程求解，得$[M^+]=0.027mol/L$。

所以，在1 L体积中，将有0.027 molMA溶解。将该值与在水中溶解0.000 10 mol相比较。验证：

（1）$[HA]\approx[M^+]=0.027$ mol/L

$[A^-]=K_{sp}/[M^-]=1.0\times10^{-8}/0.027=3.7\times10^{-7}$ mol/L

（2）$[H^+]\approx0.10-[M^+]=0.073$ mol/L

$[OH^-]=K_w/[H^+]=1.0\times10^{-14}/0.073=1.4\times10^{-13}$

因为$[OH^-]\leqslant[Cl^-]$或$[HA]$，所以假定（2）是可接受的。

例8-3：使用系统方法计算0.001 0 mmol/mL HCl溶液中CaC_2O_4的溶解度。

解：

各组分平衡及电离方程为：

$CaC_2O_4\rightleftharpoons Ca^{2+}+C_2O_4^{2-}$

$C_2O_4^{2-}+H^+\rightleftharpoons C_2O_4-$

$HC_2O_4-+H^+\rightleftharpoons H_2C_2O_4$

$H_2O\rightleftharpoons H^++OH^-$

$HCl\rightarrow H^++Cl^-$

平衡常数的表达式为：

$K_{sp}=[Ca^{2+}][C_2O_4^{2-}]=2.6\times10^{-9}$（1）

$K_{a1}=[H^+][HC_2O_4^-]/[H_2C_2O_4]=6.5\times10^{-2}$（2）

$K_{a2}=[H^+][C_2O_4^{2-}]/[HC_2O_4^-]=6.1\times10^{-5}$（3）

$K_w=[H^+][OH^-]=6.5\times10^{-2}$（4）

质量平衡表达式为：

$[Ca^{2+}]=[C_2O_4^{2-}]+[HC_2O_4^-]+[C_2O_4^{2-}]=O_{XT}$（5）

$[H^+]=[Cl^-]+[OH^-]-[HC_2O_4^-]-2[C_2O_4^{2-}]$（6）

$[Cl^-]=0.001\ 0$ mol/L（7）

电荷平衡表达式为：

$[H^+]+2[Ca^{2+}]=2[C_2O_4^{2-}]+[HC_2O_4^-]+[Cl^-]+[OH^-]$（8）

共有7个未知量（$[H^+]$, $[OH^-]$, $[Cl^-]$, $[Ca^{2+}]$, $[C_2O_4^{2-}]$, $[HC_2O_4^-]$和$[H_2C_2O_4]$）和7个独立方程。

简化设定：

（1）K_{a1}值相当大，而值却很小，所以假定$[HC_2O_4^-]\geqslant[H_2C_2O_4]$，$[C_2O_4^{2-}]$。

（2）在酸溶液中$[OH^-]$非常小，所以从式（6）和式（7）可得：

$[H^+]=0.0010+[OH^-]-[HC_2O_4^-]-2[C_2O_4^{2-}]\approx0.0010-[HC_2O_4^-]$（9）

计算：

为了获得溶解在1 L溶液中的CaC_2O_4的物质的量，我们需要计算$[Ca^{2+}]$。

从式（1）可得：

$[Ca^{2+}]=K_{sp}/[C_2O_4^{2-}]$（10）

从式（3）可得

$[C_2O_4^{2-}]=K_{a2}[HC_2O_4^-]/[H^+]$（11）

所以：

$[Ca^{2+}]=K_{sp}[H^+]/K_{a2}[HC_2O_4^-]$（12）

从假定（1）得：

$[Ca^{2+}]=[HC_2O_4^-]$（13）

从假定（2）得：

$[H^+]\approx0.0010-[HC_2O_4^-]\approx0.0010-[Ca^{2+}]$

把式（13）和式（14）代入式（12）：

$[Ca^{2+}]=K_{sp}(0.001\,0-[Ca^{2+}])/K_{a2}[Ca^{2+}]=\{(2.6\times10^{-9})\times(0.001\,0-[Ca^{2+}])/[(6.1\times10^{-5})\times[Ca^{2+}]]\}$

$[Ca^{2+}]=(4.6\times10^{-5})\times(0.001\,0-[Ca^{2+}])/[Ca^{2+}]$

用二次方程求解，得$[Ca^{2+}]=1.9\times10^{-4}$ mol/L。这与例8–1使用条件溶度积方法校正H^+消耗量后计算所得的结果一致。在本例中，我们在计算中校正了H^+消耗量。请注意：在例8–1中，我们计算出的$HC_2O_4^-$的浓度是$[Ca^{2+}]$的95%，所以假定（1）是合理的。

当使用K'_{sp}时，计算出的答案是一样的（例8–1）。

第三节　络合效应对溶解度的影响

与酸竞争阴离子一样，络合剂会竞争沉淀中的金属离子。沉淀MA电离出M^+和A^-，其中金属离子与配体L络合形成ML^+从而产生如下平衡：

$MA \rightleftharpoons M^+ + A^-$

$M^+ + L \rightleftharpoons ML^+$

平衡时$[M^+]$和$[ML^+]$之和是分析浓度M_T，其值等于$[A^-]$。该情况的计算方法完全类似于那些酸效应对溶解度影响的计算。

以NH_3存在时AgBr的溶解度计算为例，该平衡为：

$$AgBr \rightleftharpoons Ag^+ + Br^- \quad (8\text{–}7)$$

$$Ag^+ + NH_3 \rightleftharpoons Ag(NH_3)^+ \quad (8\text{–}8)$$

$$Ag(NH_3)^+ + NH_3 \rightleftharpoons Ag(NH_3)_2^+ \quad (8\text{–}9)$$

AgBr的溶解度s等于$[Br^-]=Ag_T$，Ag_T指平衡时所有银组分的总浓度（$=[Ag^+]+[Ag(NH_3)^+]+[Ag(NH_3)_2^+]$）。如前所述，在$K_{sp}$的表达式中我们能用$Ag_T\alpha_M$替代$[Ag^+]$，$\alpha_M$指银组分中$Ag^+$的形态分布：

$$K_{sp}=[Ag^+][Br^-]=Ag_T\alpha_M[Br^-]=4\times10^{-13} \quad (8\text{–}10)$$

因此

$$K_{sp}/\alpha_M=K'_{sp}=Ag_T[Br^-]=s^2 \quad (8\text{–}11)$$

K'_{sp}为条件溶度积，其值取决于氨的浓度。

K'_{sp}值只在给定NH_3浓度的条件下成立。

例8–4：计算0.10 mmol/mL氨溶液中溴化银的摩尔溶解度。

解：

我们可计算出0.10 mmol/mL氨溶液中溴化银的溶解度。

$\alpha_{Ag}=1/(1+K_{f1}[NH_3]+K_{f1}K_{f2}[NH_3]^2)$

$=1/[1+2.5\times10^3\times0.10+2.5\times10^3\times(1.0\times10^4)\times(0.10)^2]$

$=4.0\times10^{-6}$

$s=\sqrt{K_{sp}/\alpha_M}=\sqrt{4\times10^{-13}/4.0\times10^{-6}}=3.2\times10^{-4}$ mmol/mL

把该值与溴化银在水中的溶度积6×10^{-7}相比较（可溶性增大了530倍）。

请注意：$[Br^-]$和Ag_T均为3.2×10^{-4} mmol/mL。平衡时其他银组分也可计算得到，分别为：$[Ag^+]=Ag_T\alpha_M$，$[Ag(NH_3)^+]=[Ag^-]\beta_1[NH_3]$，$[Ag(NH_3)_2^+]=[Ag^+]\beta_2[NH_3]^2$。取$\beta$值进行计算，得$[Ag^+]=1.3\times10^{-9}$ mmol/mL，$[Ag(NH_3)^+]=3.2\times10^{-7}$ mmol/mL，$[Ag(NH_3)_2^+]=3.2\times10^{-4}$ mmol/mL。请注意：溶解的银离子大部分以$Ag(NH_3)_2^+$形态存在。

在计算中我们忽略了与银反应所消耗的氨因为其与0.10 mmol/mL相比实际上是可以忽略不计的（6×10^4 mmol/mL用于生成$[Ag(NH_3)_2^+]$，生成$Ag(NH_3)_2^+$时氨的用量更少）。假如氨的消耗量与0.10 mmol/mL相比是可观的，那么我们也可以使用迭代的方法以求得更准确的解，即：我们可以从氨的原浓度中减去其消耗量，然后使用这个新浓度计算出新的β值和溶解度，如此反复计算，直到解达到一个常数值。这类问题也适合使用“单变量求解”。

检验所设的氨平衡浓度是否正确。

例8-5：计算一种$K_{sp}=1\times10^{-8}$的盐MS在0.001 0 mmol/mL配体溶液L中的摩尔溶解度，L是一种碱，其K_b值为1.0×10^{-3}，与M缔合的β_1、β_2值分别为1.0×10^5和1.0×10^8。

单变量求解

在例8-4中我们忽略了氨的碱性（部分氨会电离生成NH_4^+，不会参与银的络合反应）；如果我们碰到一种碱性不这么弱的配体，那么我们就不能将其忽略。类似地，我们可以假定由络合物的生成所导致的游离配体浓度降低是可忽略的。但如果盐的溶解度更大（K_{sp}更大）和/或络合常数更高，则情况不同。本例故意使用这些限制，所以不能进行近似假定。然而，通过“单变量求解”却很容易得到一个迭代解。

L的碱性使其水解生成OH^-：

$L+H_2O\rightleftharpoons LH^++OH^-$

相关的平衡常数表达式为：

$K_b=[LH+][OH^-]/[L]$

如果我们由于溶液显碱性而忽略水自身的电离，那么分子中，两种离子的唯一来源就是上述平衡中的离子，而且它们的浓度会相等，如$[LH^+]=[OH^-]$。所以

$K_b=[LH^+]^2/[L]$

$[LH^+]=\sqrt{K_b[L]}$

L的质量平衡要求：

$[L]_T=0.001-[L]+[LH^+]+[ML^+]+2[ML_2^+]$

若溶解度为s，则像例8-4一样，我们也能得到$s=\sqrt{K_{sp}/\alpha_M}$，$[M^+]=s\alpha_M$，使用这两个关系式，我们可以得到$[L]_T$表达式中后两项为：

$[ML^+]=\beta_1[M^+][L]$

$[ML_2^+]=\beta_2[M^+][L]^2$

第四节　沉淀滴定

假如反应平衡是快速的，而且有合适的终点检测方法，则应用沉淀剂进行滴定可测定某些分析物的含量。讨论滴定曲线将会使我们进一步理解指示剂选择、准确度以及混合滴定。

一、滴定曲线

以$AgNO_3$标准液滴定Cl^-为例。与酸碱滴定类似，该沉淀的滴定曲线可以通过pCl（$-\lg[Cl^-]$）对$AgNO_3$体积作图得到。一种典型的滴定曲线如图8-1所示。图中的pX指卤化物浓度的负对数。在滴定开始时，我们有0.10 mmol/mL Cl^-，pCl为1。随着滴定的进行，一部分Cl^-以AgCl沉淀的形式从溶液中移出，pCl由溶液中剩余的Cl^-确定；除非临近等当量点，否则沉淀电离产生的Cl^-是可忽略的。在等当量点，我们得到AgCl饱和溶液，pCl值为5，$[Cl^-]=\sqrt{K_{sp}}=10^{-5}$ mmol/mL。过了等当量点之后，Ag^+过量，$[Cl^-]$则由$[Ag^+]$和K_{sp}共同确定。

AgI的溶解度最低，所以等当量点之后的$[I^-]$值更小，pI更大。

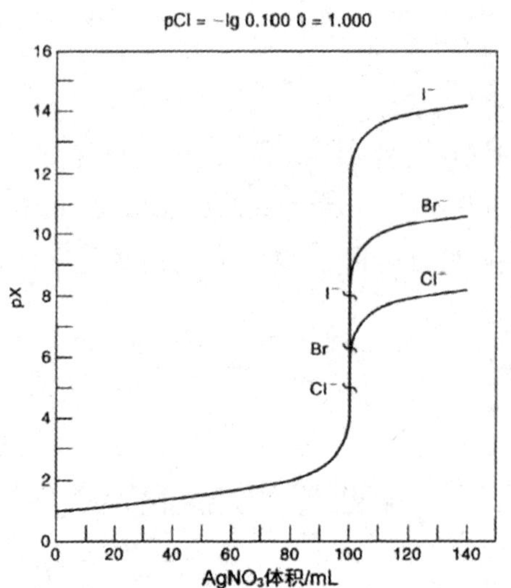

图8-1　滴定曲线：100 mL 0.1 mmol/mL氯、溴和碘溶液滴定0.1 mmol/mL $AgNO_3$

K_{sp}值越小，终点突跃越灵敏。

如果滴定反过来进行，即用Cl^-滴定Ag^+，那么以pCl对Cl^-的体积作图，则图8-1中的滴定曲线将会翻转。在等当量点之前，$[Cl^-]$由过量的Ag^+和K_{sp}控制；而在等当量点之后，则仅由过量的Cl^-确定。若反过来以pAg对氯离子溶液的体积作图，则曲线看起来与图8-1一样。

请注意：与金属-配体滴定非常相似，目前的沉淀滴定情况可以用一个二次方程对所有点进行精确求解。实际上这比金属-配体滴定更简单，因为与金属-配体络合产物ML的形成常数不同，沉淀滴定的相应表达式（溶度积K_{sp}）并没有分母项。这两种情况是等同的（除非金属-配体的平衡常数按惯例被写成电离常数，而溶度积也写成电离常数）。对难溶盐XY，假设我们取物质的量浓度为c_X的溶液V_x mL，用物质的量浓度为c_Y的Y溶液进行滴定，在任一点加入Y的体积为V_Y mL，总体积为V_T（等于V_X+V_Y）。溶度积表达式中的隐含浓度单位为摩尔体积。为保持所有物质的量纲为摩尔和摩尔体积，我们取体积的单位为升。

$$K_{sp}=[X][Y]=\frac{(c_XV_X-p)}{V_T}\frac{(c_YV_Y-p)}{V_T} \tag{8-12}$$

式中，p指沉淀的XY的物质的量。这就产生了一个关于p的二次方程：

$$p^2-(c_XV_X+c_YV_Y)p+(c_XV_Xc_YV_Y-V^2_TK_{sp})=0 \tag{8-13}$$

与金属-配体络合的情况一样，这个方程的负根通常是P的有意义的解。很容易计算出[X]和[Y]（以及pX与pY）分别为（c_XV_X-p）/V_T和（c_YV_Y-p）/V_T。

二、分步沉淀滴定

如果两种分析物的值差别足够大，则它们可以用相同的试剂进行分步滴定。以银离子滴定碘离子和氯离子的混合溶液为例。AgI的K_{sp}值约为AgCl的$1/10^6$，所以AgI首先沉淀。只要第一滴滴定剂加入到溶液中，AgI就发生沉淀，沉淀精确地按前一节所述的进行，且只与AgI的溶解平衡有关。这样一直持续到碘离子几乎被完全滴定且[Ag^+]达到一个阈值（该值与[Cl]乘积等于AgCl的为止。此后AgCl将会开始沉淀，此时AgI与AgCl沉淀同时存在。我们可以按照之前讨论AgCl沉淀来处理该问题，但是这一次让我们以溶液中银离子余量为变量来求解。

三、终点检测：指示剂

可以通过使用适当的电极和电位计测定PCl或pAg值来检测滴定终点。如果能用指示剂则更加方便。沉淀滴定的指示剂作用机理与酸碱滴定指示剂不同。沉淀滴定中指示剂的性质并不取决于溶液中某些离子的浓度（PCl或pAg）。

在沉淀滴定中，化学家们通常使用两种类型的指示剂。第一种类型的指示剂在滴定剂过量时能与滴定剂形成有色沉淀。第二种类型称为吸附指示剂，它在滴定的等当量点由于沉淀性质变化而突然被吸附到沉淀上，且当指示剂被吸附时其颜色发生变化。

第九章　仪器分析法及新进展

第一节　电位分析法

一、电位的测定

用指示电极和参比电极构造一原电池，测量电池电压，获取指示电极相对于参比电极的电位值。据此，由能斯特方程可得到分析物活度或浓度。

（一）pH计

利用玻璃电极（或其他材质）检测pH涉及电位的测定。pH计本质上就是电压计。

Arnold Beckman（1900—2004）发展了第一个商品化的pH计，并用于测定柑橘的pH。它是第一个将化学和电子完全整合的分析仪器，Beckman仪器公司于1935年建立并生产了此pH计。pH计是一带有高电阻玻璃电极的电压测量装置，可用来测定低或高电阻电路的电位。典型的pH计通常是由具有非常高的输入阻抗的动态放大器（又称电位计）作为前端构成的。

pH计是可传感电池电压的高输入阻抗的电压计，可提供数字读数（以电压或pH的形式），常常经一外部数据系统装置来提供放大输出。因形成的电流非常小，故没有明显干扰化学平衡。这对于监测不可逆化学反应来说很重要，因不可逆反应中，若形成一相当大的电流，则不会恢复到反应先前的状态。典型的玻璃pH电极的电阻大约为10^8 Ω。

pH计或电位计会形成非常小的电流，很适用于恢复平衡较慢的不可逆反应。它们也需要高电阻电极，如玻璃pH电极或离子选择性电极。

足够灵敏的pH计的测定电压的分辨率可达0.1 mV。它们适用于利用pH电极和其他离子选择性电极进行的直接电位测定。

与直流电路的电阻相比较，交流电路中的阻抗除了电阻之外还包含频率依赖性组件。然而，pH计不能进行交流电测定，术语“高输入阻抗”来形容动态放大器仪表明它们与交流电测定是兼容的。尽管原则上理想电压计是（或应该是）没有电流形成的，实际上甚至高阻抗电压计也会形成一有限的电流，非常小，为1~100 fA。

（二）用于电位测定的电池

电位测定中，需构建一种如图9-1所示类型的电池。对于直接电位测定，某一离子的活度可根据指示电极的连接电位计算得到，而参比电极的电位必须是已知或确定的。当采用盐桥时，必须包括液体-接界电位。即：

$$E_{cell}=(E_{ind}-E_{ref})+E_j \tag{9-1}$$

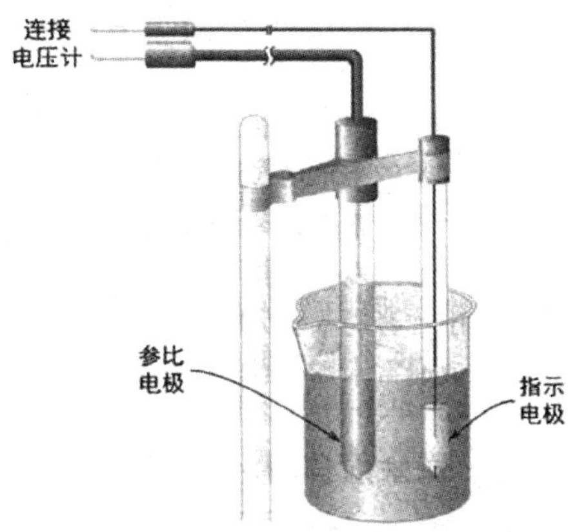

图9-1 用于电位测定的电池

假设一溶液与下一个溶液间的液体接界电位没有显著的差异，E_j可与式（9-1）中其他常量合并，得到一单一常数。由于E_j在大多数情况下不能够被计算，因此我们不得不接受这样的假设。E_{ref}, E_j和E_{ind}°合在一起得到一常数k：

$$K=E_{ind}^{\circ}-E_{ref}+E_j \tag{9-2}$$

则（对于1：1的反应）

$$E_{cell}=k-\frac{2.303RT}{nF}\lg\frac{a_{red}}{a_{ox}} \tag{9-3}$$

常数k可以通过测定一活度已知的标准溶液的电位来确定。

二、根据电位测定浓度

我们通常感兴趣的是受试物的浓度而不是其活度的测定。活度系数不太常用，并且计算用来标准化电极的溶液的活度时不方便。

若所有溶液的离子强度保持一相同的值不变，则对于待测物质的所有浓度，其活度系数几乎保持不变。则能斯特方程的对数形式可写成：

$$-\frac{2.303RT}{nF}\lg\left(f_i c_i\right)=-\frac{2.303RT}{nF}\lg f_i-\frac{2.303RT}{nF}\lg c_i \tag{9-4}$$

在特定条件下，此方程右侧第一项为一常数，可包括在k中，（称之为k'），所以恒定离子强度时

$$E_{cell}=k'-\frac{2.303RT}{nF}\lg\frac{c_{red}}{c_{ox}} \tag{9-5}$$

换句话说，氧化型或还原型每10倍浓度的变化，会导致电极电位变化为$\pm 2.303RT/(nF)$（V）

最好构建一电位相对于$\lg c$的校准曲线；斜率应为$\pm 2.303RT/(nF)$。这样，与此理论响应的偏差可在标准曲线中得到去除。注意，曲线的截距表示常数k'，其中包括标准电位、参比电极电位、液体接界电位以及活度系数。

若离子强度维持恒定，活度系数一定，则可包括在k中，为新常数k'。所以根据测得的电池电位确定相关浓度。

由于未知溶液的离子强度通常未知，因此标准物以及样品中应加入同一高浓度电解质以保持相同的离子强度。标准溶液与试液的基质应相同，尤其当试液中含有能改变分析物活度的任一物质（如络合剂）时。然而，因完整的样品组成通常未知，所以这往往也是不可能的。

三、直接电位测定的准确性

根据25 ℃下每1 mV读数误差所造成的百分误差，可以了解到电位测定中的精度要求。对于一个对单价离子有响应的电极，如银电极

$$E_{cell}=k-0.059\,16\lg\left(1/a_{Ag^+}\right) \tag{9-6}$$

以及

$$a_{Ag^+}=\text{anti}\lg\frac{E_{cell}-k}{0.059\,16} \tag{9-7}$$

±1 mV的误差会导致a_{Ag+}的误差为±4，或以pAg为单位，误差约为0.017。大多数基于电极测定的绝对准确度不会高于0.2 mV，这限制了直接电位测定时可获得的最大的准确度。对于所有活度下的银离子，在测定中产生1 mV误差导致的活度的百分误差都是相同的。当*n*为2时，误差加倍。所以，对于一铜/铜（Ⅱ）电极，1 mV的误差会导致铜（Ⅱ）8%的活度误差。那么，显然残余液体接界电位会对准确性有很大的影响。

电位测定的准确性和精密度也会受所测定氧化还原电对的平衡能力的影响。这类似于pH测定中的缓冲能力。若溶液非常稀，则溶液平衡差，电位读数会迟缓。也就是说，在测定过程中，当平衡状态被打破时，溶液浓度极低，则电极周围的溶液中的离子重新排列以及达到稳定态需要更长的时间。这就是为什么认为高输入阻抗电压计形成非常小的电流对于此种溶液的电位测定比较好。为了维持一恒定的离子强度，需加入相当高浓度的惰性盐（离子强度“缓冲剂”）；这也会帮助减小溶液电阻，当使用物理分离的参比电极和指示电极时会有帮助。搅拌会帮助加速平衡反应。

在极稀溶液中，电极电位可能取决于其他的电极反应。例如，在一非常稀的银溶液中，–lg（$1/a_{Ag+}$）会变得很负，电极电位显著减小。在这样的条件下，溶液中的氧化剂（如溶解氧）会在电极表面还原，形成第二个氧化还原电对（O_2/OH^-），此时的电位为混合电位。

通常，在一定确定度下可测定的浓度下限为10^{-6}~10^{-5} mmol/mL，然而其实际的范围是由实验确定的。随着溶液变得越稀，建立平衡电位读数所需时间越长，因为达到平衡更慢。此限制的一个例外就是在pH测定时，通过加缓冲剂或过量的酸或碱，使溶液中氢离子浓度平衡良好。pH为10时，氢离子浓度为10^{-10} mmol/mL，可由一玻璃pH电极测定。然而，一中性的、无缓冲能力的溶液的平衡很差，因此pH读数迟缓。纯水的pH测定就特别困难，因其缓冲作用差且电阻非常高。pH测定前经常有意地加入氯化钾。最好选择可再装、液体填充的电极，且最好由低电阻玻璃制成。

流动参比接界拥有一更高的流量来最小化接界电位。纯水更适于快速的渗漏率，因为这样可更快建立平衡。

四、pH玻璃电极

如今，玻璃电极因使用方便几乎普遍用于pH的测定。其电位本质上不受氧化剂或还原剂存在的影响，可在较广的pH范围内操作。生理条件下，其响应快速，并且功能良好。没有其他哪个pH测定电极拥有以上所有特点。

（一）玻璃电极的原理

pH玻璃电极的典型构造如图9–2所示。测量时，只有膜泡需要被试液淹没。内参比电极和电解质（Ag|AgCl|Cl）用于与玻璃膜进行电接触；其电位必须恒定并由HCl的浓度设定。一完整的电池可表示为参比电极（外部）||H^+（未知）|玻璃膜|H^+（内部）|参比电极（内部）

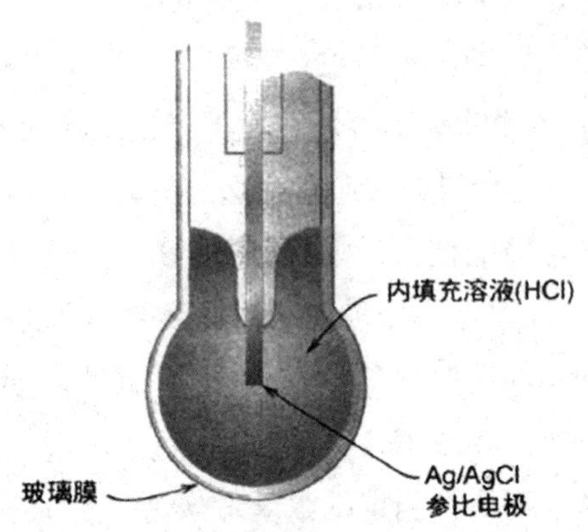

图9–2　pH玻璃电极

双线表示参比电极的盐桥。玻璃电极与pH计的内参比电极末端相连，而外参比电极（如SCE）与参比末端相连。

玻璃膜的电位为

$$E_{glass}=constant-\frac{2.303RT}{nF}\lg\frac{a_{H^+int}}{a_{H^+unk}} \tag{9–8}$$

电池电压为

$$E_{cell}=k+\frac{2.303RT}{nF}\lg a_{H^+unk} \tag{9–9}$$

k为一常数，其包括两参比电极电位、液体–接界电位、因H^+（内部）造成玻璃膜上的电位，以及其术语被称为不对称电位的电位。

不对称电位是一种透过膜的很小的电位，即使当膜两侧溶液完全相同时也会存在。它与膜的非均匀成分，膜内张力，机械应力和外表面化学腐蚀，以及膜的水化程度等因素有关。其随时间缓慢变化，尤其当膜变干时，其值未知。为此，pH玻璃电极必须每天至少校正一次。因为膜结构存在差别，所以不同电极的不对称电位不同。

玻璃pH电极必须用“标准缓冲液”校准。

由于pH=$-\lg a_{H+}$，式（9–9）可改写为

$$E_{cell}=k-\frac{2.303RT}{F}\ pH_{unk} \tag{9–10}$$

或

$$pH_{unk}=\frac{k-E_{cell}}{2.303RT/F} \tag{9–11}$$

很显然每变化1个pH单位（a_{H+}变化10倍），玻璃电极就会经历2.303RT/F（V）响应；必须用pH已知的标准缓冲溶液（如下）进行校准来确定k：

$$k=E_{cell+}\frac{2.303RT}{F}\ pH_{std} \tag{9–12}$$

将式（9–12）代入式（9–10），则

$$pH_{unk}=pH_{std}+\frac{E_{cell\ std}-E_{cell\ unk}}{3.303RT/F} \tag{9–13}$$

注意，由于测定中涉及用电阻非常高的玻璃膜电极（50~500 MΩ）对电位进行测量，所以使用高输入阻抗电压计至关重要。

通常在pH测定中不采取此校准。更确切地说，pH计的电位标度是以pH单位校准的

例9–1：一玻璃电极–SCE电对在25 ℃下用pH为4.01的标准缓冲液进行校准，测得的电压为0.814 V。在1.00×10^{-3} mmol/mL乙酸溶液中其测得的电压应为多少？假设$a_{H+}=[H^+]$。

解：

1.00×10^{-3} mmol/mL乙酸溶液的pH为3.88，所以

$$3.88=4.01+\frac{0.814-E_{cell\ unk}}{0.059\ 2}$$

$$E_{cell\ unk}=0.822\ V$$

注意，随H^+（阳离子）的增加，电位会如预期所示地增大。

（二）组合pH电极完整电池

同时拥有指示电极和参比电极（带有盐桥），才能制作完整电池，从而可进行电位测定。可方便地将两电极结合成一个单探针，这样测定所需的溶液体积很小。典型的组合pH–参比电极的构造如图9–3所示。它由一管套在另一管中，内管装有pH指示电极，外管装有参比电极（如Ag/AgCl电极）及其盐桥。组合电极引出一导线，但其在末端分成两个连接头，一个（较大的）连接pH电极末端，另一个连接参比电极末端。重要的是，盐桥必须浸入试液中以使得电池完整。这里的盐桥通常为一外环小塞，而不是一完整的环。组合电极较方便，因而最常用。

组合电极当浸入试液时，才会成为一完整电池。

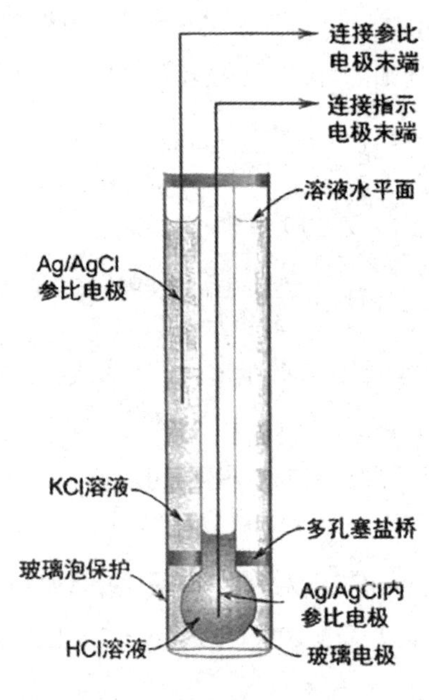

图9–3　组合pH–参比电极

（三）什么决定了玻璃膜电位？

pH玻璃电极的功能是其水化层表面的离子交换的结果。pH玻璃电极膜由Na_2O和SiO_2化学键合而成。新的玻璃电极表面含有固定的与钠离子结合的硅酸盐基团，$—SiO^-Na^+$。为了使电极正常工作，必须先将其浸泡在水中，此过程中，膜外表面水化，而内表面原本就已经水化。玻璃膜的厚度一般为30~100 pm，水化层的厚度为10~100 nm。

当外层水化时，溶液中质子与钠离子交换：

$$\text{—SiO}^-\text{Na}^+ + \text{H}^+ \rightleftharpoons \text{—SiO}^-\text{H}^+ + \text{Na}^+ \quad (9\text{–}14)$$

固态　　溶液　固态　溶液

溶液中其他离子也可与Na^+（或H^+）交换，但是因为玻璃对质子的亲和力，上述交换的平衡常数非常大。因此，除了在质子浓度很小的强碱性条件下以外，玻璃表面几乎完全由硅酸组成。—SiO^-位点是固定的，但是质子可以自由移动并与其他离子进行交换。（通过改变玻璃成分，与其他离子的交换会变得更有利，这就是离子选择电极的工作基础，如下所述。）

膜电位包括两部分，边界电位和扩散电位。前者几乎仅由氢离子活度决定。边界电位存在于玻璃膜表面，即在水化凝胶层和外部溶液间。当电极浸入水溶液中时形成边界电位，其由外部溶液中氢离子活度和凝胶表面的氢离子活度决定。此电位形成的一种解释是，与液体接界处的情况类似，离子有朝活度较小方向迁移的趋势，其结果是在膜表面形成微观电荷层，代表着电位。因此，随着溶液变得更酸（pH减小），质子迁移到凝胶的表面，形成一正电荷，电极电位变大。随溶液变得更碱性时，反之亦然。

试液的pH决定了外边界电位。

扩散电位是由凝胶层内部的质子朝含—SiO^-Na^+的干膜进行扩散的趋势以及干膜中钠离子向水化层扩散的趋势造成的。离子迁移速率不同，造成液体-接界电位。在膜的另一侧，会发生类似的现象，不过方向相反。这样，电位实际上会相互抵消，所以净扩散电位很小，膜电位主要由边界电位决定（扩散电位间的小差异可能是因为膜间玻璃的差异造成的——这些代表了不对称电位的一部分）。

Cremer描述了现代玻璃电极的首个前驱。一百多年后，玻璃电极到底是怎样工作仍没有完全弄清楚。Pungor提供了证据证明电极电位的建立是由电荷分离造成的，因主要离子（H^+）从溶液相到电极表面的化学吸附作用，即一种表面化学反应。带有相反电荷的离子在溶液相中累积，这样的电荷分离表现为电位。相似的机理可应用于其他的离子选择性电极（如下）。

K.L.Cheng提出了一种基于电容器模型的玻璃电极理论，碱性溶液中电极感应氢氧根离子（a_{H^+}非常小），而不是感应质子。这里的非法拉第反应指的是不涉及氧化还原过程的反应。Cheng利用同位素实验表明H^+和Na^+间并没有发生广为人们所接受的离子交换反应。他认为，碱性溶液中（记住，$[H^+]$在pH为14时只有10^{-14} mmol/mL），电极实际上是对OH^-响应。然而这一理论没有被普遍接受，Cheng等人提出了一些令人信服的论据以及实验结果使得这成为一个有趣的假说。它与Pimgor的双层假设存在某些共性。

（四）碱误差

非能斯特响应（偏离了理论响应）时会造成两种误差。一种称为碱误差。此误差是因为除了氢离子，膜对其他阳离子也有响应能力。当氢离子活度变得非常小时，其他离子在电位决定机理中具有竞争力。虽然水化凝胶层更倾向于质子，但是当外部溶液中的氢离子活度非常小时，钠离子会与层中的质子交换。电位主要取决于$a_{Na^+actemal}/a_{Na^+gel}$的比值，即这时的电极已成为钠离子电极。

pH小于9时，此误差可以忽略；但是当pH大于9时，H^+浓度相对于其他的离子（如Na^+，K^+等）非常小，误差变得显著。实际上，电极似乎会“看见”更多的氢离子，使pH读数偏低。此负误差的数量级如图9-4所示。钠离子导致的误差最大，而不幸的是，很多样品，尤其是碱性样品，会含有大量的钠。商品化通用电极一般会以图表的形式来提供碱误差的校正值，若钠离子浓度已知，则直到pH为11时，都可以使用这样的电极。

除H^+外，玻璃电极也传感其他阳离子。只有当a_{H^+}非常小时（如在碱性溶液中）会产生显著误差。不能将它们与H^+区分开，所以测得的溶液酸度较实际更强。

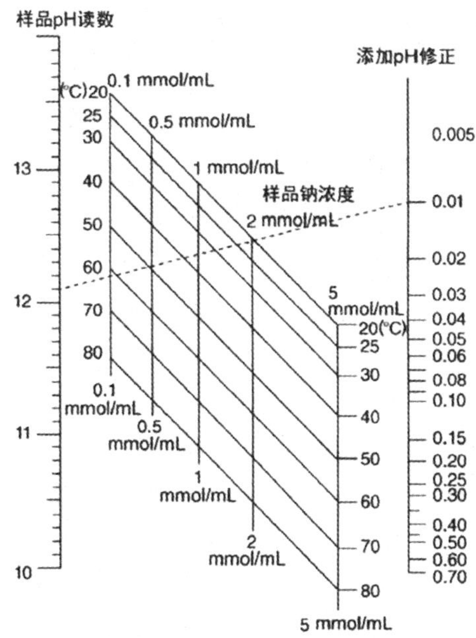

图9-4　一良好通用型pH电极的钠误差。例子所示为如何使用此“列线图”来校正表观测定。想象有一溶液，0.5 mmol/mL钠离子，50 ℃下所测表观pH读数为12.10。从z轴上pH12.10点处画一直线，穿过50 ℃和0.5 mmol/mL所在的两条直线的交叉点，发现其与误差轴在0.01处相交。因此实际pH应为12.10+0.01=12.11

通过改变玻璃的成分，可以降低玻璃对钠离子的亲和力。若玻璃膜中Na_2O大部分被Li_2O取代，则因钠离子所产生的误差会显著减小，称这样的电极为锂玻璃电极，高pH电极，或者全范围电极（pH0~14）。如今所使用的大多数pH电极，若校正了钠误差，在合理的准确度下，pH可以测定到13.5。但是若需在碱性非常强的溶液下进行pH测定，则需要特制的电极。如前所述，玻璃成分的改变会造成其对不同离子亲和力发生变化，从而导致了除质子以外，对其他离子的响应。正是这一发现促使了离子选择性电极的发展。离子选择性电极目前已经扩展到了完全不同于玻璃的材料。

（五）酸误差

在非常低的pH下（pH＜1），pH敏感性玻璃膜上的凝胶层会吸附酸分子。此吸附会降低氢离子的活度，并在外膜相界面会产生更小的电位。因此，样品溶液的pH测定结果会较实际pH更大。对于酸误差，第二种也可能是最大的贡献者可更为恰当地描述为水分活度误差，它是可导致非能斯特响应的第二种原因。发生这样的误差是由于膜电位取决于其所接触的水活度。若水的活度是单位活度，则是能斯特响应。在非常酸的溶液中，水活度小于单位活度（质子溶剂化时大量消耗），从而导致pH读数结果存在一正误差（图9–5）。若水的活度因高浓度溶解盐或添加非水溶剂（如乙醇）而减小，也会导致类似的误差。这种情况下，可能也会引入大的液体–接界电位，因而导致另一种误差，虽然所加少量乙醇引起的误差不是很大。

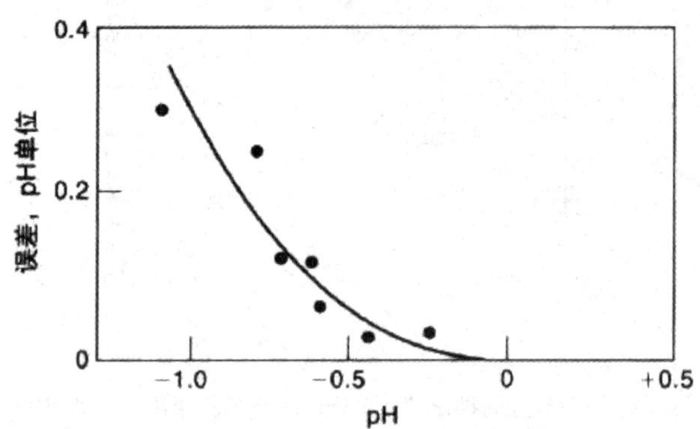

图9–5 盐酸溶液中玻璃电极的测定误差

与用于强碱pH测定的特制电极相似，强酸性溶液中可使用专门的电极，使得酸误差大大减小。通常情况下，酸误差要小于碱误差。

五、pH测定的准确度

pH测定的准确度取决于已知氢离子活度的标准缓冲剂的准确度。如上所述，由于存在几种限制，准确度不会优于±0.01pH单位。首先就是对单个离子活度系数的计算。

残余液体–接界电位限制了pH测定的准确性。一定要在与试液相近的pH下进行校准。

第二种对准确度的限制就是残余液体–接界电位。电池在溶液中标准化，然后在另一成分不同的溶液中测定其未知的pH。我们知道这样的残余液体–接界电位可以通过保持溶液pH和成分尽可能接近来达到最小化。正因如此，电池应在接近未知溶液的pH条件下标准化。在远离试液pH时进行标准化通常会造成0.01~0.02pH单位的误差，而对于强碱性的溶液，误差可达0.05pH单位。

残余液体–接界电位和标准缓冲剂的不确定性一起，将未知溶液pH测定的绝对准确度限于约±0.02pH单位。然而，分辨差别小到±0.004或甚至±0.002pH单位的两相似溶液的pH也是可能的，尽管它们的准确度不会好于±0.02pH单位。这样的分辨是可能的，因为两溶液的液体–接界电位依据真实a_{H^+}，几乎是相同的。例如，若两血溶液的pH值接近，可以准确测定它们间的差别到±0.004pH。然而，若pH差别非常大，残余液体–接界电位会变大，期间差别就不能被准确测定。对于区分0.02pH单位，改变离子强度不会引起严重的误差，但是对于更小的pH变化，离子强度的大改变会造成误差。

±0.02pH单位的误差相当于a_{H^+}有±4.8%（±1.2 mV）的误差。分辨±0.004pH单位相当于分辨±1.0% a_{H^+}（±0.2 mV）。

a_{H^+}的电位测定只有约5%的准确率。

若pH测定是在一不同于标准化时的温度下进行的，其他因素相同，则液体–接界电位会随温度变化。例如，温度从25 ℃到38 ℃，血液的电位测定有+0.76 mV的变化。因此，为了非常准确地工作，电池标准化时的温度必须与试液相同。

六、血液pH的测定

因为血液缓冲系统的平衡常数会随温度发生变化，体温37 ℃下血液的pH与室温时有所不同。因此，为了取得有意义的与实际生理条件相关的血液pH测定，测定应在37 ℃下进行，并且样品不能暴露于大气中。中性水溶液在37 ℃时的pH为6.80，所以酸度范围改变了0.20个pH单位。

进行血液pH测定时，一些有用的规则如下：

（一）在37 ℃下，使用标准缓冲剂校准电极，确保选择37 ℃下合适pH的缓冲剂，并且设定pH计的温度为37 ℃（斜率=61.5 mV/pH）。最好使用两种标准液进行校准，使得样品的pH紧密包含在此范围中，以保证电极的正常运作。在校准测定前，电极也必须在37 ℃下平衡。玻璃电极内部的内参比电极电位与温度相关，可能是由于玻璃膜表面的电位决定机理造成的；SCE参比电极电位和液体–接界也与温度相关（这里需注意的是，若pH或其他电位测定在低于室温下进行，盐桥或参比电极中的KCl不应是饱和的，而是浓度较低的KCl，因为在盐桥中，会有固态KCl晶体沉淀，导致电阻增大）。

（二）血液样品必须保持绝氧以防止损失或吸收CO_2。如果可能的话，应在样品收集15 min内进行pH的测定，否则应将样品冷冻，并在2 h内进行测定，且测定前样品应恢复到37 ℃。（若需进行p_{CO_2}测定，则应在30 min内完成测定。）

（三）为防止电极被残余样品包裹覆盖，每次测定后需用盐水冲洗掉电极表面样品。残余血膜可在0.1 mmol/mL NaOH中只浸泡几分钟，然后再用0.1 mmol/mL HCl和水或盐水冲洗就可除去。

通常采用静脉血进行pH测定，而在特定的应用中需要动脉血。对于所有年龄和性别受试者的动脉血的pH，95%的置信区间为7.31~7.45（平均值为7.40）。休息时，受试者血液pH的建议范围为7.37~7.42。静脉血与动脉血的差别在0.03pH单位内，并且可能随取样血管发生改变。胞内红细胞的pH约比血浆中的小0.15~0.23单位。

七、非水溶剂中的pH测定

当电极是用水溶液标准化时（就可能的氢离子活度而言）非水溶剂的pH测定不是很重要，因为液体–接界电位未知，该电位可能相当大，其值取决于溶剂，这种测定通常被当作“表观pH”。建议使用跟水溶液pH测定时相似的方法来确定非水溶剂的pH范围和标准溶液。然而，该范围与水溶液的pH范围没有严格的关系。

八、离子选择性电极

目前，已发展了不同类型的膜电极，其膜电位对一给定离子或某几种离子有选择性，正如常规的玻璃电极的玻璃膜电位对氢离子有选择性一样，这些电极在离子测定时很重要，尤其是在低浓度的情况下。通常它们不会像其他的电极一样，因蛋白质的存在而“中毒”，所以适用于生物介质中的测定。特别是玻璃膜离子选择性电极。

知道ISE对除分析物以外的什么物质存在响应及其相比于分析物的相对灵敏度是很重要的。幸运的是，某些特殊的ISE可产生生理条件下不可能的结果——假如它产生合理的结果，那么火星土壤中高氯酸盐的存在则不会如此明显。

这些电极中，对给定离子，没有一种是对其特异响应的，但是每一种电极相对给定离子或某几种离子，会有一定的选择性。所以称其为离子选择性电极（Ion-selective Electrodes，ISEs）。

（一）玻璃膜电极

玻璃膜电极与pH玻璃电极的构造相似。改变玻璃膜的成分可以导致水化玻璃对不同单价阳离子的亲和力增大，而相比于pH玻璃电极，其对质子的亲和力更低。膜电位与这些阳离子相关，这可能是由于与pH玻璃电极相似的离子交换机理造成的，也就是说，产生了边界电位，它由凝胶表面以及外部溶液中的阳离子的相对活度决定。增大阳离子活度会导致膜表面正电荷增多，电极电位变得更正。

玻璃膜电极内填充液通常为电极最敏感的阳离子的氯盐。

玻璃膜电极实质上也是离子选择性电极。

钠离子敏感型电极在大量钾离子存在下，也可用来确定钠离子的活度，其对钠离子的选择性大约是钾离子的3000多倍。

H^+对于ISEs来说，是一种常见的干扰物质，所以pH要大于一极限值，这取决于主要离子（待测离子）的浓度。

（二）固体电极

这种电极的构造如图9–8所示。最成功的例子就是氟电极。其膜含单晶氟化镧，并掺杂一些氟化铕（Ⅱ），以增强晶体的导电性。氟化镧是难溶物，此电极对氟的能斯特响应低至10^{-5} mmol/mL，而非能斯特响应低至10^{-6} mmol/mL（19ppb）。此电极对氟离子响应的选择性至少是Cl^-、Br^-、I^-、硝酸根、硫酸根、磷酸氢根以及碳酸氢根离子的1000倍，而是OH^-的10倍，氢氧根离子似乎是唯一严重的干扰。酸性条件下氢氟酸的形成以及碱性条件下氢氧根离子的响应限制了pH范围，因此可用的pH范围为4~9。

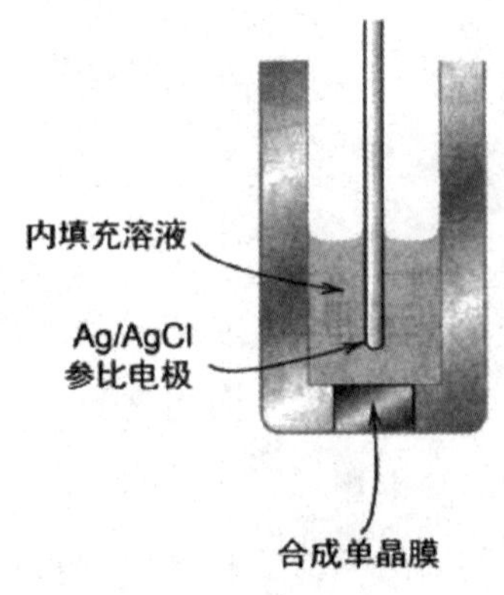

图9-8　晶体膜电极

氟离子选择性电极是最成功和最有用的电极之一，因为大多数其他的方法很难对氟离子进行测定。

使用氟电极时，可使用一种溶液来最小化干扰，该溶液由pH为5.0~5.5的乙酸盐缓冲液、1 mmol/mL NaCl溶液以及环己烷二胺四乙酸（CDTA）混合而成。市售的该溶液名称为TISAB（总离子强度调节缓冲剂）。用该溶液对标准溶液或样品溶液以1：1稀释，使溶液有高离子强度背景，掩盖了溶液间离子强度的适度变化。其保持了不同溶液间接界电位和氟离子活度系数的恒定。在缓冲剂所提供的pH下，氟几乎全部以F^-存在，氢氧根离子的浓度很低。CDTA是一种螯合剂，类似于EDTA，与多价离子，如Al^{3+}、Fe^{3+}和Si^{4+}络合，否则它们会与F^-络合，使氟活度减小。

TISAB用来调节离子强度和pH，防止Al^{3+}、Fe^{3+}和Si^{4+}与氟离子络合。

（三）液体-液体电极

液体-液体电极的基本构造如图9-9所示。这里的电位决定“膜”是一层与水不混溶的液体离子交换剂，并由惰性多孔膜保留在适当位置。多孔膜允许试液和离子交换剂间接触，但为最小化混合，它是一种合成的柔性膜或者多孔玻璃熔块，具体材料取决于制造商。内填充溶液中含有离子交换剂特异交换的离子以及与内参比电极相应的卤素离子。

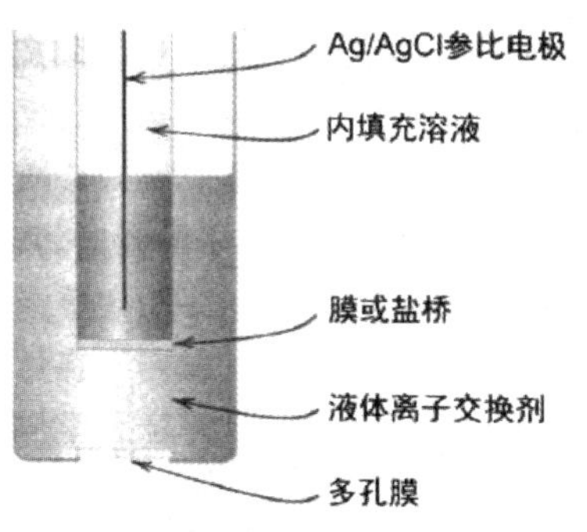

图9-9　液体膜电极

ISEs的填充溶液通常含有主要离子的氯盐，例如，Ca^{2+}电极中的$CaCl_2$或者K^+电极中的KCl。

液体-液体电极的一个例子为钙离子选择性电极。具体来说，钙离子选择性电极中的离子交换剂是一种有机磷化合物。电极的灵敏度取决于离子交换剂在试液中的溶解度，浓度低至约5×10^{-5} mmol/mL时仍可得到能斯特响应。此电极对钙的选择性约是钠或钾的3000倍，镁的200倍，锶的70倍。使用的pH范围为5.5~11。pH大于11时，生成氢氧化钙沉淀。钙离子测定时不应使用磷酸盐缓冲溶液，因会与之络合或沉淀，会造成钙离子活度减小。液体膜电极经常会受到污染，如生物体液中的蛋白质吸附。表9-2总结了一些商品化离子选择性电极的特点。

表9-2　一些商品化离子选择性电极的典型性质

电极	浓度范围/（mmol/mL）	主要干扰[①]
液体-液体离子交换电极		
Ca^{2+}	10^{-1}~10^{-5}	Zn^{2+}（3）；Fe^{2+}（0.8）；Pb^{2+}（0.6）；Mg^{2+}（0.1）；Na^+（0.003）
Cl^-	10^{-1}~10^{-5}	I^-（17）；NO_3^-（4）；Br^-（2），HCO_3^-（0.2）；SO_4^{2-}，F^-（0.1）
二价阳离子	1~10^{-8}	Fe^{2+}，Zn^{2+}（3.5）；Cu^{2+}（3.1）；Ni^{2+}（1.3）；Ca^{2+}，Mg^{2+}（1）；Ba^{2+}（0.94）；Sr^{2+}（0.54）；Na^+（0.015）

① 插入的数字是指干扰离子相对于检测离子的相对选择性（见下文的选择性系数）。

续表

电极	浓度范围/（mmol/mL）	主要干扰①
BF_4^-	10^{-1}~10^{-5}	NO_3^-（0.1）；Br^-（0.04）；OAc^-，HCO_3^-（0.004）；Cl^-（0.001）
NO_3^-	10^{-1}~10^{-5}	$ClO4^-$（1000）；Br^-（20）；Br^-（0.1）；NO_2^-（0.04）；Cl^-（0.004）；CO_3^{2-}（0.0002）；F^-（0.00006）；SO_4^{2-}（0.00003）
ClO_4^-	10^{-1}~10^{-5}	I^-（0.01）；NO_3^-，OH^-（0.0015）；Br^-（0.0006）；F^-，Cl^-（0.0002）
K^+	1~10^{-5}	Cs^+（1）；NH_4^+（0.03）；H^+（0.01）；Na^+（0.002）；Ag^+，Li^+（0.001）
固态电极①		
F^-	1~10^{-6}	最大$[OH^-]<0.1[F^-]$
Ag^+或S^{2-}	1~10^{-7}	$[Hg^{2+}]<10^{-7}$ mmol/mL

（四）塑料膜—离子载体电极

离子载体电极是一种非常通用的、制备相当简单的电极，其中可与待测离子选择性络合的中性亲脂性（亲有机的）离子载体溶于一软性塑料膜中。离子载体应亲脂（与亲水相反），所以当与水溶液接触时它不会从膜上渗出。塑料膜通常为聚氯乙烯（PVC）基底，由33%PVC，65%塑化剂，例如，邻硝基苯辛醚（o–nitrophenylether，o–NPOE），以及约1.5%离子载体组成。一般加入改性剂以增大电导率。例如，一阳离子选择性离子载体基底膜中，约0.5%的四（p–氯苯基）硼酸钾[KΦ（Cl）$_4$B]用来增大电导率，同时最小化亲脂性阴离子如SCN的干扰。（ΦCl）$_4B^-$本身亲脂，排斥亲脂阴离子，否则这些阴离子会透过膜，干扰金属离子响应。在溶剂中如四氢呋喃（THF）加入含有这些成分的溶液，然后倾倒在一玻璃板上，使得THF挥发。柔性膜可以装在电极体的末端。

这种电极最成功的例子大概是钾离子选择性电极，其具有离子载体缬氨霉素。缬氨霉素是一种天然存在的抗生素，具有聚醚环，环中有氧原子笼，其尺寸正好可以选择性地络合钾离子。其对钾的选择性约为对钠离子的10^4倍。

① 给出的干扰浓度代表最高允许浓度。

冠状醚是对于一些金属离子，尤其是碱金属和碱土金属离子都具有选择性的离子载体。其为合成的中性环醚化合物，可以量身定做以提供合适尺寸的笼，选择性络合给定离子。通常连有长链烃或苯基以使化合物亲脂。如图9-10所示的14-冠醚-4衍生物，它在钠离子存在下，仍可以选择性测定锂离子。数字4表示环中氧原子的个数，14为环尺寸。14-冠醚-4化合物有合适的笼尺寸来络合锂离子。将庞大的苯基放在化合物上会引起空间位阻现象，以阻碍其形成2：1的冠醚：钠络合物，增强了对锂的选择性（锂和冠醚以1∶1络合）。它对锂有800倍的选择性，基于冠醚的电极可用于钠、钾、钙以及其他离子的传感，基于酰胺的离子载体也已制备并用于特定离子的选择性络合。图9-11所示为一些用于PVC基底电极的离子载体。

Pederson因对冠醚的开创性工作获得了1987年的诺贝尔奖。

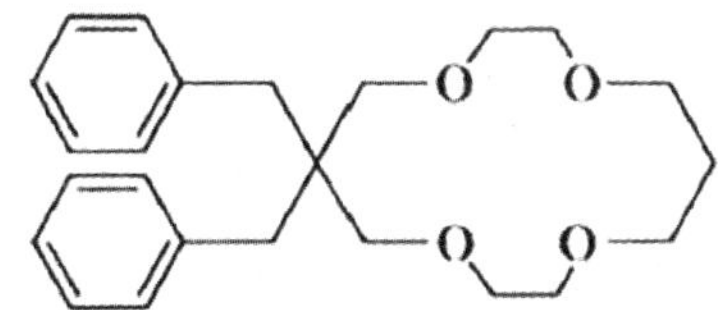

图9-10　14-冠醚-4衍生物，选择性结合锂离子

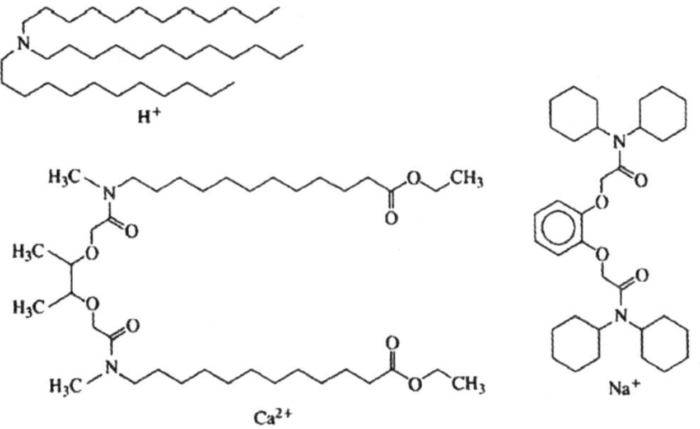

图9-11　用于选择性结合H^+、Na^+和Ca^{2+}的离子载体

（五）膜响应机理

离子选择性电极膜响应机理还未像pH玻璃电极那样被广泛研究，其电位是如何确定的也所知甚少。确定的是，其涉及相似的机理。活性膜通常含有待测离子，待测离子选择性地与膜中一试剂结合，并形成沉淀或络合物。同

时，电极也必须在含待测离子的溶液中平衡，也使得离子选择性地与膜上试剂结合。这可以比作玻璃pH电极上的—SiO^-H^+位点。当离子选择性电极浸入含有待测离子的溶液中时，在膜和外部溶液间的界面会形成边界电位。可能的机理是由于离子有向活度减小方向迁移的趋势，从而产生了一个类似于液体–接界电位的电位差。阳离子会引起正电荷的产生及电位的升高，而阴离子会引起负电荷的产生及电位的降低。

构建离子选择性电极的秘诀是找到一种拥有对待测离子有强亲和力位点的材料。因此，相比于镁离子和钠离子，钙液体离子交换电极展现出了对钙离子的高选择性，是因为有机磷酸酯阳离子交换剂对钙离子有高化学亲和力。膜–溶液界面上的离子交换平衡涉及钙离子，其电位取决于外部溶液和膜相中钙离子活度的比值。

（六）选择性系数

单一离子存在下，离子选择性电极的电位遵循的等式与式（9–9）（适用于玻璃pH膜电极）类似：

$$E_{\mathrm{ISE}}=k+S/z\lg a_{\mathrm{ion}} \qquad (9\text{–}15)$$

式中，S代表斜率（理论上为$2.303RT/F$）；z为离子电荷，包含符号。斜率常常小于能斯特响应时的；但是对于单价离子电极，其通常很接近。常数k取决于内参比电极的性质、填充溶液以及膜结构。通过测定已知离子活度的溶液的电位来确定k。

例9–2：用氟电极测定水样中的氟离子。标准溶液和样品用TISAB溶液以1∶10稀释。对于1.00×10^{-3} mmol/mL（稀释前）标准溶液，其相对于参比电极的电位读数为–211.3 mV；对于4.00×10^{-3} mmol/mL标准溶液，读数为–238.6 mV。未知样品的读数为–226.5 mV。则样品中氟离子浓度为多少？

解：因使用离子强度调节溶液进行稀释，离子强度保持恒定，则响应与$\lg[F^-]$成正比：

$E=k+S/z\lg[F^-]=k-S\lg[F^-]$

式中z为–1。首先计算S：

$-211.3=k-S\lg(1.00\times10^{-3})$（1）

$-238.6=k-S\lg(4.00\times10^{-3})$（2）

式（2）减去式（1）：

$27.3=S\lg(4.00\times10^{-3})-S\lg(1.00\times10^{-3})=S\lg\frac{4.00\times10^{-3}}{1.00\times10^{-3}}$

$27.3=S\lg4.00$

S=45.3 mV（稍低于能斯特响应）

计算k：

$-211.3=k-45.3\lg(1.00\times10^{-3})$

k=–347.2 mV

对于未知溶液：

$-226.5=-347.2-45.3\lg[F^-]$

$[F^-]=2.16\times10^{-3}$ mmol/mL

若电极是在含有混合阳离子的溶液中（或阴离子，若其为阴离子响应电极），其可能会对其他阳离子（或阴离子）有响应。例如，假设钠离子和钾离子的混合溶液，电极对这两种离子都有响应，能斯特方程必须包含对钾离子活度的补充项：

$$E_{NaK}=k_{Na}+S\lg(a_{Na^+}+K_{NaK}a_{K^+}) \quad (9\text{–}16)$$

没有电极是完全特异性的。理想情况下，相比于a_{Na^+}，$K_{NaK}a_{K^+}$可忽略不计。

$$K_{NaK}=1/K_{NaK}$$

常数K_{Na}相当于只含有钠时的能斯特方程中的k。E_{NaK}为钠钾混合溶液中的电极电位。K_{NaK}是电极对钾相比于钠的选择性系数。它等于K_{NaK}的倒数，而K_{NaK}为钠相对于钾的选择性系数。很显然，希望$a_{Na^+}K_{NaK}$较小；这可以通过减小a_{K^+}，或K_{NaK}，或两者都减小来实现。

K_{NaK}和K_{Na}是通过测定含有钠和钾的两不同标准溶液的电位并对两方程同时求解得到的。或者，若其中一种溶液只含有钠，K_{Na}可由式（9–15）确定。

尼克尔斯基Nikolsky方程的通式，可适用于两种带有不同电荷的离子混合物，其形式如下：

$$E_{AB}=K_A+S/z_A\lg(a_A+K_{AB}a_B^{zA/zB}) \quad (9\text{–}17)$$

式中，z_A为离子A所带电荷（主要离子）；z_B为离子B所带电荷。因此，存在钙离子时，使用钠离子选择性电极对钠离子进行测定，符合表达式：

$$E_{NaCa}=k_{Na}+S\lg(a_{Na+}+K_{NaCa}a_{Ca+}^{1/2}) \quad (9\text{–}18)$$

例9-3：使用一阳离子选择性电极在钠存在下，测定钙离子活度。0.0100 mmol/mL

$CaCl_2$中相对于SCE的电极电位为195.5 mV。在含有0.010 0 mmol/mL $CaCl_2$和0.010 0 mmol/mL NaCl的溶液中，其电位为201.8 mV。若未知溶液中相对于SCE的电极电位为215.6 mV，并且通过钠离子选择性电极已确定了钠离子的活度为0.012 0 mmol/mL，则其中的钙离子活度为多少？假设为能斯特响应。

解：0.010 0 mmol/mL $CaCl_2$的离子强度为0.030 0，而混合溶液的离子强度为0.040 0。因此，纯$CaCl_2$溶液中钙离子的活度系数为0.55，而混合溶液中，钙离子和钠离子的活度系数分别为0.51和0.83。所以：

$k_{Ca}=E_{ca}-29.58\ \lg a_{Ca^{2+}}$

$=195.5-29.58\times\lg(0.55\times0.0100)$

$=262.3\ mV$

$E_{CaNa}=k_{Ca}+29.58\lg(a_{Ca^{2+}}+K_{CaNa}a_{Na^+})$

$201.8=262.3+29.58\times\lg[0.51\times0.0100+K_{CaNa}(0.83\times00100)^2]$

$k_{CaNa}=47$

$215.6=262.3+29.581g(a_{Ca^{2+}}+47\times0.01202)$

$a_{Ca^{2+}}=0.019\ 6\ mmol/mL$

注意，虽然对于Ca^{2+}的选择性系数不是很好（此电极为更好的钠传感器），但是混合溶液中钠的贡献（0.006 8）只约为钙（0.019 6）的0.3倍，因为钠的平方形式。

（七）利用离子选择性电极的测定

正如pH玻璃电极一样，大多数离子选择性电极有高电阻，测量设备必须有高输入阻抗。一般会使用高分辨率pH计。通常将离子选择性电极浸于待测离子溶液中对其进行预处理。

和pH电极一样，离子选择性电极受制于相同的准确度局限。若$z_A=2$，每毫伏的误差加倍。

pH和其他直接电位测定时存在的问题和准确度限制的相关讨论同样也适用于离子选择性电极。

通常需绘制电位相对于活度对数的校准曲线。若测定浓度，则会使用前文所述的方法来维持一恒定的离子强度。例如，血清中自由的钙离子浓度是通过用0.15 mmol/mL NaCl稀释样品和标准品来测定的。只能测定非结合的钙，而不是已络合的那部分。

离子选择性电极只测定“自由”离子。

通过使用离子选择性电极可估计出正常人血清中钠离子的活度系数为0.780 ± 0.001，血清液（含96%体积水的血清）中为0.747。为了测定血清中的钠和钾，使用氯化钠和氯化钾的标准溶液来校准电极。配制浓度为1.0 mmol/L、10.0 mmol/L和100.0 mmol/L的氯化钠溶液，其中钠离子的活度分别为0.965 mmol/L、9.03 mmol/L和77.8 mmol/L，相同浓度的氯化钾溶液中，钾离子的活度分别为0.965 mmol/L、9.02 mmol/L和77.0 mmol/L。

许多离子选择性电极的响应很慢，建立平衡读数需要相当长的时间。如果浓度减小，响应会变得更慢。不过，也有一些电极响应足够快，它们可以用来监测反应速率。

离子选择性电极的优缺点，以及使用时的一些注意事项和局限性总结如下：

（1）它们测定的是活度而不是浓度，这是一种独特的优点，但是从测定中计算相关的浓度时，这是必须考虑的因素。计算浓度时，离子强度效应会导致误差。

（2）它们测定“自由”离子（即未与其他物质结合的那部分）。因络合作用、质子化作用等会导致化学干扰。

（3）它们并不具备特异性，仅仅是对特定离子更有选择性。因此，它们会受其他离子的干扰。所以，它们对氢离子有响应，受pH制约。

（4）它们可在浑浊的或者有色的溶液中运行，而光度测定法不可以应用于这样的溶液。

（5）它们为对数响应，导致较宽的动态工作范围，一般为四到六个数量级。在具有能斯特关系下的工作范围内，此对数响应也会导致相对较大，但基本不变的误差。电位测定电极的对数响应可给出一较宽的动态范围，但是会损失精密度。

（6）在有利的情况下，它们的响应相当的迅速，（除稀溶液以外），测定所需的时间经常不到1 min。快速的电极响应足以允许对工业过程流水进行监测。

（7）根据RT/nF项知，响应与温度有关。

（8）可制成便携式测定设备用于野外作业，可分析少量样品（如1 mL）。

（9）测定过程中样品不会被破坏。

（10）某些电极的操作浓度下限可达10^{-6} mmol/mL，但是有许多电极达不到；市售的电极很少能达到这一灵敏度，但是一些竞争技术可以。

（11）需经常校准。

（12）可供使用的主要活度标准物质很少，与pH测定不同，离子测定时，使用标准溶液而不是“缓冲剂”。杂质尤其是在稀的标准液中，可能会造成不正确的结果。

第二节　经典液相色谱法

虽然现代色谱法诞生于马丁和辛格引入液液分配色谱法，但1950年马丁发明的使用固载液体作为固定相的气相色谱（Gas Chromatography，GC）更受欢迎。GC的分析速度、灵敏度与广泛的适用范围（尤其是在当时快速发展的石化行业中）令其迅速普及与发展。然而如今，液相色谱（Liquid Chromatography,LC）尤其是高效液相色谱法（High-performance Liquid Chromatography，HPLC）应用更为广泛，究其原因是大约80%的已知化合物不是完全挥发的或在进行气相色谱分离时不稳定。尽管最初的液相色谱在性能方面远落后于气相色谱，但逐渐积累的色谱知识（主要从气相色谱中获取的）致使今天的HPLC在性能方面完全可媲美于GC，甚至可在几秒内完成分离。

高效液相色谱可视作在液相状态使用的气相色谱，其成功的秘诀就是使用均匀小颗粒填料以达到小涡流扩散和快速传质。

一、高效液相色谱

早期液相色谱系统使用大粒径固定相装填在大内径柱管内，以重力为流动相驱动力，手工收集淋洗液馏分后离线检测。现在有些有机化学合成实验室或制备生化实验室仍使用该技术。1964年，J.卡尔文·吉丁斯（犹他大学）预测在高压条件下使用小颗粒填料以克服流体阻力将有望显著提高柱效。不久之后，耶鲁大学的霍瓦特与利普斯基搭建了第一台高压液相色谱仪。用以提高柱效的小颗粒填料技术诞生于20世纪70年代。虽然现今HPLC这一词汇很大程度上意味着“高效液相色谱”而不是“高压液相色谱”，但更小填料持续使用将不得不使用越来越高的压力。一些商品化系统的泵可产生15 000~19 000 psi（1 psi=6894.76 Pa）的压力，为区别于传统HPLC，这些系统可称为超高压液相色谱（Ultra-high-pressure Liquid Chromatography，UHPLC）。

Jorgenson和他的学生首次描述了超高效液相色谱系统，介绍了填充色谱柱使用填充压力高达60 000 psi（4100 bar）、色谱运行压力20 000 psi（~1400 bar）的UHPLC系统。两年后，他们又报道了运行压力72 000 psi（5000 bar）、输出压力130 000 psi（9000 bar）的高压泵系统[Anal.Chem.，71（1999）700]。之后又报道了在色谱操作压力100 000 psi（6800 bar）下产生大于73万的理论塔板数。目前商品化的超高效液相色谱明显远远落后于Jorgenson对于“超”的标准!

（一）原理

图9-12是高效液相色谱系统的基本构成，图9-13所示的是一款现代高效液相色谱仪。与多数GC仪器不同的是，这些HPLC仪器往往是以模块组件拼装而成的，以便于用户灵活更换不同组件。

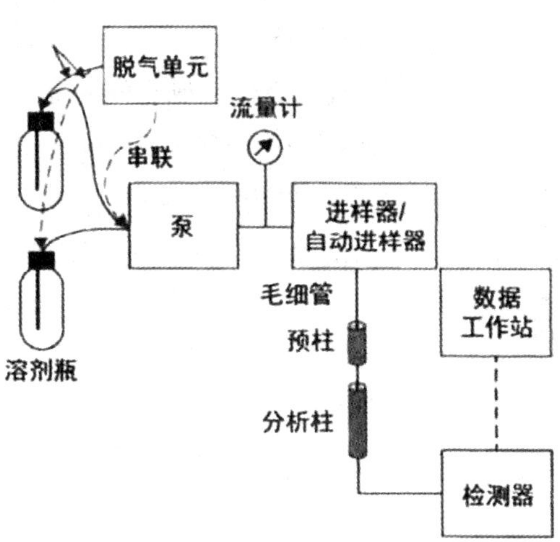

图9-12　高效液相色谱系统的基本组成组件

图9-13　模块的HPLC系统（从上至下：溶剂托盘与脱气单元；梯度泵（二元泵或四元泵）；恒温进样器；带自动切换阀的柱温箱；紫外/可见光吸收检测器

高效液相色谱法的分离原理是基于分析物在固体固定相与液体流动相中的作用力差异。溶质在固定相与流动相之间的分配动力学主要受扩散控制。液体中分析物的扩散系数仅是气体组分的千分之一到万分之一。为最大限度地减少组分在固定相和流动相之间的平衡时间，必须满足两个标准。第一，填料颗粒内径小，尽可能均匀致密。该标准成立的前提是使用粒径均一的球形颗粒。这会使范氏方程中的A值变小（即产生更小的涡流扩散）。第二，固定相需是均匀的薄层膜且不含死孔。这会产生小的C值（大流速条件下要求两相间具有更快的传质速度）。因为液体中分子扩散很小，所以B项很小。因此，在小流速下H值增加的幅度并不那么显著。该现象见图9-14，同时在哈伯方程与诺克斯方程都有所体现。

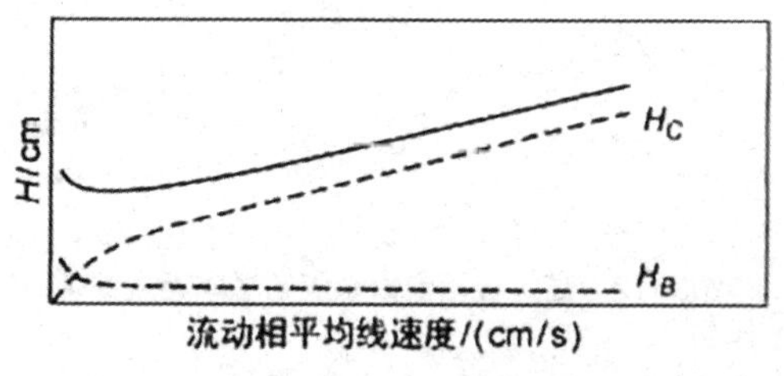

图9-14　HPLC范氏曲线图

范氏曲线是以理论塔板高度（Y轴）对流动相平均线速度（X轴）拟合而

成。范氏方程中每一项对H的贡献。现使用的一些填料颗粒范氏曲线。

液体中的分子或纵向扩散缓慢，可忽略不计。

传质是高效液相色谱中“高”的首要决定因素。

（二）HPLC课前准备

正相色谱法（Normal Phase Chromatography，NPC）采用极性固定相和非极性至中等极性溶剂作为流动相如正已烷，四氢呋喃（THF）等。早期HPLC主要采用裸硅胶颗粒，分离机理基于样品在硅胶表面吸附的水层和流动相之间的分配。后来，引入键合型非极性相如十八烷基硅胶（ODS或C_{18}，稍后详述），流动相使用极性有机相（多数为乙腈-水或甲醇-水）。固定相与流动相极性调换而成为当时广泛使用的色谱方法，即反相色谱（Reverse Phase Chromatography, RPC）。随着时间的推移，反相色谱日益受到欢迎；现在反相色谱的使用频率至少是正相色谱的十倍，但其名称依然如故。因此需要补充说明的是“正”相色谱法并非通常使用的含义。

离子交换色谱法（Ion Exchange Chromatography，IEC）作为一种水相操作的色谱模式起始于20世纪30年代离子交换树脂问世。离子交换颗粒表面带有固定正电荷或负电荷。例如磺酸类树脂带有$SO_3^-H^+$基团，H^+可与其他阳离子进行交换，因此这一类树脂称为阳离子交换树脂。不同的阳离子，如金属离子或带正离子的一些组分例如胺，由于它们在固定相上亲和力不同而实现分离。离子交换分离在曼哈顿计划（制造第一颗原子弹）中铀浓缩过程中起到了举足轻重的作用。

离子交换分离的一个重要特点就是始终保持电中性。以分离阳离子为例，目标阳离子沿着分析柱移动，另一阳离子必须占据其位点，因此淋洗液须是可解离的。然而，静电作用不能解释为离子交换亲和能力的唯一主导因素，尽管通常情况下三价离子的确较二价离子保留强，二价离子较一价离子保留强，但疏水作用对分离也往往起着重要的作用。例如，卤素中的Cl^-、Br^-、I^-，它们的离子半径依次增大，而电荷密度随之降低，因此与固定相的静电作用力依次减弱，即它们的保留顺序理论上为$I^- < Br^- < Cl^-$。然而事实上，在几乎所有的阴离子交换固定相上由于疏水作用它们的保留顺序为$I^- > Br^- > Cl^-$。

虽然离子交换色谱可完成一些重要的分离需求，但其分离成功与否的关键在于固定相-淋洗液特定组合的选择性。传统离子交换色谱的柱效相对较差，难以符合高效分离技术的要求。第一款商品化液相色谱（氨基酸专用分析仪）就是以离子交换色谱作为分离基础的。该类型分析仪至今仍在使用中。

离子色谱（Ion Chromatography，IC）是使用高效离子交换微球的一种特殊类型的离子交换色谱。最初，该词特指基于电导检测的离子分析，特别是在使用抑制器（后文将介绍）构成的独特配置后更是如此。现在，此词通常用于描述具有许多检测方法的高效离子交换色谱。

亲水作用色谱（Hydrophilic Interaction Chromatography，HILIC）是基于水分子吸附在亲水基球表面作为分配过程固定相的一种色谱新模式。此类分离模式非常适合包括很多药物分子在内的高极性水溶性物质。其基本分离机理与正相色谱相同。但实际上使用了不同类型的色谱柱与淋洗液组合。乙腈-水是常见的洗脱溶液，其中水是强洗脱溶剂。因此其梯度洗脱方式与反相色谱模式正好相反，梯度洗脱从高含量乙腈开始，水含量随时间增加而增加。与之对应的是，亲水色谱模式的色谱峰洗脱顺序通常与反相色谱相反。为区别亲水色谱与正相色谱的异同点，早期亲水色谱称为水相正相色谱（Aqueous Normal Phase，ANP）。目前亲水色谱的应用与其重要性正快速发展。

空间排阻色谱（Size Exclusion Chromatography，SEC）根据分子尺寸大小进行分离。固定相为含有不同大小孔的多孔结构。当样品分子的尺寸大于固定相的最大孔道时则无法进入到任何微孔道内，从而被微孔“排阻”在外随流动相一起在死体积内出峰；相反，当分子的尺寸小于最小微孔时则可完全进入固定相孔隙空间而最后出峰。因此，所有空间排阻色谱的分析物在有限体积的保留窗口内洗脱，当分子尺寸大于某一特定值（具体数值由固定相的孔径分布决定）时，首先洗脱流出，而尺寸小于特定值最后一起流出，而中等尺寸的分子则在保留窗口内分离。

特定的空间排阻色谱固定相具有不同的孔径分布，在对应的尺寸范围内的分子可被有效分离。超出孔径尺寸范围的样品分子们按较大或较小组洗脱，但无法得到分离。虽然原则上分析物与固定相基质间并没有任何特异性反应，但在某些情况下，这些相互作用还是会发生甚至改变预期的保留行为。

用水溶液洗脱剂分离蛋白质和其他生物分子的空间排阻色谱通常被称为凝胶过滤层析（Gel Filtration Chromatography，GFC）。检测聚合物分子量分布是空间排阻色谱最早期亦是目前主要的应用领域。此技术通常在高温条件下使用多孔聚合物固定相与有机溶剂洗脱液，亦广泛称为凝胶渗透色谱（Gel Permeation Chromatography，GPC）。考虑到聚苯乙稀标准，商品化的GPC分析柱相对分子质量为1500~2×10^8。

空间排阻色谱未归类于高效液相色谱，其广泛应用于生物化学领域生物分子的低压/无压给料分离制备。法玛西亚公司（后属通用电气医疗集团）生产的“塞法戴克斯”的交联葡聚糖凝胶的分级范围从≤700（G–10）至5000~600 000（G–200）（以球蛋白分级）。Bio–Rad公司的Bio–Gel P是相似的聚丙烯酰胺凝胶，粒径小于45~180 μm，其分级范围在100~1800（Bio-GelP–2）至5000~100 000（Bio–Gel P100）。此技术也可用于高浓度盐析得到部分纯化的蛋白质脱盐。具有低排阻限的凝胶，例如塞法戴克斯25，可使蛋白质通过色谱柱的速度比盐还快。

离子排斥色谱（Ion Chromatography Exclusion，ICE），与SEC一致，ICE依赖排斥原理达到分离，并且所有洗脱的分析物在有限的保留窗口内。弱电解质利用此技术可分离，其主要应用领域是将有机酸与强酸分离，同时根据pK_a将有机酸分开。

试想由$-SO_3H$型阳离子交换树脂填充的色谱柱，磺酸基完全电离，树脂表面呈负电性。因此静电作用力（通常称为道南电位）会抑制阴离子渗透入树脂内部（静电排斥），中性分子则不会受到排斥而可以进入到树脂内部。试想一个弱酸HA，其电离出来的阴离子A^-由于被排斥无法进入树脂内部，而未电离的中性HA弱酸则不被排斥。结果完全电离的酸在死体积洗脱，其他酸的洗脱顺序与它们的pK_a大小顺序一致。大部分未电离的酸最后洗脱出。使用酸性洗脱液维持溶液的pH和样品的部分电离。同时在运行过程中降低酸洗脱液浓度有可能实现梯度洗脱。弱碱同样可以采用类似原理在凝胶型强阴离子交换固定相上得到分离，但该应用并不常见。

手性分离无论是在分析与制备方面都很重要，尤其在制药领域（很多药物为手性药物）。关于这一点前一章已提及。在手性色谱中，HPLC比GC具有更重要的作用，因为很多目标分析物使用GC无法分离。为分离手性对映异构体，固定相必须是手性的才能与两个对映异构体作用不同。或在流动相中添加手性添加剂也能达到与采用手性固定相类似的手性分离效果。

亲和色谱广泛应用于特定生物分子的分离/纯化，基于分析物与其配对体的高度特异性结合，如抗体–抗原的结合。配对体固化于固定相上，称之为亲和柱。当目标分析物与其他物质通过分析柱时，只有分析物保留，其他物质全部洗脱，然后分析物从配对体上洗脱形成锐带。虽然亲和纯化在原理上简单，但设计出高亲和性特异性结合后，再设计另外一个能有效洗脱无变性释析物的试剂并非易事。

二、HPLC固定相

早期的固定相填料为无定形多孔硅胶或等效直径≤10 μm的氧化铝。随后发展的球形填料（图9–15）能够填充得更加均匀且柱效更高。目前HPLC固定相主要使用的是带有功能基团的高纯度硅胶颗粒（其金属杂质含量极低），其粒径小于10 μm，有的甚至小于2 μm。颗粒粒径越小产生的背压越高，同时在高流速下柱效损失也很低，在快速分离方面具有优势。

图9–15　球形微孔硅胶填料[10 μm，800倍放大；10 nm全多孔；市售碱性硅胶用于吸附色谱或用于键合官能团（AstmSil，图片由星型相公司提供）]

分析小分子、多肽、许多蛋白质以及分子量非常大的蛋白质，使用孔径为6~15 nm，20~30 nm，100~400 nm的填料能使上述分析物穿透微孔。尽管HPLC固定相是化学键合到填料表面而非如GC固定相一样靠吸附或涂覆方式，但多数HPLC保留机理为液液分配。吸附色谱法对某些应用偶尔有效。

HPLC固定相基质填料类型仍然不断地推陈出新，但现在普遍使用的仍然是微孔填料，分析物与洗脱液可渗透入其孔隙，颗粒表面区域由微孔覆盖[图9–16（a）]。

多数流动相在填料周围运动，溶质扩散入微孔内的滞留流动相与固定相互相作用，再扩散入流动相。使用细粒径填料可减少扩散路径及由此引起的谱带展宽。高效液相色谱填料的生产方法多数有专利保护。其并非形成单个微孔颗粒，而是通过高纯超细硅胶颗粒团聚形成一个微孔球形颗粒[图9–17（a）]。酸化可溶性硅酸盐，包括有机烷基硅酸盐，可制备得到无定形、大表面积、高孔隙率的刚性填料，通常称为干凝胶[图9–17（b）]。

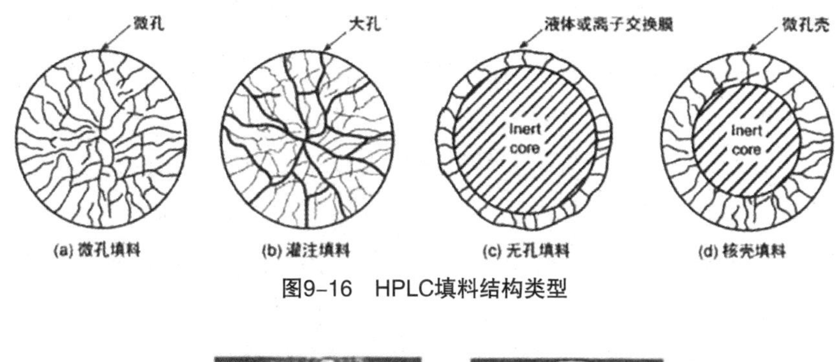

图9–16 HPLC填料结构类型

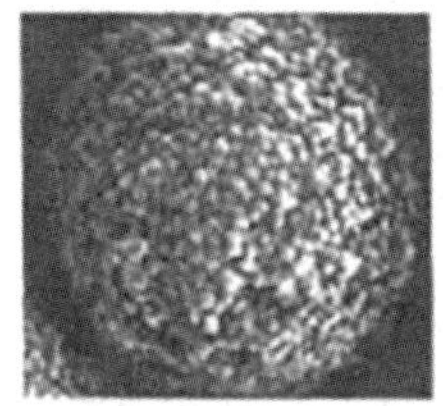

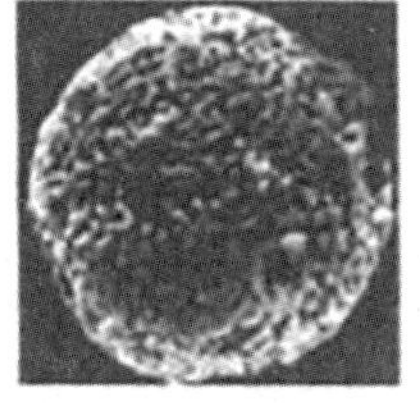

(a) Zorbax Rx-SIL (硅胶)　(b) Xerogel 硅胶

图9–17（a）Zorbax多孔微球硅胶颗粒，孔隙率50%，孔径10^{-8} m；（b）Xerogel硅胶颗粒，孔隙率70%，孔径10^{-8} m

二氧化硅颗粒表面的硅醇基（—SiOH）提供极性作用位点，这也许是其缺点但同时也是可利用的优点，即通过此官能团引用所需官能团。例如，通过与一氯硅烷R（CH_3）$_2$SCl反应[R=CH_3（CH_2）16CH_2—]，即可生成最常用的C18硅胶固定相（又称十八烷基硅烷ODS）：

$$\begin{array}{ccccccc} & & CH_3 & & & & CH_3 \\ | & & | & & | & & | \\ —Si—OH+Cl— & & Si—R— & & Si—O— & & Si—R+HCl \\ | & & | & & | & & | \\ & & CH_3 & & & & CH_2 \end{array}$$

硅醇基官能团化程度取决于官能团化试剂的碳链长度。在上述的例子中，

R基团为C_{18}链，难以官能团化30%以上的硅醇基。未反应的硅醇基通过最小的三烷基硅烷——三甲基氯硅烷（$R=CH_3—$）实现“封尾”。即便如此，仅有50%的残留硅醇基参与反应。已有专利技术声称可实现更高程度地封尾。

类似的官能团化试剂是：反相，如苯基（$R=—C_6H_5$，提供π-π作用，通常连接一个或多个亚甲基或联苯，联苯较为常见），C_8[$R=—(CH_2)_7CH_3$，比C_{18}疏水性小]；正相（极性从小到大排序），氰丙基[$R=(CH_2)_3CN$]，二醇[$R=—(CH_2)_2OCH_2CH(OH)CH_2OH$]，带有2~3个亚甲基的氨基或二甲氨基[$R=—(CH_2)_3NH_2$，$R=—(CH_2)_3N(CH_3)_2$]。

对于C_{18}固定相，官能团化的程度通常是以C的质量分数表示（%，由元素分析可得）。由三甲基氯硅烷制备的键合固定相表面只形成单一的化学键，其结构类似于毛刷，每一刷毛都代表同一化学实体，如C_{18}的长碳链就如同键合的油膜分子。

除了三甲基氯硅烷，试想无水条件下二氯二烷基硅烷或三氯烷基硅烷与硅胶反应，平均而言每个反应物上将有1~2个氯原子与硅胶填料反应，其余不参与反应，其水解后形成硅醇基再与其他反应物继续反应，最后形成“聚合固定相”，其结构是三维立体网络结构而非毛刷结构，具有更高的构型与空间选择性。此结构特点有利于分离几何同分异构体或多环芳香族碳氢化合物。

聚合相的碳含量高于单一相。尽管有时增加C_{18}固定相的碳含量被错误理解为增加固定相的非极性，碳含量是柱容量的指标。封尾对提高碳含量影响很小但由于能降低游离硅醇基团数量从而能显著改变固定相的极性。市售单一与聚合固定相都有封尾与未封尾两款，当然三维立体聚合网络结构中的游离硅醇基团并不易封尾。因此，特定的聚合物固定相也许有更高的碳含量，但其极性未必低于充分封尾的单一C_{18}固定相。

改进的pH水解稳定性与温度极限：标准硅胶柱的pH使用范围为低于2或高于8。在封尾或官能团化的硅烷基化反应中，氯二甲烷基硅烷中的两个甲基若由异丙基（n=1）或异丁基（n=2）取代[$CH(CH_3)_nCH_2^-$]，则在疏水环境下空间位阻使得H^+进入Si—O—Si键更为困难，从而使其在酸性pH环境下稳定性显著提高。

交联的聚合物颗粒，如聚（甲基丙烯酸酯）和交联聚苯乙烯，可以耐受pH=l~14。市售的石墨碳、氧化铝、二氧化钛与氧化锆作为基质的色谱柱都具有比硅胶更好的pH耐受度。然而若比较同等尺寸的填料，没有任何一款基质颗粒在分离柱效上可以超越硅胶，或在键合方法学方面优于早已熟知的硅烧化反应。

现已开发出改进C_{18}硅胶填料碱性pH稳定性的不同方法。安捷伦科学家开发出双配位C_{18}硅烷丙烯桥键合在硅胶两端的技术。由于键合层空间位阻固定，OH^-则难以进攻下层的硅胶。在室温与有机碱性缓冲液作用下该固定相pH使用范围可扩展到11.5。沃特世公司开发的另一种方法是制备碱性条件下长期稳定的有机无机杂化硅胶颗粒，通过合成两个高纯度单体——正硅酸乙酯与二（三乙氧基甲硅烷基），生成乙烯桥以得到三乙氧基硅烷，再水解得到带有水解稳定性的—Si—CH_2—CH_2—Si—共价键的目标硅胶颗粒。

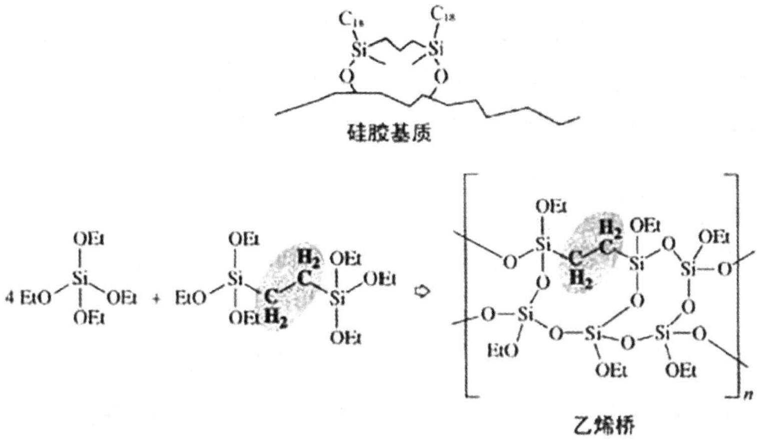

硅胶基质

乙烯桥

图9-18　乙烯桥

（一）大孔/微孔/介孔结构，灌注填料

微孔、介孔、大孔的区分并未严格定义，但通常而言，小于10 nm的孔径为微孔；大于10^{-7} m的则为大孔；介于两者之间的称为介孔。显然，大孔结构用于分析结构很大的分子，大孔隙度具有更大表面积并提高容量。大孔填料较大的容量有助于在离子交换色谱中发挥优势。微孔/介孔孔隙更常与大孔相连。普杜大学的雷格尔尼Reginer设计了具有大孔（600~800 nm）的聚合物填料，其中大孔被许多介孔（约80 nm）通道相连（多数位于表面区域，见图9-16b），同时也存在很多微孔。再对可触及的比表面进行功能化处理。此类颗粒特别适合分离大分子，尤其是具有很小扩散系数的较大的蛋白质。试想

你要向许多小巷内的住户投递并收集邮件，如若这些小巷从较少的大路上分散，那么你的投递速度将会快很多。分离时，最优流速会更快，溶质更快进入介孔通道。起初这些填料微球直径为10~20 μm，但是目前市售的填料直径为10~50 μm，主要应用于生物制药行业大规模的制备工作。亲和配体，如重组蛋白A或蛋白质G结合灌注填料的方法在快速分析级纯化其对应抗体十分普遍。亲和柱上的游离活性醛基或是环氧基都利用游离—NH_2结合蛋白质。

（二）无孔填料

如图9-16c所示，无孔填料主要使用较小粒径的硅胶填料（1.5 μm），在HPLC领域曾短暂盛行过。多孔硅胶的传质受粒子内扩散速率限制；此外，孔隙内未封尾的活性位点可能会导致不必要的相互反应。若无孔隙，孔隙扩散与径向扩散限制将消失。颗粒微小，则从流动相到固定相的扩散距离很短，柱效理论上不随流速变化而变化。然而，在恒定流速下流经分析柱所产生的压力与填料粒径的平方成反比，比如在一定流速下，流动相通过1.5 μm内径填料的填充柱产生的压力要比5 μm内径填料的填充柱高1100%。目前泵制作技术的不足限制了填料颗粒最小实用粒径或对应的最大使用流速。此外，虽然目前已有能耐受19 000 psi（1.31×10^8 Pa）的高强度硅胶颗粒问世，但多数硅胶颗粒在此压力下已变形或破碎。

无孔填料表面积小，柱容量低从而限制了进样量，在相同洗脱条件下保留时间变短。由于小粒径填料色谱柱需要很高的柱压，柱长因此也需要尽量短，且无孔填料装填成均匀密集的色谱柱并非易事。后述的表面多孔填料基本上已替代了无孔填料。

（三）表面多孔填料

液相色谱发展初期，人们已意识到具有表面活性薄层的实芯颗粒应具有良好的传质特性。早在1967年，哈瓦斯等人利用离子交换树脂与其他材质涂敷玻璃珠用于分离核苷。陶氏化学公司的斯莫尔，斯蒂文斯和鲍曼等于1975年发明离子色谱，为开发一款高效的离子交换固定相使用表面微磺化的实芯聚（苯乙烯二乙烯基苯）（PSDVB）颗粒，其表面带有负电荷—SO_3^-带有正电荷的胶体阴离子交换纳米颗粒混悬液（一般称为乳液）通过装填PSDVB的色谱柱，乳液的正电荷紧紧结合至颗粒表面的负电荷上，生成高效稳定的离子交换微球（见图9–19）。

表面多孔颗粒（Superficially Porous Particles，SPP，亦称为核壳填料或熔融核填料）最近已进行推广。填料由内熔融或无孔颗粒核与多孔颗粒外壳组成。因此，分析物只与外壳反应，减小传质阻表面团聚的离子交换剂阻力，提供优异的分离效率。随着颗粒内部的滞留成早期的核壳形颗粒区域消失，分析物和流动相从固定相转移回到流动相更高效。粒径低至1.3 pm的表面多孔颗粒装填的色谱柱已商品化。

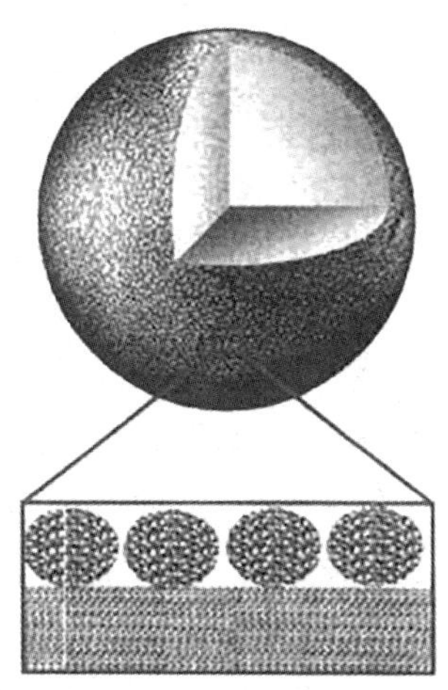

图9–19　表面团聚的离子交换剂组成早期的核壳形颗粒

（1）经典离子交换树脂色谱：虽然许多色谱分离使用经典离子交换树脂，通常是凝胶型离子交换剂（无孔固体聚合树脂，无孔是指仅有聚合物晶格中分子级别的微孔）且其颗粒相对较大（直径至少25~37 μm）。但现在这些树脂不再用于分析分离，而是广泛应用于水质软化、水质净化、高纯水生产、大规模分离金属（包括放射性核素）、催化剂领域以及药物、糖和饮料（包括纯化水果汁）的生产。同时也广泛应用于实验室，将某一离子形式替换成另一离子形式。了解经典离子交换树脂并讨论其在现代离子固定相之前如何应用于离子交换是有必要的。

一些商品化的离子交换树脂基于丙烯酸酯骨架，但至今大多由聚苯乙烯聚合物、交联的二乙烯基苯制成。交联聚合树脂的芳香族骨架易化学修饰引入所需官能团，如—SO_3^-，—NR_3^+，或部分电离的官能团，如—COOH，—NH_2。表9–3归纳了分析化学中使用的四种不同化学类型的离子交换树脂：强酸型、强碱型、弱酸型与弱碱型。

表9-3 离子交换树脂类型

离子交换剂类型	离子交换功能基团	商品名	离子类型
阳离子	强酸	甲基磺酸	Dowex[①]50；Amberlite[②]200C；Ionac[③]C249；Rexyn[④]101（H）
	弱酸	羧酸	Amberlite IRC-50；Rexyn 102；Amberlite CG-50
阴离子	强碱	季铵离子	Dowex1；Amberlite IRA 400；Ionac A544；Rexyn 201；Amberlite IRA-900*
	弱碱	氨基	Dowex M43；Dowex 22*；Amberlite IR-45；Ionac A365

大孔结构，其余都为凝胶型。

除了最初的固体珠凝胶型树脂，现在也用致孔剂制备树脂。致孔剂，即在形成树脂珠过程中存在于结构内，后被洗去留下大孔/介孔的溶剂。此类树脂称为大孔树脂或是大孔网状树脂，较凝胶型树脂具有更大的表面积。

1）阳离子交换树脂：含有可移动的阳离子且其可被另一阳离子替代的功能基团的树脂，通常是H^+型或是Na^+型。强酸型离子交换剂具有完全电离的—SO_3H，弱酸型离子交换剂具有部分电离的—COOH（或是—PO_3H）。

阳离子交换树脂上，阳离子可被另一阳离子交换，是一个平衡过程。

$$n\text{树脂—}SO_3^-H^+ + M^{n+} \rightleftharpoons (\text{树脂—}SO_3)_nM + nH^+ \quad (9\text{-}19)$$

$$n\text{树脂—}COOH^+ + M^{n+} \rightleftharpoons (\text{树脂—}COO)_nM + nH^+ \quad (9\text{-}20)$$

随$[H^+]$或$[M^{n+}]$浓度增加，或具有恒定量$[H^+]$或$[M^{n+}]$的树脂数量改变，平衡可分别向左或向右移动。

树脂的交换容量是每单位体积或每单位质量的树脂所能取代氢离子的当量数（当量：参与物质的相对含量），其大小由树脂上离子基团的数量与强度决定。一般离子交换容量大小为1~4 meq/g。色谱柱的交换容量越大，保留越强。强酸型树脂性能不受溶液pH影响，但弱酸型交换剂的保留很大程度上受

① 陶氏化学公司。

② 罗门哈斯化工有限公司（现属陶氏化学公司）。

③ 盛邦公司。

④ 赛默飞世尔科技有限公司。

pH影响。pH低于4时，树脂“抓”质子能力太强以致离子无法交换。受pH调控的非H+阳离子的亲和力可控制分离，但强酸型树脂做不到这一点。离子色谱中现使用的阳离子交换固定相几乎都是弱酸型交换剂，然而这类交换剂与弱碱相互作用弱，故弱碱能在强酸塾交换剂上得到更好地分离。

2）阴离子交换树脂：含有完全电离的—NR_3^+或是部分电离的（—$NR_2^+ + H^+ \rightleftharpoons NR_2H^+$）基团的树脂，通常是$Cl^-$形或是$OH^-$形，阴离子可被交换。交换反应式如下

$$n\text{树脂—}NR_3^+Cl^- + A^- \rightleftharpoons (\text{树脂—}NR_3)_nA + nCl^- \quad (9\text{–}21)$$

其中强碱型树脂R是烷基（通常是甲基、苯甲基、羟乙基苄基），弱碱型树脂的一个或多个R则是H。现今的氢氧根体系抑制离子色谱中，常使用烷醇氨基类功能化基团，如乙醇胺[—CH（NH_2）CH_2OH]等，使得固定相对OH^-选择性更高。

强碱型交换剂的阴离子交换能力可以在pH12得到保持，但是弱碱型树脂在此pH下无法提供有效的交换位点。其不能有效分离弱酸，但可以良好分离强酸，如磺酸。

苯乙烯只有一个不饱和基团，聚合后生成易变形的软聚合物。引入具有多个不饱和度的单体，如二乙烯基苯（DVB）或其乙基衍生物，使苯乙烯直链由DVB桥支撑。交联使材料硬度增加，溶剂溶胀减小，耐压能力提高。随着交联度（DVB的含量）增加，硬度增加，不同可交换的离子间的选择性差异也增加。现市售凝胶型树脂交联度为2%~16%，其中4%~8%的交联度最常用。树脂名称常会标示交联度，如Dowex50WX4与Dowex50WX8是同一类型的强酸型树脂，其交联度分别为4%与8%。

根据初步判断，阴离子交换剂无法分离阳离子的本质原因是阳离子对其无亲和力，但阴离子交换剂常用于分离大部分过渡金属、重金属和少量稀土金属。其悖论在于络合阴离子的存在，即金属原子络合阴离子交换剂形成的阴离子络合物。浓盐酸几乎可与所有金属形成氯络合物，因此在HCl梯度下强碱型阴离子交换剂可分离许多金属。盐酸具有高腐蚀性，故而使用阴离子交换剂或阴阳离子混合交换剂固定相的现代离子色谱中，常使用弱络合试剂[羟基异丁酸（HIBA），2，6–吡啶二羧酸（PDCA）]作为淋洗液。事实上，不同过渡金属和稀土金属在阳离子交换剂上的选择性差异极小，以至于单一的阳

离子交换无法达到分离，真正起分离作用的是在络合淋洗液中络合常数的差异。无论络合试剂是弱酸或弱碱，其络合能力都随pH变化，因此使用pH梯度可控制分离。中性络合试剂也会影响分配平衡，或直接影响金属交换形式的浓度，或因中性金属–配体络合物与离子交换剂间不同的亲和力（因疏水作用而更大）而间接影响。

（2）现代离子交换固定相：图9–20所示为目前使用的多种类型的离子交换固定相。赛默飞世尔科技有限公司戴安子公司的克里斯多夫 · 波尔将其分类，其中有些填料还是他开发的。在离子色谱发明初期，固定相就是上述的核壳型颗粒（见表面多孔填料），即粒径为50~200 nm离子交换纳米填料附聚于基质颗粒之上。如图9–20（a）所示，更早期的基于多孔硅胶键合离子交换基团可以在传统HPLC模式下正常试用，此类填料具有较高的离子交换容量。其未应用于离子色谱是因为其在纯水相淋洗液或极端pH环境下稳定性欠缺。

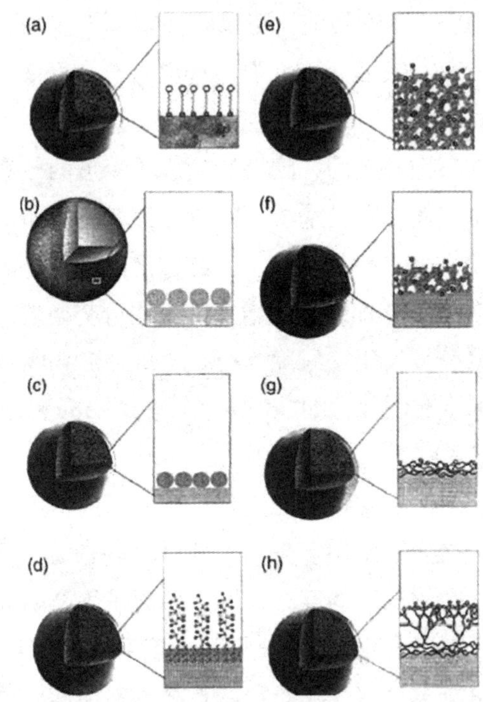

（a）硅胶键合多孔型；（b）乳胶静电附聚非多孔型；（c）胶乳附聚超大孔型；（d）聚合物接枝多孔型；（e）专利性化学修饰型；（f）聚合物内封型；（g）聚合物吸附型；（h）静电聚合物接枝多孔型

图9–20　离子交换固定相类型（赛默飞世尔科技有限公司提供）

图9–20（b）所示的是最早期的核壳型离子色谱填料（见表面多孔填料），此类填料的容量相当低。最初基质交联度低，后逐渐使用更高交联度的基质以提高有机溶剂与高压的兼容性。使用pH稳定的无机基质或无机纳米填料离子交换剂进行附聚在原理上可以实现，但实际上从未实现。此类结构现只用于浓缩柱或预柱。

图9–20（c）与图9–20（b）为同一类型的大孔基质填料，即使用孔径100~300 nm基质与尺寸小于孔径足以进入孔隙内的乳胶团聚。其离子交换容量大于同尺寸非多孔基质一个数量级，现今广泛应用于离子色谱柱。

图9–20（d）所示的是聚合物接枝多孔基质颗粒，其策略是制备高容量填料，但其交联度无法控制，故而选择性无法控制。由表面具有可聚合的基团或由表面修饰可聚合的基团制备基质。单体与引发剂反应制备接枝颗粒，理论上聚合物和无机基质都可使用，实际上却只有商品化的聚合物基质。

图9–20（e）所示的是多孔聚合物直接化学衍生功能基团以得到高容量的一类离子色谱填料。在许多化学反应中，最常见的方法是生成以单体交联的共聚物与反应单体，例如氯甲基苯乙烯或2，3–环氧丙烷甲基丙烯酸酯，再与叔胺反应形成季氨基阳离子交换区。日本分析柱生产商偏好此类型。

图9–20（f）所示的是由马克斯–普朗克研究所Gerard Schomburg开发的聚合物内封型基质。基质颗粒中加入溶于溶剂的具有双键与合适自由基引发剂的成型聚合物，后洗去溶剂，升高温度以生成内封于基质中的交联聚合物膜。此类技术最成功的案例就是多孔硅胶通过包覆聚（丁二酸–马来酸）共聚物，即可变成一种有效的弱酸性阳离子交换剂。

图9–20（g）所示的是基质包覆小分子量离子聚合物或长链离子表面活性剂的固定相，其在纯水溶剂中稳定但不耐有机溶剂。图9–20（h）所示的是赛默飞世尔科技戴安公司广泛使用的固定相类型，超过十款类型的色谱柱都利用此类固定相。制备固定相需要一系列交替反应：从负电性表面的颗粒开始，首先，伯胺与双环氧化物1∶1混合制作出“地基”涂层；之后伯胺与双环氧化物交替反应。每一双环氧化物与伯胺反应为一个交替周期，交替反应次数增加一次，柱容量加倍。注：原位化学修饰已装填的分析柱十分罕见。

整体柱：顾名思义，本质上是内部完全充满相互连通微孔的实心棒。色谱柱需由离散细小颗粒装填的概念于20世纪80年代受到瑞典乌普萨拉大学

Stellan Hjerten的挑战。1989年提出“具有足够大能产生流动的通道的连续凝胶塞也许是理想的色谱柱”，并举例阳离子交换“连续聚合物床层”分离蛋白质，在正常流速数量级内，其分离效率与流速无关。两年后，Stellan Hjerten与他的学生发表了此类色谱柱的详细制备和使用方法。随后俄罗斯科学院的Tennikova与加利福尼亚大学的Svec合作开发聚合物整体柱，且推出第一款商品化圆盘形整体柱。从此，大整体柱（柱体积高达几升）应用于大范围生物分离。分析与半制备领域用于快速分离抗体（IgG，IgM）、DNA质粒、病毒、噬菌体和其他大生物分子，且分离度高的超短柱（柱长为5 mm，直径为5 mm）已推出商品化产品。

虽然随着时间的推移，硅胶整体柱在聚合物整体柱后推出商品化产品，但是基本合成策略早已由东京工业大学的田中等人全面研发。整体柱与灌注填料具有双峰孔隙结构（图9–21）：流通液体的大孔直径约为2 μm；硅胶骨架上的介孔直径约为13 nm（130Å），其表面可由C_{18}固定相修饰。聚醚醚酮塑料柱管内收缩放置整体柱以防止溶液流过管壁产生“管壁效应”。介孔的表面积约为300 m^2/g，总孔隙率为80%，是填料颗粒孔隙率的65%。整体柱的范氏方程曲线近乎3.5 μm粒径的填料颗粒，但同一线速度下整体柱的压降只有填充柱的40%，标准直径（4.6 mm）柱柱长最大为10 cm。柱长越短且高孔隙率，使流速可达9 mL/min，从而达到快速分离。整体柱的对流与扩散能促进传质，十分适合高效分离大小分子。串联多柱可提高塔板数。

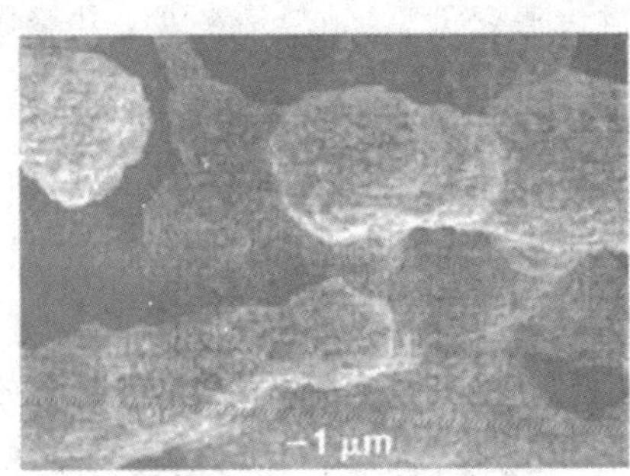

（a）介孔结构

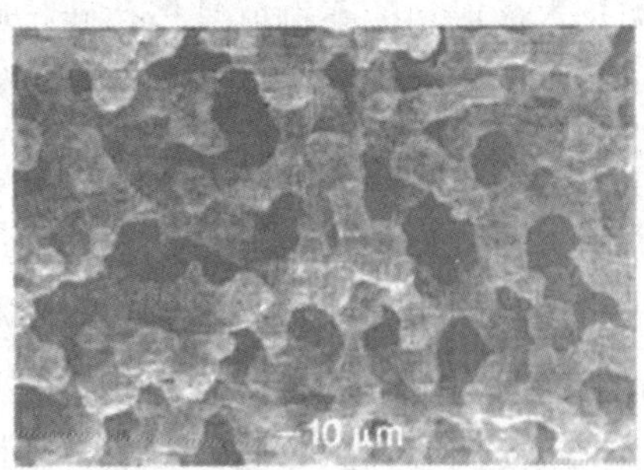

（b）大孔结构的电镜扫描图

图9–21　默克Chromolith整体柱

最近，硅胶整体柱的介孔/大孔比率进一步优化。优化后的整体柱压力略高，但柱效比第一代整体柱提高50%。其他条件不变时，此类整体柱与粒径为2.6 μm的表面多孔颗粒填料柱分离效果一致且压降更低。

最近的研究发现硅胶基质与聚合物基质整体柱分别适宜分离小分子与大分子。新一代高表面积整体柱的出现对不同分子量的样品分离都是有用的。由于高交联度，聚合物整体柱固定相具有高机械强度与在有机溶剂中的低溶胀性。离子交换乳液纳米填料附聚于表面具有相反电荷的整体柱已进行研究。长达250 mm，直径为0.1~1 mm毛细管聚合物整体柱已经商业化，该介质非常适合于那些对流速要求低的检测器，如质谱。此类固定相可分离小分子，即可分离大生物分子。四根柱长25 cm整体柱串联后，塔板数可高达20万。

（3）亲水作用色谱（HILIC）固定相：并非所有的表面亲水型固定相都适合于亲和色谱；对于某些固定相，其表面吸附一层水膜作为保留样品的吸附层。这些水膜受流动相的pH影响很大，因此样品的保留时间对流动相pH非常敏感。亲水作用色谱有三类固定相：中性、电荷型与两性离子型。典型中性亲水固定相是键合酰氨基或二醇基功能基的多孔硅胶。具有强静电作用的带电荷固定相，或是裸硅胶，或通常是键合氨基、氨烷基或磺酸功能基的多孔硅胶。静电（离子）作用有利于分析物间的分离选择性，因为静电作用对带电荷亲水固定相的保留起作用，但若静电作用太强，需要采用高盐洗脱液以确保在合理时间洗脱样品。非挥发性盐洗脱液与电喷雾电离质谱检测器不兼容。这样使整个分析过程复杂化。

使用两性离子以达电荷平衡的固定相概念最初由瑞典于默奥大学（University of Umea，Sweden）的Knut Irgum提出的，是亲水色谱中最成功的方法之一。两性离子基团$A^-O_3S(CH_2)_3—N^+(CH_3)_2CH_2—$作为功能基团，结合多孔硅胶基质，提高分离效率；结合聚合物基质，拓宽pH范围。有趣的是，分析物可能表现出显著的静电作用，两性离子正负两端结合基质会有所差异。上述例子中，两性离子正电荷一端更靠近基质，而另外一种情况的色谱柱也已开发，其选择性反转。

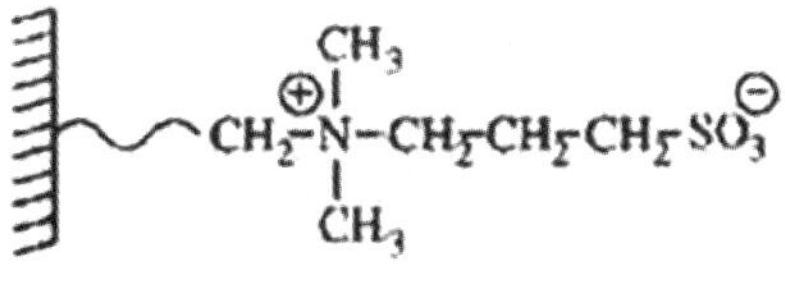

$$\sim CH_2-\overset{\oplus}{N}(CH_3)_2-CH_2-CH_2-CH_2-SO_3^{\ominus}$$

如图所示，两性亲水柱（ZIC-HILIC™）外端具有负电性；另一类外端具有正电性，—N（CH_3）$^+$基团键合—CH（SO_3^-）—CH_2—硅胶。

（4）手性固定相（Chiral Stationary Phases，CSP）：高效液相色谱有四种基本类型的手性固定相。

1）Pirkle固定相：伊利诺伊大学的威廉H.Pirkle首先研发π–受体手性固定相，其可溶解带有π–供体基团（芳香基供给π电子）的对映异构体。作为CSP活性组分的手性π电子受体分子共价键合多孔硅胶颗粒。CSP手性识别作用区域可分类为π–碱性芳香环、π–酸性芳香环、酸性区、碱性区与位阻作用区，分析物上的芳香环与固定相上的芳香环间发生π–π作用。酸性区提供形成氢键的质子，碱性区提供π电子，大位阻基团间发生位阻作用。

总之，在手性气相固定相与液相固定相中，对映体分析物与CSP间至少需要有三个不同作用位点才能达到分离。常见π–受体CSP有二硝基苯甲酰型L–/D–苯甘氨酸衍生物、L–/D–亮氨酸衍生物、氨基苯烷基酯衍生物、氨烷基膦酸酯衍生物，等等，有些是β–内酰胺类。此类固定相的显著属性是市售CSP，常具有两个手性结构，对映体的洗脱顺序通过选择合适构型的色谱柱调整。分离对映异构体，一异构体量远大于另一异构体时，痕量组分先洗脱将有利于定性分离与精确定量。

π电子供体手性固定相设计用于分离胺类、氨基酸、乙醇与硫醇，其手性识别机理是π–受体CSP相反。此类固定相多是萘基亮氨酸固定相。第三类Pirkle手性固定相具有π–受体与π–供体，如二硝基苯甲酰型氨基四氢菲衍生物、二苯乙二胺衍生物、环已二胺衍生物等。多数Pirkle类CSP用于正相色谱或反相色谱。

2）空腔型手性固定相：气相色谱的空腔型固定相，如环糊精（CD）。α–、β–、γ–环糊精分别具有6、7、8个α–D–右旋糖单元且以α–1，4–糖苷键相连。在筒状形分子中，中间空腔具有疏水性，外表面具有亲水性。HPLC法中，β–、γ–环糊精通过稳定水解醚键键合多孔硅胶，多种环糊精衍生物固定相亦已开发。环糊精固定相已于1983年实现商品化，现已成为手性HPLC的中流砥柱，常应用于反相模式。对映体进入空腔与内部作用而一个或多个功能基团将对映体牵引至空腔人口反应时，会出现手性差异。

环果聚糖（CF）具有以β–2，1–糖苷键成环的D–呋喃果糖单体，CF6与CF7分别具有6或7个单体。较之CD，CF具有极性冠醚核；与CD一样，CF也易衍生化。2011年首次开发的CF固定相应用于HPLC正相分离模式，其分离手性伯胺异构体的能力独一无二，这些化合物作为先导分子对许多药物意义重大。磺化CF衍生物应用于HILIC分离模式。

如CD和CF固定相一致，丹尼尔·阿姆斯特朗研发了大环糖肽类抗生素手性固定相。具有围绕着3个空腔18个手性中心（五个芳香环结构形成战略性空腔）的万古霉素是此类固定相基本组成，氢供体受体区域接近环结构。另一类固定相基本组成是具有围绕着4个空腔的23个手性中心的太古霉素，即两性糖肽。还有一类固定相基于瑞斯西丁素A，是以上所述配体中最大最复杂的。瑞斯西丁素A围绕着4个空腔具有38个手性中心。其六糖，缩氨酸链与附加的可电离基团在分离多类分析物方面，增加了此固定相的复杂性与多样性。

市售的（+）/（–）18–冠–6–四羧酸键合多孔硅胶填料特别适合分离氨基酸对映异构体。

3）螺旋形聚合物固定相：如纤维素酯的聚合物具有螺旋形结构。右手螺旋与左手螺旋不可叠加，互为手性，可应用于对映体分离，分离机理包括空腔、氢键和/或亲水/疏水反应。常用的固定相是3–（二甲苯酚或氯甲苯酚）型氨基甲酰纤维素衍生物或直链淀粉衍生物。

4）配体交换柱：通常是多孔硅胶的基质结合L–/D–氨基酸对映体，如脯氨酸或氨基酸衍生物（提高间隔基长度）。铜盐处理此类色谱柱时，Cu^{2+}对结合在多齿结构上的氨基酸起反作用，即在超过一个结合位点的位置。任一手性分子可结合Cu^{2+}替换氨基酸对映体之一的异构体，但其作用强度依赖于分析物特异手性构型以分离分析物对映体。与Pirkle π–受体手性固定相一样，配体交换柱具有L–/D–两种构型，构型选择取决于哪种异构体先洗脱。一般而言，若是L–构型，先洗脱D–型对映体，但事有例外，Astec公司的热卖配体交换柱分离乳酸、苹果酸、酒石酸与扁桃酸时，酒石酸洗脱顺序不同于预测顺序。

（四）其他基质填料

氧化铝在早期正相HPLC中起到至关重要的作用。现市售的氧化铝柱填料是粒径5 μm微孔颗粒，其表面包覆聚丁二烯或键合功能烷基，耐受pH为1.3~12。

在明尼苏达大学凯尔的工作基础上，氧化锆（ZrO_2）基质柱填料颗粒尺寸小于2 μm（在HPLC文献中，“小于2 μm”的英语缩写为STM），表面包覆聚丁二烯、聚苯乙烯、多种离子交换基团、碳、结合碳层的C_{18}或手性选择剂等。令人惊讶的是，有些固定相在pH1~14具有良好的化学稳定性，且温度高达200℃时仍能保持热稳定性。使用气相检测器的不同寻常的气相分离，在使用此类填料的情况下也可成功应用于液相色谱，左图为纯水分离芳族化合物的谱图。计算压降与蒸气压可得出许多色谱柱中液态水分的含量。使用的流速等价于流经传统直径4.6 mm分析柱的5.6 mL/min流速。室温下，如此大流速流经粒径3 μm装填柱是不允许的，除非水通过加热后黏度明显降低。

二氧化钛（TiO_2）颗粒粒径多样，有的粒径低至3 μm，耐受pH与温度范围广。最后，多孔石墨碳耐受pH范围为0~14，粒径有3 μm、5 μm和7 μm。此固定相具有高度晶体状均一表面，对分离高极性化合物与几何型同分异构体/非对映体唯一有效。

三、HPLC方法发展

选择分离模式的关系参数是分析物的大小和极性。正如之前所介绍的，大分子，无论生物分子或聚合物，都使用排阻色谱分离模式。亲和色谱适宜蛋白质纯化。手性分离则必须使用手性固定相。离子色谱适合分离检测小分子量的离子。虽弱酸和弱碱的抑制电导响应不佳，但适宜选择其他检测方式的离子交换/离子对分离模式。对于其他的所有小分子量分析物，选择分离模式的关键是极性，因为极性同时影响色谱柱的保留与流动相的溶解度。化合物极性近似如下顺序：碳氢化合物及其衍生物＜氧化碳氢化合物＜质子供体＜离子化合物，即，RH＜RX＜RNO_2＜ROR（醚）＜RCOOR（酯）＜RCOR（酮）＜RCHO（醛）＜RCONHR（胺）＜RNH_2，R_2NH，R_3N（胺）＜ROH（醇）＜H_2O＜ArOH（酚）＜RCOOH（酸）＜核苷酸＜$^{+}NH_3RCO_2^{-}$（氨基酸）。

正相（NPC）与亲水色谱（HILIC）中，固定相都是极性的。反相色谱使用非极性流动相，如正己烷、二氯甲烷或氯仿。分析物通常是非极性或低极性的，可溶于上述流动相，一般以极性程度分离。极性越大，保留越强。

然而，大极性分析物不溶于正相流动相，也不能以反相模式分离。许多药物与生物代谢物是此类分析物。在此情况下，HILIC分离模式则十分有利。其固定相与流动相（乙腈：水）都是极性的。亲水性越大，保留越强。HILIC中水是强洗脱溶剂，分离通常使用高初始浓度的乙腈达到保留然后增加水的含量。亲水方法发展可考验新手，因为其中具有各种各样的固定相需要选择，分析物与固定相之间的分析模式也各有不同。成功的亲水分离严格取决于样品溶液的极性等于或小于初始流动相组成的极性（如高乙腈含量），否则，峰型变差。亲水柱有硅胶和聚合物基质，以及许多功能基、两性离子、强阳离子交换剂、强阴离子交换剂、二醇，等等。

反相分析物的分离取决于其疏水性。反相色谱是最常用的HPLC模式，许多有机化合物可溶于水–有机混合流动相，在反相模式下分离。反相流动相通常是含有不同水量的甲醇或乙腈。四氢呋喃也可作为有机溶剂，但不常用。这些溶剂都可用于紫外检测，不会产生任何干扰。

较之载气对分离几乎没有影响的气相，HPLC的流动相极大程度上影响分离，且改变流动相易于更换色谱柱。发展HPLC分离方法的一部分是优化流动相组成。多数应用中，不适用纯溶剂，通常使用两种或更多溶剂的混合流动相。弱和强洗脱能力的流动相一般指定为溶剂A和溶剂B。使用尝试法（或使用给定流动相组成预测特定色谱柱保留的软件程序）以获得等度洗脱最优溶剂组成或梯度洗脱溶剂B百分含量随时间的变化。

其中两个参数受关注，一个是表述保留行为的保留因子k，另一个是表述选择性的分离因子α。一个总的原则是：溶剂洗脱强度需要调整至使所有样品的k值为1~10。调整此窗口内的保留可使许多化合物达到完全分离。质子化与未质子化形式的可质子化分析物的色谱保留行为千差万别。流动相中需要加入酸、碱或缓冲液调节pH，以获得良好峰型与分离度。对于许多目标生物分子，pH缓冲范围必须在其耐受pH范围内。梯度洗脱中，作为三元或四元梯度洗脱方案的一部分，缓冲液组成或pH发生变化。

HPLC梯度洗脱是分离在等度下保留时间完全不同的分析物最有效的方法之一。等度洗脱中，保留时间短的峰分离度差，保留时间长的则存在峰展宽。反相色谱中，通过增加强洗脱溶剂的比例（B的百分含量）实现梯度洗脱，弱保留化合物稍后洗脱且具有更好的分离度，保留强的化合物更快洗脱，谱图上峰完美分布，因展宽减小而改进峰型并得到更低的检测限。与气相色谱的温度程序一样，梯度程序逐步或连续变化，总流速保持恒定。起始流动相的组成可以快速洗脱分离第一组化合物。流动相逐步改变组分，在合理时间内分离最后的组分峰。

梯度洗脱的代价是在两次进样分析之间，色谱柱需要以起始浓度重新平衡，通常需要15~20倍柱体积的起始流动相以冲洗色谱柱。最终，执业分析师偏好在最短时间内，以高分离度完成分离。从此角度考虑，梯度洗脱可能是或可能并不总是更好的。制药与生物科技行业占据HPLC市场主要份额（其次是食品生产和化学/石化行业）。在药物质量控制中，分析师通常需要寻找药物制剂或药物配方中的一些有效成分。

四、薄层色谱

薄层色谱（Thin–layer Chromatography，TLC）是色谱的平面形式，广泛用于快速定性分析，也可应用于高效模式。TLC主要在有机合成实验室中用于快速检查目标化合物是否合成以及测定目标物的纯度，当然也可用于定量分析。固定相是能够实现有效分离的薄层，吸附固定在一个玻璃片、金属片（主要为铝）或塑料片上。理论上，只要能找到一种合适的黏合剂将它很好地黏附在基底上，那么任何能用于HPLC的固定相都可以在薄层色谱上使用。薄层色谱与HPLC的主要不同之处在于它能够同时分析多个样品。

液相色谱的3个过程：进样、分离、检测与TLC上的点板、展开以及检测（通常只是用眼睛观察）相对应。在这个简单的实验中，首先在底板上用铅笔画一条水平线（通常离底部5~10 mm），样品会点在这个位置。用微量吸液管将样品（0.5~5 μL）点在该线上，每个点之间间隔20 mm。将薄层板的底部放入展开剂中让样品展开，见图。溶剂因为毛细管作用在平板上展开，样品物质根据它们在流动相与固定相的吸附程度的不同，在板上有不同的迁移速度。随着迁移的进行，各溶质点在薄层板上分散开来。不同的分析物随着溶剂的移动，以一个更小的速度迁移，物质通过R_f值来定性

$$R_f=溶质移动的垂直距离/溶剂移动的垂直距离 \tag{9–22}$$

溶质迁移距离从样品点的初始位置开始测量，溶剂前沿从薄层板上绘制的铅笔线开始。如果分析物点出现拖尾或者扩散，可将最大密度的位置作为溶剂前沿。尺/值作为衡量给定固定相–溶剂相的保留特征常数，类似于液相

中保留因子的概念。如今几乎没有研究者使用自制TLC板，商品化薄层板的均一性更好。样品测试中，定性分析特定化合物（或一组化合物）宜在同一块薄层板上标记特征分析物比较R_f值。

（一）TLC/HPTLC的固定相

TLC/HPTLC板的主要供应商默克·密理博认为，理论上任何HPLC的固定相都可以用于TLC，但是80%TLC固定相是孔径6 nm裸硅胶固定相，如此小粒径的裸硅胶在现代高效液相色谱中的使用甚少。剩余20%的固定相主要是修饰氰基、二醇基、氨基或C-18的硅胶、氧化铝和纤维素。普通的薄层色谱板大小为20 cm × 20 cm，也可以将色谱板切割成更小的尺寸来使用。通常情况下，样品可以点在板上的任何一个区域，相应地，薄层板就将该区域作为底板，但是会有一些制造商将平板的某一特定区域设计成点板区域。在这种情况下，样品必须点在该区域内。具有优良实验室规范编码的薄层板都有特定的展开方向。TLC薄层板的平均粒径一般为10~12 μm，粒径分布为5~20 μm（在HPTLC平板中，平均粒径为5~6 μm，粒径分布为4~8 μm）。TLC板的吸附层厚度在玻璃上约为250 μm，在其他基质上约为200 μm，在HPTLC板上为100~200 μm。自制备的薄层板厚度可以达到0.5~2 mm，能够实现克质量级的样品分离。TLC板上的迁移距离在10~15 cm，而在HPTLC上只有3~6 cm。但是HPTLC却能实现更有效的分离，塔板高度可以达到12 μm（分离时间3~20 min），标准TLC板的塔板高度为30 μm（分离时间20~200 min）。尽管HPTLC板成本更高，但是如需同时分离大量的分析物，为节省时间，更适宜使用HPTLC板。另外，由于明显谱带展宽减小，在同一时间内HPTLC所能检测的样品量是TLC的四倍，且质量检测限更低。

（二）TLC的流动相

在吸附色谱法中，以纯硅和铝固定相为例，溶剂的洗脱能力随着极性的增加不断增强（极性大小：己烷＜丙酮＜乙醇＜水）。流动相不宜超过三种组分，因为混合溶剂在薄层上移动的过程中，各组分迁移速率存在差异，发生色谱分离。以致薄层板的不同位置溶剂组分不同，样品点展开前沿不同而尺/值不同。溶剂组分的微小差异以及温度的空变化差异也会是影响尺/值重现性的重要因素。如果展缸可以得到适当控制的话，可实现溶剂梯度的重现性。

展开剂必须是高纯试剂，少量的水或者其他杂质都会影响色谱图的重复性。

（三）点样

用毛细管微量吸液管手动进样的方式只用于简单分析。在没有干燥的情况下，用传统点板的方法，样品量可以达到0.5~5 μL。HPTLC板进样量更少，每个样品点约为1 pL。如果检测需要很大的量，样品却很稀，那么可以采用干燥后同样位置多次点板的方式。

对于定性、定量、制备分析、分离要求更高的情况，必须使用喷涂技术，使用自动化仪器进样。为了凸显HPTLC强大的分离优势以及极好的重现性，必须精密地控制点样位置和点样量。

在高端的商品化仪器中，已经实现自动点样，例如瑞士卡玛公司，不需要人为的操作就可以通过接触转移形成样品点或者喷涂技术形成矩形样品带来实现进样，仪器原理类似于喷墨打印机技术，喷涂技术能够让点样量低至0.5 μL，直至大于50 μL。喷涂形成的样品窄带能够实现很好的分离效果。喷涂形成的矩形点样块，能在不破坏薄层的情况下实现大体积的精确点样。在层析之前，使用强洗脱溶剂将矩形块冲成窄带样品。

（四）展开

薄层色谱装置外观上可以简单视作是盖有玻璃视镜的烧杯。然而仔细考虑，薄层色谱系统是一个很复杂的系统，其是唯一一个在整个色谱过程中将固相、液相、气相都发挥作用的色谱系统。虽然通常会忽略气相作用，但是它能显著影响色谱分离的效果。

标准的TLC展开过程需要放置薄层板的展开缸，其内含有足够量的展开剂。薄层板的底端浸入展开剂内几毫米，但不淹没样品点。由于毛细作用，溶剂顺着薄层向上移动，直到到达适当的距离。展开剂组分与其蒸气所建立的平衡称作展开缸饱和。气相的组分主要取决于展开剂与不同溶剂成分的相对蒸气压。在吸附色谱法中，在一个封闭的容器内，发生下述过程。

（1）干燥的固定相从气相中吸附分子。此吸附饱和过程也趋于平衡：对于硅胶与类似固定相，在此过程中，强极性气相成分选择性地转移到固相吸附剂中。

（2）流动相与气相不断地相互作用，润湿部分吸附剂，以致流动相中极性弱小的组分选择性转移到气相中。与（1）不同的是，这个过程是吸附平衡而不是气液平衡。

（3）在迁移的过程中，固定相亦能分离流动相组分，形成次级峰。

除了单组分的展开剂，混合溶剂经常使用“展开剂”和“流动相”交替表示，但其两者含义并不相同。流动相组分随着其在薄层板上的迁移而不断变化，而展开剂是最初加入展缸内的液体，只有后者的成分是已知的。

（1）过程和（2）过程的实验操作如下：将由展开剂浸泡过的材料（例如纸巾）放在展缸中，放置足够长的时间以进行色谱分析前，展开剂的蒸气在容器中达到气液饱和，使点有样品的薄层板在不接触液体溶剂的情况下与展开剂蒸气相互作用（也称作预处理）。另外，在距离分析板的色谱层一毫米或者几毫米的地方放置第二片TLC板，可有效停止（2）和（3）过程，这就是所谓的“三明治”操作模式。（1）和/或（2）过程已建立进一步平衡，流动相组分的吸附行为差异越小，（3）过程就越不重要。经过充分饱和预处理的展缸，几乎没有次级峰，但是在“三明治”模式中，这种次级峰很明显。

色谱过程中，除了强极性展开剂组分例如水、甲醇等，气相易被吸附的展开剂组分可能会提高真正的展开前沿。这会导致在饱和的展缸中，特别是预处理过的薄层板尺/值要比未处理过的展缸和三明治模式低。由于过程（3）中可能存在这些问题，对于三明治模式和未饱和的展缸宜使用单一组分的溶剂或性质相似不同组分的混合溶剂。

重要的是，我们应该理解在非平衡条件下，通常只有TLC展开方法以及所有参数保持一致，结果才具有重复性。市售的展缸有许多不同的几何结构，其结构类型和饱和与否都起到举足轻重的作用，即每一个装有相同展开剂的展缸，其精确R_f值都会存在差异。没有哪类展缸特别好，只是有些展缸的相关参数可更好控制。

前文所示的平底展缸一般在溶剂蒸气部分或者完全饱和条件下使用。此类容器通常不能很好控制展开剂的饱和程度。双槽展缸的两个槽底部比平底展缸更低一些。为减少溶剂消耗，只有一个槽注满溶剂。另外，如果一个槽注满溶剂，另一个槽放置的薄层板必须预处理过。只有在薄层板放置槽内加入溶剂，展开过程才会开始。

在溶剂前沿到达或将要到达最大值前，展开过程必须停止。如果不停止，分析物将会继续迁移，导致R_f值偏高。当溶剂前沿接触到预期顶端高度，光学监控器向操作者发出警报，停止展开过程。

HPTLC过程多使用结构复杂的展开缸。水平展开缸（如图9–22）用途多样，结果重现性好。在这个装置中，可以实现在薄层板的两端点样。在这个容器的两端都具有溶剂槽。展开和点样都可以从一端或者两端进行。对于两端点样，薄层板正面朝下置于溶剂槽的边缘，展开过程在两端同时进行。两端的样品进样量，以两端能够到达实现目标分离的迁移位置就足够了。水平展开缸适用于饱和、不饱和、三明治模式以及预处理的薄层板。

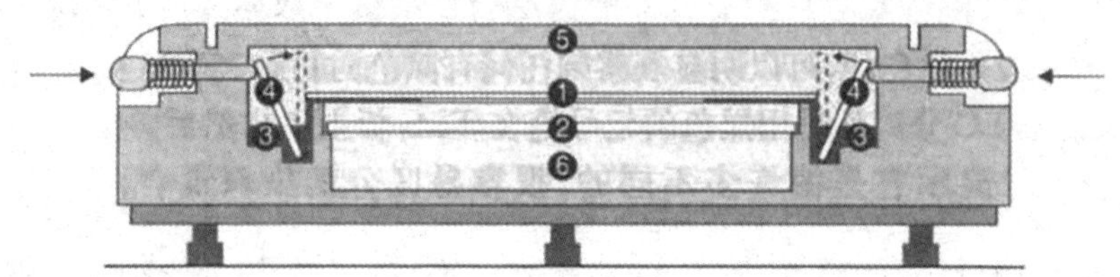

图9–22　水平展开缸（1）HPTLC板（面朝下）；（2）玻璃板（三明治操作模式的第二板位置）；（3）溶剂储槽；（4）玻璃条（提供毛细管作用）；（5）盖板；（6）调节托盘（溶剂浸泡垫可以放在里面）

市售的全自动展开缸重现性极佳。不仅在展缸饱和或薄层板预处理后无须手工开始展开过程，而且还可在色谱开始前设置薄层板的活动。在色谱分析之后，薄层板迅速完全干燥。在双槽展缸中，在展开过程中用来维持预设湿度的盐溶液可置于第二个展缸中。

HPLC的硅胶固定相很少通过增大、减小溶剂极性来进行梯度洗脱。一旦使用极性溶剂，重新平衡固定相的时间会长到让人望而却步。使用某些洗脱液时，固定相也可能发生不可逆的降解。TLC则截然不同，分离不同样品时固定相无须多次重复使用。另外，虽然经常使用全柱成像，但是HPLC的分离是由外置的柱后检测器检测，无法随时停止色谱过程，如组分A到达色谱柱特定位置时停止色谱过程。TLC在这一点上也与HPLC完全不同。

全柱成像的字面意思是整体上观察这个色谱柱能够清楚地辨别出分析带和分析物大致浓度，当斯威特在装有白色吸附剂的玻璃柱中第一次分离植物色素时，可以清楚地看到分离过程，然而现代高效液相色谱却不是这么简单的。

当样品组分极性范围很广时，采用自动多元展开（Automated Multiple Development，AMD）法有很大的优势。薄层板在同一个方向上反复洗脱展开直到溶剂前沿到达预设的位置停止。对薄层板进行原位真空干燥，彻底清除溶剂。下一步的展开使用极性弱一些的溶剂，连续运行，前沿距离逐步延伸一直到停止展开（预先编程），实现逐级梯度洗脱。聚焦效应与梯度洗脱的结合使得样品带极窄，在HPTLC上达到约1 mm的宽度，分离距离达到80 mm，让40种组分都可以实现基线分离。

正如康斯登、戈登以及马丁在1944年纸色谱中所提到的，TLC可手动进行二维分析。将样品点在正方形TLC板的一个角上，使用一种溶剂系统展开以后，旋转90° 再用第二种溶剂系统展开，整块板都是分离区域。二维TLC强大的分辨能力使得其应用广泛，特别是在生物化学、生物学、天然产品、医药以及环境分析中。

（五）成像样品点的检测

TLC板是白色的，可以明显观察到任何有颜色的物质。事实上，应用最普遍的一种TLC分离就是用黑色的记号笔在TLC板上点样然后分离这个墨水组分。结果显示它是由许多不同的、很容易区分的染料混合而成的。在365 nm和254 nm波长的紫外光下可以在展开的平板上很明显地观察到荧光分析物。有时候也会使用间接紫外检测，在TLC板的固定相上标记绿色荧光物质，在紫外光照射下，非荧光物质点呈现黑色。

商品化“成像系统”统一配置短波紫外、长波紫外以及白光灯，并配备了数码相机采集发射光或者反射光图像。仪器软件具有校正空白及解码图像点密度的功能。

分析物分离后仍保留于TLC板上，在定性定量之前可进行化学修饰。修饰的目的是将那些不可见的物质转化成可见的，或提高其检测能力（例如形成荧光衍生物），或使用选择性的衍生试剂只检测某一类物质。另外，还可以通过比较相对强度去检测所有样品组分。

薄层板与衍生试剂作用的方式决定了衍生过程的均一性和后衍生化的定量准确性。气相衍生化方法，例如碘熏，可以实现均一性要求：碘蒸气与样品组分相互作用，通过化学作用或溶解作用产生有颜色的物质。液相试剂比气相试剂更常用。例如，用涂有茚三酮的薄层板来检测氨基酸和胺，加热之后最终形成蓝紫色斑点。另外一种常见但具破坏性的检测有机化合物的方法是将硫酸溶液喷在薄层板上，加热使化合物转化成碳，形成黑色的斑点。薄层板和试剂的作用有两种方式，一种是将试剂喷洒在板上，另一种是将板浸泡于试剂中。商品化仪器配置有试剂喷雾器（以及喷雾盒以防试剂被人体吸入中毒）、浸没装置以及专业的平板加热器。通常优先选择直接浸没方式，因为该操作衍生结果更均一。但是，浸没和取出薄层板必须流畅，专业的浸没设备可重复地以设定的速率完成这个过程。

（六）定量检测

以前常用的定量方法是将样品点刮下，用合适的萃取剂提取物质，然后通过分光光度法来检测提取物。这种TLC定量方法如今也应用于HPTLC，并实现仪器自动化检测。基于密度测定的摄影成像和软件简单直观，优势在于整板一次成像。但是目前的照相机只能在可见光范围内使用，商品仪器使用的是基于反射的光密度扫描仪，可变波长为190~900 nm。宽谱带光源与单色器配套使用，可调的狭缝长度和宽度控制扫描的空间分辨率。同一时间内，每个色谱过程都扫描下来，最后检测发散的反射光。背景校正吸收光谱可以得到任何想要的点的数据，用于分析物的识别以及选择最佳测量波长。

理论上，二极管阵列薄层扫描仪和荧光扫描仪都能成为定量检测的检测器。相关文献都反复报道过使用这些扫描法和基于传输的薄层光密度法。这些装置目前还没有实现商品化。随着基质辅助激光解析电离质谱（MALDI–MS）日益普及，可实现TLC–MS联用。同样，生物荧光也是现在颇为流行的检测方法，例如物质的毒性，检测系统可以专门检测TLC板上的生物荧光。

第三节　气相色谱法

气相色谱（Gas Chromatography，GC）技术是实验室中应用广泛、功能强大的分析技术之一，其广泛运用于有机化合物的检测。气相色谱分离苯和环己烷（沸点分别是80.1 ℃和80.8 ℃）十分简单，但是用蒸馏的方法却无法实现分离。虽然马丁和辛格在1941年发明了液液色谱法，十年后马丁和詹姆斯发明的液气分离色谱却在两个方面有更突出的影响。首先，与手动操作的液液色谱不同，气相色谱仪器的应用需要化学家、工程师和物理学家的合作，实验分析速度更快、规模更小。其次，随着气相色谱的发展，当时石油产业急需要改善监测分析方法，因此立即采用气相色谱法。几年后，每一种类型的有机化合物检测几乎都使用GC法。

气相色谱技术可分离极度复杂的样品，近年来发展的二维气相（或称GC–GC）极大提高了气相色谱的应用范围。气相检测器和质谱联用组成了强大的分析系统，极大提高了所有分析化合物的灵敏度。

气相色谱分为两类：气固色谱和气液色谱，使用毛细管柱的气液色谱（Gas–liquid Chromatography，GLC）应用更广泛。本章将介绍气相色谱的操作原理、气相色谱柱和检测器。

一、气相色谱分离

在气相色谱中，样品经注射进入加热端汽化（如果还不是气体），流动相是气体（载气）。固定相通常是非挥发性液体或类液相，涂覆或键合于毛细管壁或是惰性固体颗粒，比如硅藻土（源于海洋单细胞生物的骨骼残骸，其主要成分是硅胶）；硅藻土通过锻烧增大颗粒粒径，制成大家熟知的耐火砖，作为（红硅藻土）色谱载体P或W来出售。液相的选择有很多，液相的不同，而不是固定相的不同，可以完成不同的分离任务。液相和固定相的性质决定样品的交换平衡，同样平衡也会受到流动相和分析物的吸附、固定相的极性、样品分子、氢键大小、专一化学键的影响。大多数分离理论已经通过实验验证了，理论方法与合适的软件现在也可用了。

气态分析物在固定相和载气中分配，很快达成气相平衡，所以分辨率（塔板数）很高。

气相色谱系统如图9–23所示，现代气相色谱仪器如图9–24所示。样品通过隔膜注射或气体进样阀快速注射进仪器。样品注射后进入入口/入口衬管，然后通过载气运载到色谱柱（或分流，经常用毛细管柱来防止过载）。样品蒸气压最少10 torr（1 torr=133.322 Pa）以上，所以进样口，色谱柱还有检测器的加热温度通常要比溶质的最高沸点高50 ℃。进样阀和检测器的温度通常比色谱柱温度更高以提高样品的汽化程度而避免样品在检测器中冷凝。对于填充柱而言，液体样品的进样体积是0.1~10 μL，气体样品的进样体积是1~1 mL。气体通过气密注射器或恒定体积的气体进样阀进样。对于毛细管柱而言，因容量低（虽然分辨率高），其进样体积约是填充柱的百分之一。样品分流器的设计目的是在使用毛细管分析柱时，将一小部分样品输送到分析柱，而其余样品流入废液。当然，在使用填充柱时，也可实现完全进样而不分流。

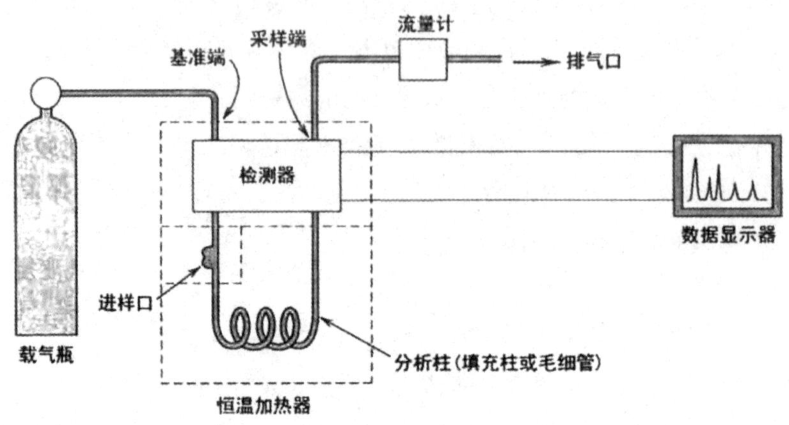

图9-23　气相色谱系统图

图9-24　现代气相色谱仪

分离的原理是气相组分在载气和固定相之间达到平衡。载气是纯化学惰性气体，如氩气、氦气或氮气等。高密度气体因其扩散小而效率更高，而低密度气体的运动速度更快。通常根据检测器类型决定选择何种气体。气相色谱使用可自动检测洗脱分析物的检测流通池，大多数气相检测器是破坏性的。

样品以恒定流速流经色谱柱。各种检测器的响应取决于分析物（见下文）。某些检测器包含基准端和采样端。载气通过基准端流过色谱柱再进入采样端。基准端和采样端之间的响应差异通过处理，输出分析信号。此信号即代表色谱峰，通过数据系统处理以时间函数形式输出。通过检测保留时间（从进样至出峰的时间）并对比其与标准品的保留时间，或许可以确定色谱峰归属（保留时间相同并不代表两种化合物是同一种化学物）。峰面积与浓度成正比，因此可定量测定物质含量。色谱峰通常是尖峰（时间宽度窄，要求检测器检测速度快），同理，峰高可通过校准曲线比较得出。色谱数据处理系统通常可自动检测色谱峰，读出峰面积，峰高和保留时间的数据。

气相色谱的分离技术能力如图9–25谱图所示。气相色谱分析高度复杂样品的时间很短且样品分析量小，因此这项技术应用广泛。更重要的是，气相色谱法可将其他方法无法轻易分离的样品分离。

分析物从分析柱上洗脱后，检测器对其检测非常快速便捷。保留时间可以用于定量鉴别，峰面积可以用于定量检测。

无铅汽油组分

1.甲烷；
2.正丁烷；
3.异戊烷；
4.正戊烷；
5.正己烷；
6.甲基环戊烷；
7.苯；
8.环己烷；
9.异辛烷；
10.正庚烷；
*11.甲苯；
12.2，3，3–三甲基戊烷；
13.2–甲基庚烷；
14.4–甲基庚烷；
15.正辛烷；
16.乙苯；
17.间二甲苯；
18.对二甲苯；
19.邻二甲苯；
20.正壬烷；
21.异丙苯；
22.丙基苯；
23.1，2，4–三甲基苯；
24.异丁基苯；
25.仲丁苯；
26.正癸烷；
27.1，2，3–三甲基苯；
28.异丁基苯；
29.正十一烷；
30.1，2，4，5–四甲基苯；
31.萘；
32.十二烷；
33.十二烷

色谱柱：DB–Petro100，100 m × 0.25 mm，

LD.0.5 μm J&W P/N：122–10A6

载气： 氦气25.6 cm/s

柱温箱：0 ℃，15 min；0~50 ℃；

1 ℃/min；50~130 ℃，2 ℃/min；

130~180 ℃/min，4 ℃/min；

180 ℃/min，20 min

进样阀：分离比1∶300，200 ℃，1 μm纯样品

检测器：FID，250 ℃，氮气补偿气，

30 mL/min

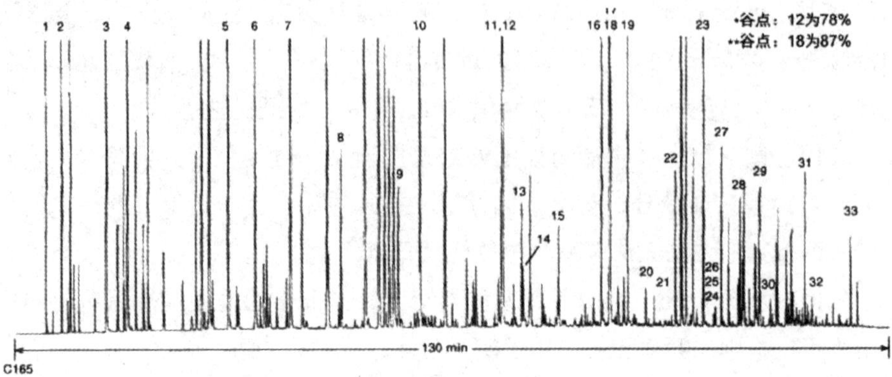

图9-25　毛细管柱分析复杂混合物——无铅汽油的气相色谱图（安捷伦科技有限公司提供）

对于分析复杂混合物，鉴别所有色谱峰并不是简单的任务。在商品化仪器中，气态流动相流入质谱检测器后发生电离，根据质荷比排列并实现对分析物的鉴别。此分析技术称为气相色谱-质谱联用法（GC–MS）。质谱检测器灵敏度和选择性高，使用毛细管GC分析柱时（分辨率高），可定量定性分析复杂混合物的痕量物质。例如，该技术可定性分析下水道污水中数百个化合物、尿液或血液的痕量复杂药物或水中污染物。二维GC匕的峰检测数量级更大，可检测香烟烟雾中4000个化合物。气相色谱灵敏度高，对于特定检测器某些元素或化合物的检出限极低，后文将会具体列出。

气相色谱可检测何类化合物?

气相色谱可检测很多化合物，但是也有限制条件，分析物必须是在50~300 ℃保持热稳定的气体。气相色谱适用分析：

1）所有气体。

2）大多数非离子型的有机分子，固体或液体，碳原子数不超过25个。

3）一些有机金属化合物。

如果化合物不是气体或者不稳定，可以通过衍生进行气相色谱分析，气相色谱不能分析高分子或者盐类化合物，但是它们可以通过高效液相色谱和离子色谱分析。

二、气相色谱柱

气相色谱柱分为填充柱和毛细管柱两大类。填充柱发明较早并使用多年。现在毛细管柱应用更广泛，但填充柱仍用于分辨率要求不高或分析样品量较大的应用中。

（一）填充柱

色谱柱可以以任何形状放置于柱温箱中。其形状包括盘管、U形管和W形立方体，最常见的是线圈状。一般填充柱长度为1~10 m，直径为0.2~0.6 cm。性能优良的色谱柱理论塔板数可达1000层塔板/米，常用的3 m色谱柱可具有3000层塔板。短柱由玻璃或玻璃/二氧化硅内衬的不锈钢制成，而更长的色谱柱可由不锈钢或镍制成，以便装填时拉直柱管。色谱柱也可由聚四氟乙烯制成。就化学惰性而言，玻璃仍然是色谱柱材料的首选。填充柱的分辨率随着柱长的平方根增大而增大。柱长增加则压力增大，分析时间会也增加，如非必要一般不推荐使用（只有当分析物是弱保留，需要更多的固定相以获得足够的保留时，才增加柱长）。分离通常会选择柱长为3的倍数，如1 m或3 m。如果短柱分离效果不够良好，则需要增加色谱柱长度。

填充柱宜分析大样品量样品，且操作便捷。

填充柱中填充有本身作为固定相的小颗粒（吸附色谱法）或涂覆有不同极性的非挥发性非离子液相（分配色谱）。气固色谱法（Gas-solid Chromatography,GSC）利用高比表面积无机填料，如氧化铝（Al203）或多孔聚合物（如PorapakQ是具有刚性结构和不同孔径的多环芳烃交联树脂），可有效分离小分子气体，如H_2、N_2、CO_2、CO、O_2、NH_3、CH_4和挥发性烃。分子因大小不同而在固定相上吸附保留不同得以分离。气固色谱宜分析液体样品。

液相的固态担体（载体）比表面积大，化学惰性、可承载液相，且热稳定性好、颗粒大小均匀。最常用的担体是海绵状硅质材料的硅藻土型担体，品种繁多，有不同的商品名。Chromosorb P是粉红色的桂藻土，耐火砖粉碎制得；Chromosorb W颜色较浅，是用碱性助熔剂加热的硅藻土，以降低其酸度；Chromosorb G是GC开发的第一款担体，结合Chromosorb G的高效和操作稳定性，和Chromosorb W的低吸附性优点。上述所有的材料可在非酸洗、酸洗、与二甲基氯硅烷（DMCS，这大大降低了极性）硅烷化和高效（HP，控制均匀细颗粒）条件下使用。Chromosorb 750材料性能高效，且惰性强耐受酸洗与DMCS。Chromosorb T可以用于分离永久气体和小分子，很大程度是因为

氟碳化合物颗粒的作用。Chromosorb P酸性程度大于Chromosorb W，易于与极性溶质反应，尤其易于与具有碱性官能团的溶质反应。

柱填料的担体材料与一定量的液相混合溶于低沸点溶剂（如丙酮或戊烷）中进行涂层。约5%~10%涂层（质量分数）可涂覆薄层。涂层后，溶剂通过加热和搅拌蒸发，最后痕量的残留可在真空状态下除去。新制备的色谱柱在连接检测器或其他下游组件之前，需在高温下流经载气数小时。如何选择液相后文将具体介绍。

填料颗粒尺寸均匀，大小适度，直径分布为60~80目（0.25~0.18 mm），80~100目（0.18~0.15 mm），或100~120目（0.15~0.12 mm）。更小的填料颗粒因为系统会产生极高的压降，所以并不实用。

（二）毛细管柱——应用最广泛的气相色谱柱

毛细管柱比填充柱具有更高的分辨率。

马塞尔J.E.格雷，毛细管气相色谱法发明者，第一个建立毛细管色谱理论的人。他发明了早期的不锈钢柱。

1957年，马塞尔·格雷发表了题为《气相色谱和“电报式”方程》，该方程预测内壁涂覆固定相的开管柱，柱管内径越小理论塔板数越大。涡流扩散消除色谱带宽。由于分子扩散距离很小，所以小内径开管柱的传质速率增大。由于压降减小故可使用大流速，减小分子扩散。格雷的工作研究了各类开管柱，为现在的色谱柱提供了极高的分辨率，成为气相色谱分析的重要分支。毛细色谱柱用薄层聚酰亚胺聚合物涂覆在熔融二氧化硅（SiO_2）外管，以增加毛细管的柔韧性保护脆弱的石英毛细管，实现弯曲。毛细管柱中聚酰亚胺层是褐色的，使用中颜色往往会变暗。毛细管的内表面进行化学处理可以尽量减少与管材表面上的具有硅烷醇基团（的Si—OH）的样品的相互作用，像Si—OH基与硅烷型试剂反应（例如，DMCS）。

毛细管柱也可用不锈钢或镍制成。不锈钢可与许多化合物相互作用，因此可通过DMCS处理表面制得固定相可结合的硅氧烷薄层。不锈钢毛细管柱虽不太常见，但在需要极高温度的应用中比熔融石英柱更有优势。

毛细管填充柱的内径为0.10~0.53 mm，长度为15~100 m，并且理论塔板数达几十万甚至上百万。绕成的线圈直径约为0.2 m，见图9-26。毛细管柱可分析得到高分辨率的窄峰，分析时间短，灵敏度高（使用专为毛细管GC设计的检测器），但是容易样品量过载，使用分流进样器可以大大减少过载的问题。

图9-27所示的是不断改进的GC色谱柱分析能力，包括填充柱（6.4 mm × 1.8 m），柱长极长但直径较大的不锈钢毛细管柱（0.76 mm × 150 m）以及长度短但小直径的玻璃毛细管柱（0.25 mm × 50 m）的分离对比图。注意，随着色谱柱直径减小分辨率增加，即使毛细管色谱柱柱长减小。

图9-26　毛细管柱

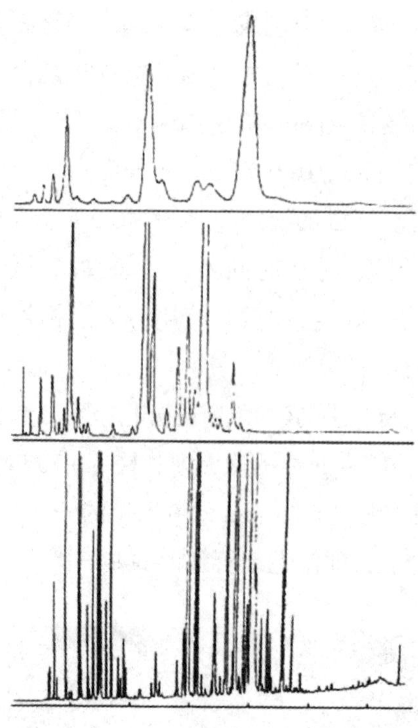

图9-27　三代气相色谱。薄荷油的分离图

上图：填充柱（6.4 mm × 1.8 m），中图：不锈钢毛细管柱（0.76 mm × 150 m），下图：玻璃毛细管柱（0.25 mm × 50 m）

开管柱有三种类型。涂层开管柱（Wall-coated Open-tubular，WCOT）有薄层液膜涂覆至毛细管壁，液相稀释溶液缓缓通过色谱柱对管壁进行涂覆，随后通载气蒸发溶剂。涂覆过程中液相交联至柱壁。固定液相为0.1~0.5 μm厚。管壁涂层开管柱理论塔板数通常是5000塔板/米，所以50 m的色谱柱理论上具有25万塔板。

载体涂渍开管柱（Support Coated Open-tubular，SCOT）是涂有固定相（与填充柱相似）的固体微粒附着在毛细管管壁。较之WCOT柱，其表面积更大且容量更大。柱直径为0.5~1.5 mm，比WCOT柱大。虽因柱压小可用长柱，但柱容量接近于填充柱。流速更快，连接入口和检测器的死体积显得不那么重要。只要该样品体积小于等于0.5 μL，很多情况下不必进行样品分流。如果分离需要的塔板数超过10 000，那么应使用SCOT柱而非填充柱。

第三类多孔层开管柱（Porous Layer Open-tubular，PLOT）用于吸附色

谱，其固相颗粒黏附于管壁，多为氧化铝颗粒或多孔聚合物（分子筛）。与GSC填充柱一样，可有效分离永久性气体及挥发性烃。开管柱的分离效率依次是WCOT＞SCOT＞PLOT。大直径（0.5 mm）PLOT已研究制备厚度达5 μm的固定液相，即接近SCOT和填充柱，但是这两类色谱柱的直径增大分辨率会降低。许多大直径色谱柱仅可使用较厚的液膜。

开管柱的分辨率依次是WCOT＞SCOT＞PLOT，SCOT柱分离能力接近填充柱。

色谱柱在过载前可耐受一定量的分析物，过载后保留时间改变，峰变形，展宽变大。进样量从内径0.25 mm，液膜厚度0.25 μm色谱柱的100 ng到内径0.53 mm，固定相厚度5 μm色谱柱的5 μg不等。

（三）固定相——不同分离的关键

气相色谱固定相有一千多种，其中大部分已商品化。数百种固定相用于填充柱，整体效率低，固定相的选择是色谱实现选择性的关键。现已有多种方法可预测如何适当选择液体固定相，而非仅仅是试错法。

液体固定相的选择基于极性，由溶质的相对极性确定。

根据分析物的极性选择固定相，牢记“相似相溶”。换言之，极性固定相更会吸附极性化合物；反之亦然。应选择溶质对其具有一定溶解度的固定相。非极性液相通常没有选择性，因为溶质和溶剂之间几乎没有作用力，所以分离易于以溶质沸点大小排序，低沸点先洗脱。极性液相与溶质具有相互作用，如偶极相互作用、氢键和诱导力。保留因子和挥发性没有相关性。

聚硅氧烷是用于毛细管气相色谱最常见的固定相。

对于熔融二氧化硅柱，大部分分离通过不同极性少于10个键合型液体固定相完成。这是因为它们分辨率非常高，而选择性并不关键。固定相是大分子量热稳定的聚合物，其或成液体或成胶状。最常见的固定相是聚硅氧烷和聚乙二醇（聚乙二醇PEG），前者应用最广泛。聚硅氧烷的骨架为

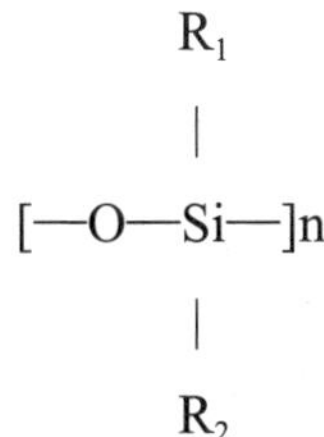

R官能团决定极性大小，包括甲基（$—CH_3$），苯基（$—C_5H_6$），氰基丙基（$—CH_2CH_2CN$）和三氟丙基（$—CH_2CH_2F_3$）。表9–4列出了常用固定相，其中带有氰基官能团的固定相易与水和氧气反应。聚乙二醇PEG在工作温度下必须是液体。在硅氧烷聚合物主链引入苯基或碳硼烷，加强聚合物骨架，可抑制固定相在较高温度发生降解和柱流失（通过蒸发损失固定相）。当气相仪器与高灵敏度质谱检测器联用时，这些色谱柱是非常重要的，柱流失必须微乎其微。近期离子液体（Ionic Liquid，I L）固定相已研究制成功，其选择性与其他多数固定相成正交，且不会与氧气和水反应，极性大小从中度到极高。表9–4中所列最后一个固定相的极性是迄今为止最高的。其次碳硼烷、I L相热稳定性最高且柱流失低，非常适合应用于GC，最常用于MS检测器。

表9–4　毛细管柱固定相

固定相	极性	适用范围	最高温度/℃
联苯二甲基聚硅氧烷 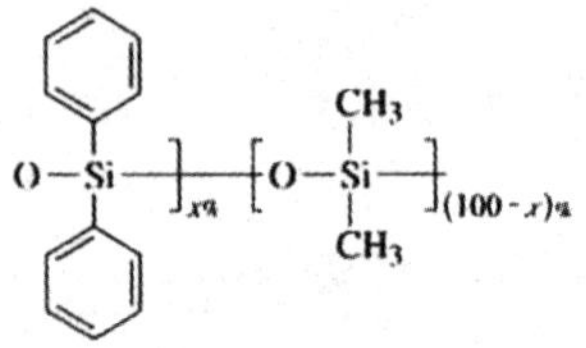 $[O-Si(C_6H_5)_2]_{x\%}[O-Si(CH_3)_2]_{(100-x)\%}$	低（x=5） 中等（x=35） 中等（x=65）	通用型，热稳定性良好 杀虫剂	320 300 370
14%氰丙基–86%二甲基硅氧烷 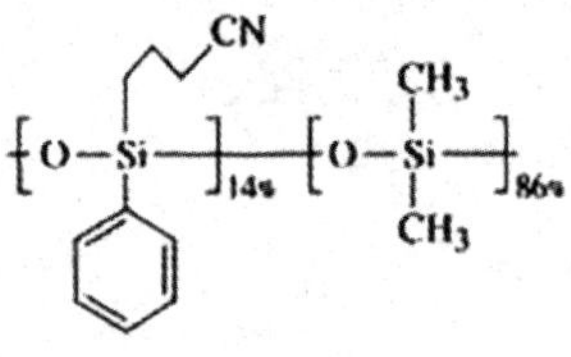 $[O-Si(CH_2CH_2CH_2CN)(C_6H_5)]_{14\%}[O-Si(CH_3)_2]_{86\%}$	中等	EPA608和8081分离有机氯农药方法。易与水气和氧气反应变质	280
80%二环氧丙基–20%氰丙基聚硅氧烷 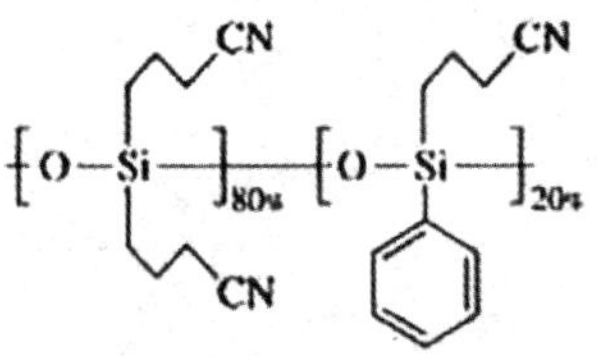 $[O-Si(CH_2CH_2CH_2CN)_2]_{80\%}[O-Si(CH_2CH_2CH_2CN)(C_6H_5)]_{20\%}$	极强性	游离酸，多不饱和脂肪酸，醇。避免使用极性溶剂，例如水和甲醇	275

续表

固定相	极性	适用范围	最高温度/℃
亚芳基	极性随R变化而变化	耐高温，柱流失低	300~350
碳硼烷	极性随R变化而变化	耐高温，柱流失低	430
空心圆=硼 实心圆=碳 聚乙二醇 —[O—CH_2CH_2]—	强极性	醇，醛，酮和芳族异构体分离，如二甲苯	250
离子液体	极性	通用型固定相。醇，脂肪酸甲酯（FAME），芳族化合物，杀虫剂等。通常对非极性化合物保留较弱（相对于其他多数固定相），对极性化合物保留较强	360
	强极性	极性极高，可将水与多数有机溶剂分离	300
TfO	NTf_2 =	极性极高，可将300水与多数有机溶剂分离 醇，醛，酮和芳族异构体分离，如二甲苯	250

（四）液体固定相保留指数

从无数固定相中选择合适的填充柱固定相是富有挑战性的。现已有研究固定相保留特性的方法，例如研究固定相的极性大小。科瓦茨指数和罗尔施奈德常数是两种不同材料的分组方法。分别逐一使用80个常用GC填充柱液体固定相分离朝天委陵菜和玫瑰，制成罗尔施奈德常数表，通过检测以决定其是否是合适的固定相。同样重要的是，其易于识别非常相似但商品名不同的固定相。McReynolds使用类似方法，利用麦克雷诺常数（麦氏常数）定义固定相。McReynolds利用一套标准试验化合物测定保留时间，柱温120 ℃条件下用20%液相装载分类固定相。

虽然科瓦茨保留指数（Kovats Retention Index，KRI）最初用于分类液相和比较不同分析物的保留行为，一般系统只适用于毛细管气相色谱。KRI系统主要提供一种鉴别未知化合物的方法，即在同一色谱柱条件下，通过比较未知化合物与标准化合物之间的保留来鉴别。正烷烃（链烷烃）是Kovats标准化合物。烷烃C_nH_{2n+2}的KR是100n以I表示，是碳原子数的100倍。等温条件下，链烷烃（通常是同系物）的调整保留时间对数值与KRI线性相关。

通过分析物在不同色谱柱上的KRI值识别分析物，许多色谱柱都列出了分析物KRI值。等温操作对于分子量范围跨越显著的化合物并不实际，一些表格数据也可用于特定编程的温度条件。

罗尔施奈德设计了一个系统以量化特定类型的固定相极性和选择性。随后McReynolds进一步研究，利用10个优化化合物表征固定相（苯，正丁醇，2-戊酮，硝基丙酮，吡啶，此5个化合物可提供足够信息；另外5个为2-甲基-2-戊醇，1-碘丁烷，2-辛炔1，4-二氧六环以及顺式八氢茚）。目标化合物某色谱柱的麦氏常数（McReynod’s Constants，MRC）是目标化合物KRI值与标准化合物KRI值之差（标准化合物通常是角鲨烯，具有六个均匀间隔双键的C_{30}烃基），这也是色谱柱相对极性的测试方法。这套标准化合物用于检测固定相与目标分子之间的分子间作用程度。麦氏常数越大，分析物极性越大；同一分析物，测试固定相MRC值比20%角鲨烯固定相值越大，测试固定相极性越大。例如，20%角鲨烯作为固定相，苯KRI值为649，而根据定义正己烷和正庚烷的KRI值则分别是600和700。对于碳原子数相同的化合物，苯的KRI值大于正己烷。相同条件下，邻苯二甲酸二壬酯的苯环和SP-2340相的KRI值分别是733和1169。因此，邻苯二甲酸二壬酯比角鲨烯极，SP–2340最大。

KRI和麦氏常数值的实际应用包括比较不同固定相的相似度，或通过极性大小排序并预测分析物保留次序。有一篇优秀的文献介绍KRI和罗尔施奈德/麦氏常数，在网站上介绍如何使用这些常数并用表格列出一系列数据。官方IUPAC（国际理论与应用化学联合会）刊物收录学术性更强的内容。

（五）分析挥发性

上述讨论中，重点强调了固定相（和分析物）的极性在有效分离中的作用。另一重要因素是分析物种类的相对挥发性。易挥发性物质往往比低挥发性物质更易洗脱。气态物质尤其是小分子，如CO，洗脱较快。保留因子k

$$\ln k=\Delta H_v/RT-\ln\gamma+C$$

式中，ΔH_v是分析物汽化热，ΔH_v值越高（高沸点）会导致低挥发性和k值增加，增加温度T会降低k值。$\ln\gamma$是分析物与固定相互相作用（极性等）的函数，此函数是变量，未稀释的纯分析物会减小该值，而稀释分析物会增大互相作用，引起k值增大；C是常数（R是气体常数）。在等式中温度相关值展现出相当多的沸点选择性和分离调谐能力。这就是称之为“程序升温”（见下文）的原因所在。分析物挥发性可通过衍生化显著改变。广泛应用硅烷化反应，

特别是引入三甲基硅基，以增大挥发性和检测性。在碳原子数相同的情况下，化合物氧化程度越高则挥发性越小。正十四烷，25 ℃下蒸气压20 mtorr；其相应碳数的醛，醇和硝酸盐蒸气压分别减小至3 mtorr，0.8 mtorr和0.2 mtorr，而羧酸蒸气压减小至7 μtorr。正十五烷蒸气压为4 mtorr。

托（torr）是压力的传统单元，现在定义为一个标准大气压的1/760，而1个大气压是101 325 Pa。因此，一托约为133.3 Pa，大约等于1 mm汞柱。

因此色谱条件的选择（分析柱、温度及载气流速）受化合物挥发性、分子量和极性影响。

三、气相色谱检测器

热导检测器价格便宜而且具有通用型响应，但灵敏度不高。

从气相色谱最初发展以来，已研制出大量检测器。检测器或对大多数化合物都有响应，或只对特定类型的物质有选择性。本文介绍应用最为广泛的

检测器。表9-5列出了几款常用检测器，并对其应用领域、灵敏度和线性进行了比较。

表9-5　气相色谱检测器的比较

检测器	应用	灵敏度范围	线性	评价
热导检测器	通用，对所有物质响应	一般，5~100 ng，10^{-5}~100%	好，除了较高温度下的热敏电阻	对温度和流动变化敏感；对浓度敏感
催化燃烧检测器	与火焰离子化检测器非常相似	一般，与热导检测器非常相似	好	高浓度样品易于燃烧
火焰离子化检测器	所有有机物，对一些氧化物响应差，对碳氢化合物响应好	非常好，10~100 pg，10^{-8}~99%	极好，达到10^{6}	要求气流非常稳定，对碳氢化合物的响应是水的10^{4}~10^{6}倍，质量敏感
火焰光度检测器	硫化物（393 nm），憐化物（526 nm）	非常好，10 pgS，lpg P	极好	
火焰热离子检测器	所有含氮含磷物质	极好，0.1~10 pg，10^{-10}~0.1%	极好	需要在屏幕上再涂上钠盐，对质量敏感
铷硅酸盐粒子检测器	对含氮含磷物质有特异性	极好		对质量敏感
氩离子（β射线）检测器	所有有机物，使用超纯载气，也用于无机和永久性气体	非常好；0.1~100 ng，0.1~10^{-4}	好	对杂质和水非常敏感；载气纯度要求高；对浓度敏感
电子捕获检测器	对捕获电子有亲和力的所有物质，对脂肪族和环烷类碳氢化合物无响应	对含有卤素的物质极好，0.05~1 pg，5×10^{-11}~10^{-6}	差	对杂质和温度变化非常敏感；定量分析复杂；对浓度敏感
真空紫外吸收检测器	几乎所有物质，除惰性气体和氮气	极好，低于pg水平	好，达到10^{4}	近期研发的检测器，预测有广泛的应用领域，根据光谱匹配提供结构确认
质谱检测器	几乎所有物质。取决于离子化方法	极好	极好	可以提供结构和分子量信息

最早使用的气相色谱检测器是热导检测器或热金属丝检测器（Thermal Conductivity，TCD）。当气体通过一根热金属丝时，金属丝温度因气体热导率不同而有所差异，因而金属丝的电阻也会不同。通常此类检测器结构即是，纯载气通过一根金属丝，携带样品组分的载气通过另一根金属丝。这两根金属丝位于惠斯通电桥电路的两臂上，热敏性金属丝的电阻改变时会形成电压。若流出气体中只有载气，则金属丝电阻就不会发生变化。但当样品组分流出时，测量臂中的电阻会有细微变化。电阻的改变值和载气中样品的浓度成正比，通过数据系统记录。电导检测器对气体混合物以及永久性气体，如CO_2的检测特别有效。

热导检测器首选氢气和氦气作载气，因为相比其他多数气体，氢气和氦气的热导率非常高。所以当气体中存在样品组分时，电阻值能发生最大改变（氦气更安全）。在100 ℃时，氢气的热导率是53.4×10^{-5} cal/（℃·mol）（1 cal=4.186 8 J），氦气的热导率是41.6×10^{-5}cal/（℃·mol）。然而，氩气、氮气、二氧化碳以及大多数有机蒸气的热导系数只是这些值的十分之一。热导检测器的优势在于其结构简单，而且对大多数物质有近似相等的响应，而且重复性良好，但是热导检测器并不是最灵敏的检测器。

大多数有机化合物在火焰中形成离子，主要是阳离子，如CHO^+。这就是极高灵敏度的检测器的基础，即火焰离子化检测器（Flame Ionization Detector,FID），见图9–28。用一对电性相反的电极检测（收集）离子，响应值的大小（收集的离子数）取决于样品中碳原子的数量以及碳原子的氧化状态。完全氧化的原子未发生电离，具有最多低氧化态碳原子的化合物能产生最强的信号。此类检测器灵敏度极高，能检测出浓度范围10^{-9}级水平的组分。火焰离子化检测器的灵敏度是电导检测器的1000倍。然而，火焰离子化检测器的动态范围更有限，纯液体样品小于等于0.1 μL。载气相对不太重要，氦气、氮气和氩气皆可使用。火焰离子化检测器对大多数无机化合物（包括水）灵敏度不高，所以可以进水溶液样品（确保使用兼容水溶液的色谱柱）。如果可用氧气取代空气作为助燃气体，则能检测出很多无机化合物，因为氧气可产生更高的火焰温度，从而电离无机化合物。

火焰离子化检测器既是通用型检测器也是选择性检测器，应用最为广泛。

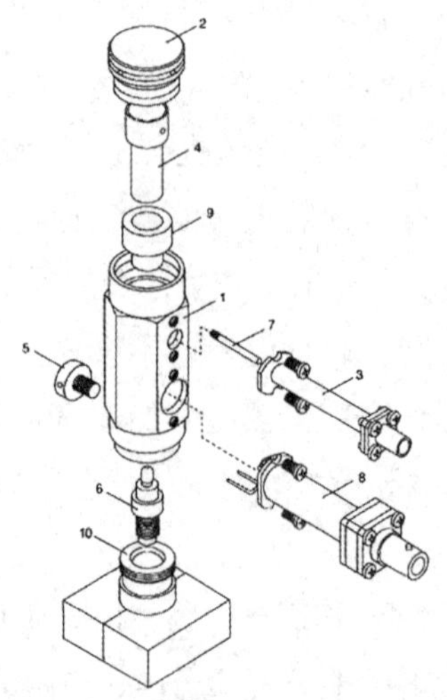

图9-28　火焰离子化检测器的结构

（1.检测器主体；2.烟囱；3.电器组件集；4.收集电极；5.固定螺钉；6.喷射（火焰源收集电极；8.火焰点火器；9.陶瓷绝缘体；10.检测器底座，赛默飞世尔科技有限公司提供）

硫化合物和磷化合物同时在火焰离子化检测器中燃烧时，化学发光物质能产生波长为393 rnn（硫）和526 rnn（磷）的光，使用干涉滤光片透过特定波长的光至高灵敏光子检测器的光电倍增管上。此类检测器被称为火焰光度检测器（Flame Photometric Detectors，FPD）。

在用火焰光度检测器检测硫时，光从激发态双原子硫化物中发射出来。发射信号并非和硫的浓度成正比，而是与其浓度的平方成正比。由于两个硫原子形成S_2，因此发射信号可能和单个S浓度的平方成正比。信号与浓度幂函数的关系致使增加灵敏度可采取不同寻常的措施。如载气中故意掺杂少量浓度的硫化物，比如10^{-9}的六氟化硫，检测硫化物的灵敏度会提高。如没有任何硫的掺杂，背景中也没有硫，那么基线硫水平就是零，分别含有10^{-9}和3×10^{-9}硫样品的响应将是1和9。如果载气中有10^{-9}硫，那么基线硫水平是1。检测10^{-9}和3×10^{-9}样品时，总浓度分别是2×10^{-9}和4×10^{-9}硫的响应信号则是4和16，净信号是3和15，比那些纯物质响应更高，这种故意污染检测背景造成的有利影响是独一无二的。

对催化燃烧检测器（Catalytic Combustion Detector，CCD）具有响应的有机物种类和火焰离子化检测器相似，而其灵敏度和热导检测器相似。催化燃烧检测器非常小（通常直径为1 cm），其结构以铂丝线圈嵌入含有重金属催化剂的氧化铝陶瓷组成。催化燃烧检测器宜应用于以空气作为载气的气相色谱。和其他载气相比，空气在检测器之前加入。在操作过程中，使用一个独立加热器将珠子加热至500 ℃，足以在空气和催化剂作用下快速氧化（燃烧）碳氢化合物。燃烧热使钻金属丝温度升高，然后根据金属丝电阻的变化进行检测。需要注意的一点是，此类检测器分析样品量不能太大，过度加热会损坏检测金属丝。

火焰热离子检测器实际上是两步火焰离子化检测器，对含氮和含磷化合物有着更强的特征响应。第二个火焰离子化检测器固定在第一个火焰离子化检测器上，燃烧气体从第一个检测器通过进入第二个。两个检测器由表面涂覆强碱盐或碱（例如氢氧化钠）的金属网筛分开。这类检测器也可称为氮磷检测器（Nitrogen–Phosphorous Detector，NPD）。

色谱柱流出物进入下层火焰层，如同传统的火焰离子化检测器，并记录其响应值。少量流出物会因蒸发以及金属筛上钠的离子化而进入第二层火焰。

然而，如果含氮和磷的物质在下层火焰燃烧，产生的离子会大大加强金属筛上强碱金属的蒸发，这导致响应值远大于（至少100倍）下层火焰氮或硫的响应。

通过记录两层火焰的信号，从下层火焰获得常见的火焰离子化检测器色谱图；只有当含氮和含硫的化合物流出时，才能从上层通道（相对于下层通道）得到明显的响应。

在β射线检测器或者氩离子检测器中，放射源（如锶–90）发射β射线，对样品进行轰击从而离子化。载气是氩气，β粒子激发氩气至亚稳态。氩气激发量为11.5 eV，比大多数有机化合物的电离能大，当样品分子和激发态氩原子碰撞时，样品分子发生离子化。此检测器的灵敏度是热导检测器的300多倍。氦离子化检测器（Helium Ionization Detector，HID）基于相同原理工作，只是用氦气取代了氩气。在放电离子化检测器（Discharge Ionization Detector，DID）中，通过电极放电产生激发态氦原子，然后激发态氦原子电离分析物分子。

1928年，通用汽车公司的托马斯·米奇利首次制备得到氯氟烃。氯氟烃沸点低、毒性低而且与大部分物质不反应，故选择其为制冷剂。在1930年美国化学学会演讲中，米奇利华丽地展示了氯氟烃的这些特性——他吸入氯氟烃后用其将蜡烛吹灭。氯氟烃演变成气雾推进剂的首选。20世纪70年代，每年超过100万t的氯氟烃投入使用并释放到空气中。氯氟烃与大部分物质不反应，因此会永远存在于空气中，原理上可在空气中检测到，但20世纪60年代以来还没有一个检测器足够灵敏，能够检测出大气中微量的氯氟烃化合物。

电子捕获检测器（Electron Capture Detector，ECD）对含有电负性原子的化合物极其灵敏，且对其具有选择性。电子捕获检测器的设计和β射线检测器相似，只是用含有氩气的氮气或者甲烷作载气。较之氩气，这些气体的激发能更低，只有电子亲和力强的化合物才能通过捕获电子而电离。很多电子捕获检测器工作时，将氩气作为载气，氮气作为检测器内的尾吹气体。

检测器的阴极是发射β射线的金属箔，通常是氚和镍-63。前者的同位素比后者的灵敏度更高，不过氚在高温下会损失，因而温度需限制在220 ℃以下。镍-63在高达350 ℃下也能正常使用。同时，镍源比氚源更易清洗；放射源必须使用表面薄膜降低β射线辐射强度从而降低灵敏度。出于安全考虑，β射线放射源在密封的情况下使用。

检测池通过施加一定电压极化，从阴极发射的电子（β射线）轰击气体分子，使其释放电子。阳极吸引热电子，形成稳定的电流。具有电子亲和力的化合物进入检测池后，检测池就会捕获电子形成负离子。由于负离子比电子尺寸更大，而且负离子在电场中的迁移率仅是电子的十万分之一。因此可根据稳定电流的差值通过电子捕获检测器检测分析物的含量。

电子捕获检测器对含卤素的化合物灵敏度极高，例如农药。

具有显著电负性的化合物相对较少，所以电子捕获检测器具有一定选择性，能够在非捕获物质存在的情况下检测到痕量组分。强电子亲和能的原子或基团包括卤素、羰基、硝基、稠环芳烃和某些金属。电子捕获检测器广泛用于农药和多氯联苯的检测，而其对碳氢化合物（除芳烃外）的灵敏度很低。

很多目标分析物无法通过电子捕获检测器直接检测，但可通过制备适当的衍生物得以检测。例如，大多数生物化合物的电子亲和力小。类固醇，如胆固醇，衍生成氯乙酸酯即可以检测。痕量金属，如铝、铬、铜、铍等，将其制备成挥发性三氟乙酰丙酮螯合物，能够检测出pg~ng级水平的含量。存在于受污染鱼体内的氯化甲基汞能检测出纳米水平的含量。

气相色谱可与原子光谱结合以检测特定元素。色谱可分离不同形态的元素，而原子光谱可识别元素。此类强大组合有利于检测环境中不同形态的有毒元素。例如，由氦微波诱导产生等离子体的原子发射检测器（Atomic Emission Detector，AED）可以检测由气相色谱分离的鱼体内存在的挥发性甲基乙基汞衍生物。原子发射检测器可同时检测多种元素的原子发射，发射光通过单色仪由阵列检测器检测。而且，气相色谱和电感耦合等离子体-质谱检测器（ICP-MS）串联（，可同时高灵敏性检测出具有多种元素的物质，甚至能区分同种元素的不同同位素。

洛夫洛克于1970年发明电子捕获检测器，第一次检测出空气中的氟氯烃，并且发现氟氯烃在大气中浓度约是6×10^{-11}。总体而言，大气中甲烷浓度约是1.5×10^{-6}，1950年代只要能检测出甲烷就是丰功伟绩了。洛夫洛克发现在未受污染的空气中也能检测出氟氯烃，促使他向英国政府请求提供少量资金，将其装置安置于从英国开往南极洲船只的甲板上。英国政府断然拒绝了该要求。有个评论员称这种方法不能检测出空气中的氟氯烃，即便可以也很无用。然而洛夫洛克没有放弃，1971年他自行出资将实验放在一艘名为沙克尔顿的调查船上进行。两年后，他报道从北大西洋到南大西洋搜集到的所有空气样品基本上都检测出氟氯烃-11。之后发现，氟氯烃光化学分解后在平流层形成氯原子，可破坏链式反应中的臭氧。由于氟氯烃对臭氧层（保护我们免受紫外辐射）具有威胁性，所以氟氯烃的生产已被禁止。洛夫洛克也是“盖亚”假设之父，假设地球上的生物体和无机环境相互作用形成自我调节的复杂系统，该系统有助于维持地球生存环境。以其名命名的书籍堪称经典。

还有其他检测器在实际应用中得到了广泛应用。硫化学发光检测器（Sulfur Chemiluminescence Detector，SCD）在硫化合物的分析中是最灵敏、选择性最高的检测器，而且在很多行业都有应用价值。通过高温燃烧含硫化合物形成一氧化硫，然后和臭氧反应，高能反应发光后用光电倍增管检测。不同化合物中的硫总会有线性等物质的量的响应，总体上不受样品基质的干扰。氮化学发光检测器（Nitrogen Chemiluminescence Detector，NCD）工作原理与SCD相似，含氮化合物产生一氧化氮，然后和臭氧反应产生化学发光。

光离子化检测器（Photoionization Detector，PID）选择性类型不同。足够强度的紫外辐射可将很多化合物电离出电子，产生一个负电子和一个正离子，和氢火焰离子化检测器检测方式相同。色谱柱中的流出液直接接受强紫外光辐射。灯的选择决定了检测物质的种类，目前仪器使用最多的是充满惰性气体的无电极放电灯（EDLs）。每种分析物有其独特的电离能（Ionization Potential，IP），光子的能量必须超过待检测分析物的电离能。使用最广泛的是10.6 eV灯（116.9 nm，氪气，MgF_2窗口），因为它能检测出大多数挥发性有机化合物且易于清洗；氪气灯也能产生10.0 eV（123.9 nm）的辐射；氩气灯可以产生11.7 eV（105.9 nm）的辐射，甚至可以电离甲醇。然而，这种灯需要昂贵且吸湿的LiF窗口，并不常使用。所有非火焰离子化检测器只能电离很小一部分样品，通常检测是非破坏性的。其他用于气相色谱的非破坏性检测器包括吸收光谱检测器；红外和紫外，甚至核磁共振（Nuclear Magnetic Resonance，NMR）光谱也用作气相检测器，但是都不常用。

虽然液相色谱中常使用气相色谱检测器，但是气相色谱中很少使用液相检测器。有一个例外是，20世纪70年代普渡大学的昆虫学家兰德尔 C.霍尔发明了溶解相检测器检测杀虫剂。霍尔电导检测器（Hall Electrolytic Conductivity Detector，HECD）是溶解相电导检测器，可以非常灵敏地检测出含有特定元素的化合物。该检测器由两种截然不同的组件组成，熔炉（500~1000 ℃）和使用洗涤溶剂的电导池，一般是1–丙醇（图9–29）。该检测器可选择性检测出卤素、氮或者硫。分析卤素时，惰性载气通过热镍反应管，使齒代烃分解成其相应的酸（HCl、HBr等）；同等条件下硫化合物也能产生H_2S。气体通过聚四氟乙烯导管，在三通位置与弱酸性洗涤溶剂1–丙醇接触，进入电导池。溶剂使用一次性离子交换柱床回收利用。微酸性1–丙醇可防止H_2S溶解进入溶剂，提高硫化合物的选择性。HCl、HBr等溶解在乙醇中时，可完全解离并提高导电率。卤代有机物和碳氢化合物的比例是10^9：1时，能检测出pg级水平的卤代有机物。分析氮化物时，提高炉温（适用于卤化物在炉温下无法明显形成氮气的情况下），产生的气体通过$Sr(OH)_2$填充柱以除去酸性气体——产生的氨气经15%的1–丙醇洗涤后成弱碱水。检测限是pg级水平，与碳氢化合物的比例是10^5：1。但因为氨水是弱碱（因为在纯丙醇中离子化程度更差，洗涤溶剂一般都是水），线性范围仅跨越三个数量级，而卤素线性范围可跨越六个数量级。分析硫化物时，加入空气或氧气将硫转变成SO_2和/或者SO_3。降低温度有利于产生SO_3。1–丙醇或者其他醇类作为洗涤溶剂，其性能和选择性不如在其他分析模式下优良。

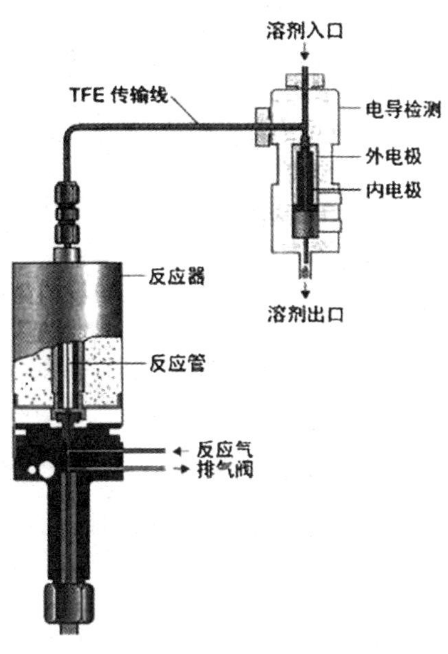

图9–29　霍尔电解电导检测剖面图

另一类用于气相色谱的卤素选择性检测器是干电导检测器（Dry Electrolytic Conductivity Detector，DELCD），从某种程度上来说有些用词不当，因为该检测器并非检测电导率而是检测卤素氧化物（如ClO_2或BrO_2）的还原电流。色谱柱流出物中先加入空气，再通过加热至1000 ℃的陶瓷管，此时卤素化合物大部分转化成卤素氧化物。氧化物在通过陶瓷管出口处的铂阴极和镍阳极时还原为卤素，检测器检测还原电流（误称为电导率），可以检测到10^{-9}级水平的卤素化合物。干电导检测器也可以在火焰离子化检测器后使用，但是大多数卤素已经转变成HCl或HBr，干电导检测器对其没有响应。只有大约0.1%的卤素转变成氧化物，其检测水平仅是10^{-6}级。

脉冲放电（电离）检测器[Pulsed Discharge（Ionization）Detector，PDD]是万能气相色谱检测器之一，其可在通用性和选择性模式下工作。脉冲放电检测器由休斯敦大学的威廉·温特沃斯于1992年发明，该检测器原理基于铀电极间的脉冲高压，一般氦气作载气。激发态双原子He_2转变为基态He能产生足够能量的紫外辐射（60~100 nm，约13.5~17.5 eV），电离除氖以外的所有元素和化合物。脉冲放电检测器可配置为通用性、选择性或者单原子/多原子发射检测器。通用模式下，PDD又称为氦脉冲放电光离子化检测器（He-PD-PID），洗脱分析物发生光电离，所产生的电子通过放置适当位置的下游电极产生电流。永久气体的响应为正（稳定电流增加），检测限在低10^{-9}级水平。在使用火焰或者氢气可能存在风险的情况下，脉冲放电光离子化检测器可良好替代火焰离子化检测器。PDPID可在放电气体氦气中掺杂氩气、氪气或者氙气，产生这些气体的激发态原子，导致特征光子辐射。电离和检测何种化合物类型取决于掺杂的气体。

电子捕获模式（PDECD）下操作时，在检测器前先引入氦气和甲烷。甲烷使感应电极之间形成显著的稳定电流，在捕获甲烷所电离产生的电子时，检测器能非常灵敏地检测出强电子亲和力的化合物，如氟利昂、氯化农药和其他卤素化合物。检测限比传统的电子捕获检测器低，在fg–pg级水平，检测器还可在高达400 ℃的温度下工作。

脉冲放电发射检测模式（Pulsed Discharge Emission Detection，PDED）目前并不常使用。PDD具有终端石英窗，由高能量光子激发分析物所产生的辐射线经单色器至检测器成像。PDD最初使用单一波长的光电倍增管检测器，但目前更为高级的配置是使用阵列检测器。

检测器或对浓度敏感，或对质量流量敏感。浓度敏感型检测器的信号和检测器中溶液浓度有关，随着尾吹气的稀释而减弱，通常不会破坏样品。热导检测器、氩气电离检测器和电子捕获检测器是浓度敏感型检测器。质量流量敏感型检测器的响应信号和溶剂分子进入检测器的流速有关，且不受尾吹气的影响。通常这类检测器会破坏样品，如火焰离子化检测器和火焰热离子检测器。此前，使用两根气相色谱柱提高分辨率时，第一根色谱柱的流出液直接进入第二根色谱柱进行二次分离。第一个检测器必须是非破坏性的或在检测前进行分流，使部分样品直接进入第二根色谱柱。目前，在GC–GC实际应用中（见下文），检测器几乎都是质谱仪，第一根色谱柱的流出物无须经过检测器直接进入第二根。

气相色谱新兴的检测技术是真空紫外（Vacuum Ultraviolet，VUV）光谱。真空紫外光谱的吸收光波长范围约为120~200 nm，历来局限于同步加速器设施的研究，在同步加速器中短波长的光子可利用电子加速到极高的动能。在教科书和文献中几乎找不到真空紫外光谱的描述。直到最近才有制造商利用标准的氘光源设计出台式设备。灯源和流动池的窗口使用MgF_2材料，可通过低波长紫外光辐射多信息。气相色谱是分离并引入气相分析物进入分光光度计的理想方式。VUV作为检测器，具有卓越的定量和定性的能力，具有满足或超过很多现代气相色谱检测器性能的潜力。

GC–VUV最大优势在于所有分子在电磁色谱区域均有吸收，气相检测吸收特征明显（在溶液中和溶剂反应会使光谱吸收特征模糊）；每个分子都有特征光谱，可用以鉴定其结构。图9–30中所示的是萘的两种常见代谢物1–萘酚和2–萘酚的标准吸收光谱。或许令人惊奇的是，具有电子电离的标准气相色谱–质谱无法根据其碎片裂解规律区分两种化合物；然而，这两个化合物的真空紫外吸收模式非常不同。另外，真空紫外吸收仍然遵循朗伯、比尔定律，因此可以进行定量分析。大多数分子的GC–VUV检测限是低皮克级水平，远远超过质谱和火焰离子化检测器的检测能力。

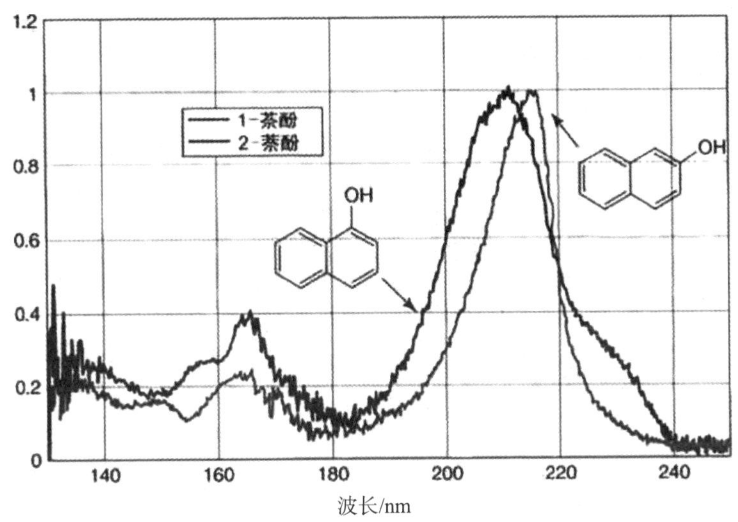

图9–30　萘的两种常见代谢物1–萘酚和2–萘酚的标准吸收光谱

四、温度选择

气相色谱中适当的温度选择在于多个因素的综合考虑。进样器或进样阀温度应相对较高，与样品的热稳定性一致，保持最大蒸发速率使样品以最小的体积进入色谱柱，从而降低谱带展宽增加分辨率。不过，过高的进样温度会逐渐损坏进样隔膜，污染进样阀。柱温选择需综合考虑流速、灵敏度和分辨率。在柱温较高的情况下，样品组分大部分以气相形式存在，洗脱速率很快，但分辨率低。在柱温较低的情况下，样品组分在固定相中保留时间更长且洗脱缓慢，分辨率增加但因展宽增大而灵敏度降低。检测器温度必须足够高以免样品物质冷凝。热导检测器的灵敏度随着温度的增加而降低，所以检测器温度应保持所需最低温度。

色谱条件的选择需多个因素综合考虑。

通过程序升温可以使分离更加便捷，并且大多数气相色谱都有程序升温功能。温度根据预设速率在色谱运行过程中自动增加，该速率可以是线性的、指数的、阶梯状的等。通过这种方式，强保留化合物可以在合理分析时间内洗脱，也无须迫使其他化合物太早洗脱。

程序升温通过从低温上升至高温加速分离进程。强保留物质在高温下易洗脱。弱保留物质温度越低，分辨率越高。

图9-31所示的是逐步线性升温对复杂烃类混合物进行分离的程序升温。前12种气态或光化合物易于洗脱分离，以固定的低温（100 ℃）运行5.5 min。而其他物质需要较高的温度，5.5 min后，温度以5 ℃/min的速率线性增加20 min，升温至200 ℃，然后保持该温度直到最后两种化合物洗脱。

如上所述，如果检测组分在工作高温不易挥发，则可将其转变为挥发性衍生物。例如，非挥发性脂肪酸转换为挥发性甲基酯；一些无机物卤化物在高温下可充分挥发，可直接使用气相色谱法测定；金属通过络合后具有挥发性，例如，三氟乙酰丙酮。

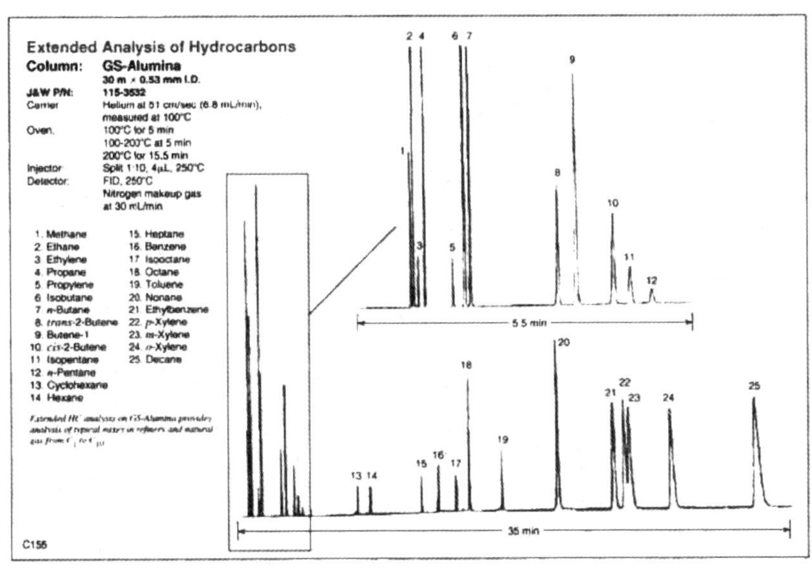

图9-31　温度程序分析（安捷伦科技有限公司提供）

五、定量检测

洗脱溶质的浓度与记录的峰面积成正比。气相色谱仪的电子集成系统可计算得出峰面积和保留时间，也可测量峰高以构建校准曲线，同时建立校准曲线的线性度。

标准加入法是校准的有效技术，尤其是特殊样品。向一个或多个样品中添加已知浓度的标准品，峰面积与所添加的标准品量成正比。该方法的优势在于可以验证未知分析物的保留时间是否与标准物相同。然而需要注意的是，如果未知物与分析物同时洗脱会引起定量的正误差，而标准加入法无法规避该类问题。

另一种重要的定量分析方法是内标法。样品和标准品中都加入等量的溶质，其保留时间与分析物相近。标准品或分析物峰面积与内标物峰面积之比用以建立校准曲线并确定未知浓度。该方法可以弥补物理参数的变化，可尽量减小因移液和微升级进样体积所带来的误差。同时，即使流速不同，相对保留值依然保持不变。

内标物通常加入到标准品和样品溶液中。测定分析物峰面积与内标物峰面积之比，该比值不受进样体积和色谱条件细微变化的影响。电子表格练习：

内标校准法

司机涉嫌酒驾时，可测定其血液中酒精含量以确定是否超出法定上限。常规驾驶逮捕通常需完成无创性酒精呼气测试，利用系数将呼出空气转换成血液酒精浓度（Blood Alcohol Concentration，BAC），但具体参数视个体差异而定。发生事故、伤害或死亡等交通事故时，血液样品中的酒精含量通常是由气相色谱直接分析的。

在5.00 mL嫌疑人的血液样本中加入0.500 mL的1%丙醇水溶液作为内标物。气相色谱进样量10 μL，记录峰面积。标准品以同等方式进行处理。所得结果如下：

EtOH密度/%	峰面积EtOH	峰面积PrOH
0.02	114	457
0.050	114	449
0.100	278	471
0.150	561	453
0.200	845	447
未知物	1070	455

六、顶空分析

顶空分析法规避了挥发性分析物的溶剂萃取。

适用于气相色谱分析的溶剂萃取法和固相萃取样品前处理方法。顶空分析法是一种方便快捷的气相色谱分析挥发性样品的进样方法。样品密封于气相小瓶内，以恒定温度平衡，例如10 min，收集样品上方的饱和蒸气并进样。一般20 mL玻璃小瓶的瓶盖是内衬聚四氟乙烯（PTFE）的硅橡胶隔膜。注射器针头可以插入抽取1 mL样品，或通过加压使蒸气进入大气压环境的1 mL进样环，辅助载气运载进样环内物质进入GC进样阀。固体或液体挥发性样品的检测水平一般小于等于10^{-6}级。顶空分析时，药片溶解于水溶液，加入硫酸钠使挥发性分析物更进一步“盐析”。

七、热解吸

在热解吸中，挥发性分析物通过加热从样品解吸，直接进入气相色谱。

热解吸（Thermal Desorption，TD）是一项固体或半固体样品在惰性气流下加热的技术。挥发性和半挥发性有机化合物从样品基质中萃取出进入气流，从而进入气相色谱。样品放置于可更换PTFE管衬，可插入不锈钢管中进行加热。

TD实例是分析水基涂料的有机挥发物。TD管与含有吸附剂的第二根管组合使用去除水分，因为大部分毛细管气相色谱柱中不可引入水分，离子液体相除外。少量涂料样品（如5 μL）置于TD管的玻璃毛面，涂料固体留在原处。

裂解气相色谱也是一项相关技术，最常与质谱检测器联用。样品通常是聚合物或类似涂料的复合样品，在可控条件下加热分解，热解产生的蒸气由GC–MS进行分析。因此生成的“指纹图谱”特征性和重现性优异，可以使热解条件精准重现。现有许多裂解气相色谱仪器，可用于鉴别多类材料。

第四节　仪器分析的新进展

一、荧光法

荧光分析是非常灵敏的，广泛应用于许多学科。

（一）荧光法原理

一些吸收紫外线辐射的分子通过碰撞损失一部分吸收的能量，剩下的以光的形式释放。

当分子吸收电磁辐射能量后，分子通过碰撞过程失活，能量通常以热能方式损失。一些分子通过碰撞失去部分能量，然后通过发射比吸收能量更低光子（波长更长）返回到基态，这种现象称为荧光；特别是受到高能紫外线辐射激发时，大约5%~10%的分子发出荧光，参见图9–32。

在室温下分子通常处在基态。基态是单线态（S_0），所有电子都是成对的。占据相同分子轨道的电子必须“成对”，即自旋方向相反。在单线态中电子都是成对的。如果电子有相同的自旋，则它们不能成对，在分子中处于三线态。单线态和三线态指的是分子的多样性。光子的发射始于荧光官能团的吸收（这一过程需要10^{-15} s），终于电子跃迁到高能级（激发态）。在室温下，大多数有机分子从基态的最低振动能级跃迁到相同多样性（S_1，S_2）的第一或第二电子激发态的振动能级。在这些较高的电子能态中振动能级和转动能级之间的间距引起分子的吸收光谱。

如果跃迁到高于S_1的电子能级，则内部转换迅速发生。设想激发态分子从这个高电子能态的振动能级跃迁到S_1的高振动能级，能量与原激发态相同。此时与溶剂分子的碰撞迅速消除了比S_1更高的振动能级的多余能量，这个过程称为振动弛豫。这些能量衰退过程（内部转换和振动弛豫）发生迅速（约10^{-12}s）。因为这种能量损失迅速，所以从高于第一激发态的能量态发射荧光是几乎没有的。

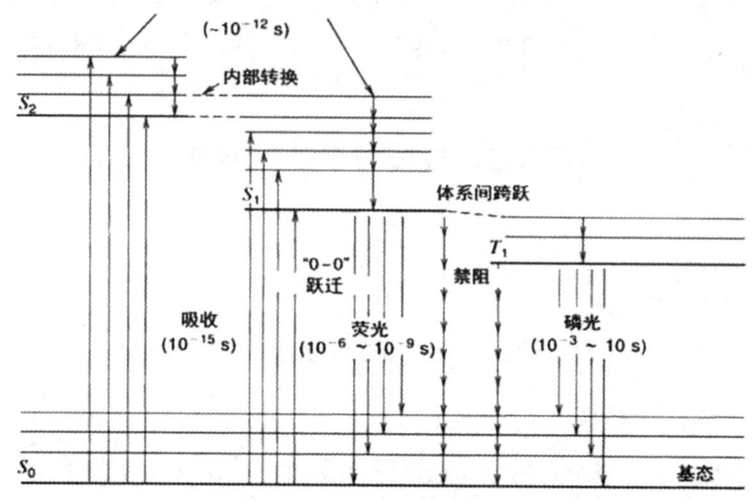

图9-32　能级图（有时指Jablonski图）表明吸收过程、释放过程和它们的速率

所发射的辐射的波长和激发波长无关。然而发射辐射强度依赖于激发光的波长和强度。

一旦分子到达第一激发单线态，通过内部转换到达基态是一个相对缓慢的过程。因此，第一激发态通过发射光子衰减与其他衰减过程相比是很有竞争力的。这种发射过程叫作荧光。一般而言，激发后荧光发射非常迅速（10^{-6}~10^{-9}s）。因此，在辐射源移开后眼睛不可能察觉到荧光。荧光是从最低激发态产生的，也就是说，荧光光谱发出的辐射波长与激发波长无关。然而发射辐射的强度与入射辐射强度成正比（即吸收光子的数量）。

激发和辐射跃迁的另一个特点是最长的激发波长对应于最短的发射波长。

这是一个“0–0”谱带，对应于S_0的0振动能级和S_1的0振动能级之间的跃迁（图9–32）。

当分子处在激发态时，电子也可能发生自旋方向改变，分子通过体系间跨越转移到一个较低能级的三线态。通过内部转换和振动弛豫过程，分子迅速到达第一激发三线态（T_1）的最低振动能级。从这里开始，分子通过发射光子回到基态S_0，这种发射称为磷光。由于能态之间不同的多重性是“禁阻的”，这一过程较缓慢，T_1比S_1寿命更长，而且磷光比荧光存在时间更长（$>10^{-4}$ s）。因此，当激发源被移开时经常可以看到磷光的“余晖”。此外，由于它的寿命相对长，无辐射跃迁过程与磷光有效地竞争。由于和溶剂或是氧气之间的碰撞，磷光通常不容易在溶液中观察到。磷光测量时需冷却样品至液氮温度（–196 ℃），以减少与其他分子的碰撞。固体样品也有磷光，而且许多无机矿物质具有长寿命的磷光。据研究在固体上吸附的溶液分子也可以发出磷光。矿物质也能观察到磷光。“荧光”灯是含有汞和附着磷的玻璃包膜。汞被电子激发发出紫外线，激发磷光分子发出可见光。注意，关闭这些灯后余晖将持续一段时间，所以可以确定余晖来自附着在玻璃管表面的包膜。这些吸收了汞灯释放的紫外线，在较长的波长（低能量）发射荧光，产生红移。现代荧光灯均使用磷的混合物，如铝酸钡发蓝色荧光，磷酸镧发绿色荧光，氧化钇发橙红色荧光。精确成分的磷混合物可以生成“冷”到“温暖”白光。

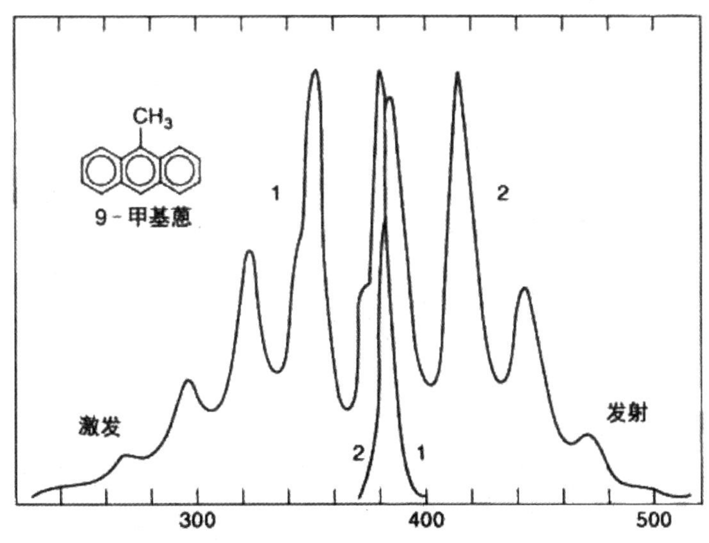

图9–33　荧光分子的激发光谱和发射光谱

典型的荧光分子的激发光谱和发射光谱如图9–33所示。激发光谱形状通常对应于分子的吸收光谱。激发光谱的结构和发射光谱结构之间，存在（但不一定）紧密联系。对于许多相对较大的分子，激发态的振动间隔，尤其是S_1与S_0非常类似。因此，衰减至各种S_0振动能级的发射光谱的形成往往是激发光谱的“镜像”，原因是激发光谱是激发到处于激发态的不同振动能级而形成的，比如S_1。当然，结构也与每个振动能级不同的转动能级有关。

磷光寿命比荧光寿命更长，因为激发光源关闭之后磷光还会产生。

最长吸收波长和最短荧光波长往往是相同的（0–0跃迁见图9–32）。然而，这并非因为激发态分子与基态分子之间的溶剂化差异。溶剂化热的不同导致了发射光子的能量减少，其值相当于这两个溶剂化热的差异。

只有少数分子能发射荧光，发射磷光的分子更少。对于检测或测量来说这是优势。发出的辐射可能在紫外区域，尤其是当化合物吸收低于300 nm的辐射时，但通常是在可见光或近红外光谱区域。测量的荧光与浓度有关。

（二）化学结构和荧光

原则上吸收辐射的任何分子被激发到电子激发态都能发出荧光。然而，因为许多不同的原因大多数分子不会。我们将在下文指出哪些类型的物质可能会发出荧光。

首先，分子吸收越大，其荧光强度越大。许多芳烃和杂环化合物发射荧光，特别是如果它们包含某些取代官能团。多个共轭双键能增强荧光；一个或多个给电子官能团如—OH、—NO_2和—OCH_3也能增强荧光。多环化合物如维生素K、嘌呤、核苷和共轭多烯（如维生素A）等能发射荧光。官能团如—NO_2、—COOH、—CH_2COOH、—Br、—I和偶氮官能团倾向于抑制荧光。其他取代基的性质可能改变发射荧光的程度。许多分子是否发射荧光依赖于pH值，因为只有离子化的或非离子形式的可能是荧光剂。例如，苯酚是荧光剂但其阴离子$C_6H_5O^-$不是。色氨酸最佳的激发波长为280 nm，最大发射波长为360 nm。含色氨酸基团的蛋白质都显示荧光特性，但这种荧光不强。它的寿命对氨基酸特定环境是非常灵敏的，常被用来确定结构或构象变化。

如果一个化合物是非荧光剂，它可以转变为荧光剂的衍生物。例如，非荧光剂类固醇通过与浓硫酸作用脱水可被转换成荧光化合物。这样环状醇就转化成了酚类化合物。同样，二元酸如苹果酸可能在浓硫酸中与β－萘酚反应形成荧光衍生物。White和Argauer已经研究了许多金属与有机物形成螯合物显示荧光特性的方法。多种金属与8–羟基喹啉–5–磺酸形成高荧光螯合物或猝灭其他金属螯合物的荧光。抗体可以通过与荧光素异氰酸酯的游离氨基反应生成蛋白质发射荧光。NADH（烟酰胺腺嘌呤二核苷酸）的还原形式，会发射荧光。它在许多酶反应中是一个产物或反应物（辅因子）（参见第25章文本的网站，其荧光作为酶及其底物灵敏实验的基础。氨基酸除了色氨酸以外均不发荧光，但通过与丹磺酰氯反应形成的荧光衍生物有强烈的荧光。

（三）荧光猝灭

荧光中经常遇到的难题是许多物质的荧光猝灭。实际上，这些物质争夺激发电子的能量从而减少了量子产率（吸收辐射及荧光发射转换效率见下文）。碘离子是一个极其有效的猝灭剂。碘、溴取代基降低了量子产率。通过添加猝灭分析物到恒定浓度的荧光物质中，测量荧光猝灭的程度间接地测定猝灭剂本身。一些分子不发出荧光，因为它们可能含一种化学键，它的离解能低于激发辐射能。换句话说，化学键的破坏阻碍了荧光的产生。

荧光猝灭是定量测量中的一个问题。

溶液中的有色物质与荧光分析物可能通过吸收激发辐射，或吸收发出的炎光辐射，或两者兼有干扰荧光的产生，这就是所谓的“内过滤”效应。例如，在碳酸钠溶液中重铬酸钾的吸收峰发生在245 nm和348 nm。色氨酸的激发和发射峰的重叠也将产生干扰。“内过滤”效应起因于荧光团本身过高的浓度。一些分析物的分子会吸收其他物质发出的辐射（见下面荧光强度和浓度关系的讨论）。

（四）荧光强度和浓度之间的关系

荧光强度与光源强度成正比，而与吸光度无关。高效的荧光量子产率可以接近1，例如乙醇酸性罗丹明是1，碱性荧光素是0.79。水性色氨酸缓冲液在pH为7.2时荧光量子产率为0.14。

荧光强度很容易偏离比尔定律，荧光强度F可表示为

$$F=\Phi P_0（1-10^{-abc}）\tag{9-23}$$

式中，Φ是量子产率，比例常数或吸收光子转换成荧光光子的分数。因此，量子产率小于或等于1。方程中的其他项和比尔定律一样。从方程中明显可以看出，如果abc很大，10^{-abc}项和部分透过率T一样，相比于1可以忽略，F将变为常数：

$$F=\Phi P_0 \tag{9-24}$$

浓度低时，荧光强度与浓度成正比。

这个方程根据物质一般适用于浓度高达百万分之几。在较高的浓度，荧光强度随着浓度的增加而降低。考虑到在稀溶液中，吸收辐射均匀地分布在整个溶液。但在高浓度溶液中，溶液的第一部分的路径将吸收大部分辐射。因此方程仅适用于当大部分的辐射通过溶液时，当超过约92%被传递（这是说在低吸光度值A≤0.04），吸收度和透过率呈线性相关。

（五）荧光仪器

对于荧光检测，需要入射辐射分离出发射辐射。这通过测量与入射辐射成直角的荧光最容易实现。荧光辐射在各个方向发射，但入射辐射直接通过溶液。

一个简单的荧光计设计如图9–34所示，仅需要一个紫外线光源。大多数荧光分子在一定波段吸收紫外辐射，因此对于许多荧光计应用一个简单的光源就足够了。这样的紫外光源是中压汞蒸气灯。火花低压通过汞蒸气，主要发射光线253.7 nm、365.0 nm、520.0 nm（绿色）、580.0 nm（黄色）及780.0 nm（红色）。短于300 nm波长的光对眼睛是有害的，绝不能直视短波紫外光源。汞蒸气本身吸收大部分的253.7 nm辐射（自吸收），在灯的外层添加蓝色过滤器以除去大部分的可见光。因此365 nm线主要用于激发。在更多精密仪器中一个高压氙弧（连续源）灯通常用作光源，扫描光谱（荧光谱仪），因为它有一个统一的能量分布贯穿整个紫外可见光谱。在25 ℃时灯的压力为7 atm（1 atm=101 325 Pa），在操作温度时为35 atm，一般被安置在一个防护但通风情况良好的房间。

图9–34中一个简单的过滤荧光仪器，激发过滤器（过滤器1）用于选择有效激发荧光分析物的波长。这个过滤器通常是一个短路径或长波长截止带通滤波器，它比发射滤波器（过滤器2）的切断波长更短，通常是一个长传递过

滤器。因此过滤器1只允许激发波长通过，而过滤器2通过发射波长但不是激发波长，通过散射它将找到到达检测器的途径。根据应用，玻璃或非荧光级石英吸收池是合适的。

过滤器1去除波长短于那些通过过滤器2并作为荧光出现的。过滤器2消除了散射的激发波长，并使发射的荧光通过。

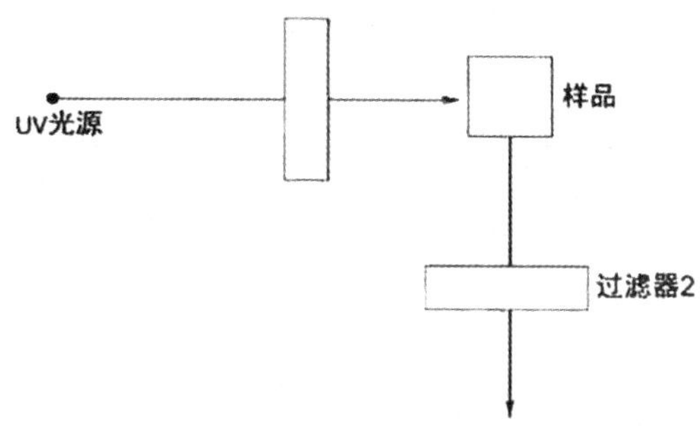

图9-34　简单的荧光计设计

基于LCW的荧光检测器在专业应用中提供了一个非常简单的方法以流经荧光检测器，这一原理在图9-35（a）给予说明。光横向入射LCW管，通过它包含分析物的溶液是流动的。任何未被吸收的光线径向通过。当荧光分子通过光路径时，它吸收光，产生的荧光向任意方向发射。这种荧光，发生在光纤两个轴向方向内，在LCW的一端测量。在这样的设计中，检测到的荧光发射大部分没有激发辐射。安排的实际应用如图9-35（b）所示，其中在LCW的一端连接一个三通，发射的荧光通过光纤到达检测器。为了增强检测灵敏度，会应用单色光源，如一个或多个发光二极管或微型荧光黑光（365 nm）。发射过滤器进一步滤掉任何激发光，可以选择性地放在检测器前面消除杂散的激发光。应用该方法可以获得很多分析物好的检测限。通常这样一个体系最昂贵的部分是用作检测器的光电倍增管。使用LEDs作为光源允许快速开/关转换不需要牺牲光强度的再现性，使用选择性光纤传递发射光允许多个光纤从多个检测器吸收池连接到同样的检测器，检测一个吸收池激发光打开一次。大气中过氧化氢和有机过氧化物的荧光检测使用一个复合检测器，见Z.Genfa，P.K.Dasgupta，and G.A.Tarver（Anal.Chem.75（2003）1203）。

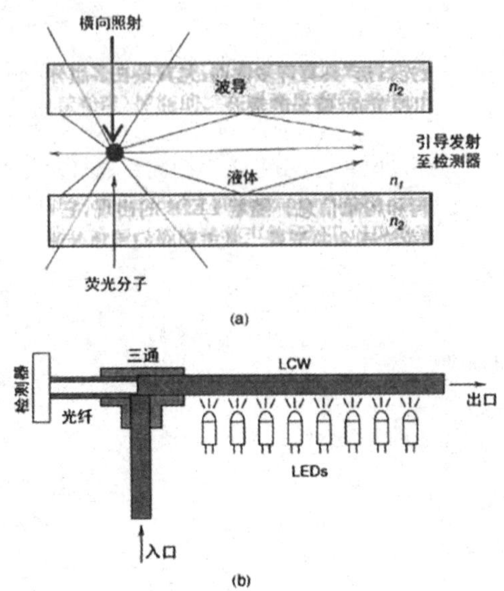

图9-35 （a）基于荧光检测的液芯波导（LCW）操作原理，（b）典型应用图

荧光仪，测量时与入射辐射方向成直角。仪器包含两个单色仪，一个选择激发波长和一个选择荧光波长，但不使用过滤器。在某一荧光波长下连续扫描光源的激发波长测量荧光强度给出激发波长的光谱，选择最大激发波长。然后，设置激发波长在最大激发波长，扫描发射波长以确立最大发射波长。当扫描光谱时，通常有一个对应于激发波长的“散射峰”。高端荧光仪通常在激发或发射阶段或两者同时使用双光栅单色器，以将杂散光降到最低。

在荧光分光光度计中，过滤器更换为扫描单色仪。记录激发光谱（类似吸收光谱）或发射光谱。

典型的荧光光谱仪，来自光源或在不同波长检测器响应的强度变化没有校准，通常要在给定的实验条件下绘制校准曲线。因为光源强度或检测器响应每天变化，仪器通常通过测量标准溶液的荧光进行校准，调整所得结果与仪器读数相同。在稀硫酸中的奎宁溶液通常用作校准标准溶液。

精密仪器例如Horiba Jobin–Yvon Fluorolog，通过在任意波长用校准光电二极管阵列连续监测光源强度提供“修正光谱”，并且校准检测器作为波长函数的已知响应行为。发射光谱可以直接以单位带宽发射的光子呈现。如Hamamatsu Quantaurus–QY仪器明确设计用于测量作为激发波长的函数的量子效率。

有很多仪器可以同时扫描（同步）激发和发射单色器。然而这超出了目前的讨论范围，“同步荧光扫描”具有许多优点，尤其是在多组分分析方面。

（六）荧光寿命和门控荧光/磷光测量

对最常见的荧光化合物来说，光子发射能量的典型激发态衰减时间从紫外到近红外为0.5~20 ns。这些“荧光寿命”通常对荧光团的即时环境高度灵敏，因此可以提供结构和构象信息。随着LEDs的出现，它可以高速脉冲，几乎专门用于相位分辨荧光寿命的测量。考虑到我们用比荧光寿命小的闪光激发样品一次。然而光吸收本质上是瞬间的，荧光强度峰会发生在有限时间间隔（等于激发态的平均寿命）之后。现在不考虑单光束，在短时期内LED打开、关闭的整体频率是10 MHz。因此整个周期100 ns，整个周期是360°。如果荧光发射出现在激发峰之后10 ns有一个峰，我们会观察到相对于激发波形发射相移是10/100 × 360° = 36°。两个信号之间的相位差可以以高分辨率和高精确度测定，这些构成了用相位分辨荧光进行寿命测量的原理。例如，Hamamatsu QuantaurusTau仪器使用用户在280 nm，340 nm，365 nm，405 nm，470 nm，590 nm和630 nm发射可选的LEDs，允许样品冷却至液氮温度，可以一分钟内测量荧光寿命。寿命可以测量至0.1 ns。

正如前文提到的，当涉及系间跨越时荧光寿命变长并生成“磷光”。主要的分析应用涉及某些镧系金属离子的独特行为，尤其是铕（Eu^{3+}）和铽（Tb^{3+}）。在水溶液中，这些离子吸收并发出弱的荧光，寿命很短。当与一个合适的有机复合试剂螯合配位时，最大吸收增加并发生蓝移。金属配合物中配体吸收紫外线辐射被激发到激发态，能量通过系间跨越被传递到金属中心。金属配合物发出荧光，强度比金属离子强10 000倍，荧光寿命高达几百微秒。这个体系类型是理想化的被称作时间–门控的荧光检测，在激发闪光/脉冲照射样品之后有限时间内检测到荧光。这种类型技术的巨大优势是检测真正发生在一个完全黑暗的环境，因为测量进行时激发源是关闭的，没有色散激发光。光电倍增管是专门用于时间–门控操作。注意，即使能量不作用于灵敏的光电检测器，接触明亮的光照也会导致记忆效应。因此检测器的视角被音叉/叶片挡住，或在激发脉冲期间应用其他机械方式。

基于荧光的指纹检测/成像是高度灵敏的，但是往往受有底物的本地指纹荧光阻碍。使用镝螯合物指纹发展试剂和时间分辨成像，可以想象指纹在其他的表面检测是非常困难的。大部分细菌孢子，包括炭疽，由吡啶二羧酸钙组成，它显然在萌发期间用作能源，铽的吡啶二羧酸配合物具有长的荧光寿命，可以用于灵敏检测孢子的存在，使用荧光检测孢子。

（七）荧光与吸收

荧光方法比吸收光谱法更灵敏的原因如下。为了检测一个很小的吸光度，需尝试检测大量传递光之间的很小的差异。现在最好的流通吸光度检测器接近10^{-6}的噪声水平，相当于约2%的光强度稳定性。原则上，在荧光中的检测没有光和少量光之间的差异，因此检测极限是由光源的强度、检测器的灵敏度和稳定性（散粒噪声）控制的。在吸光度和荧光中，信号与浓度呈线性关系，可以观察到宽动态响应范围，10^3~10^4动态范围并不少见。实际上，荧光测量的检测限受散射光、光源稳定性和检测器暗噪声控制。在有利的情况下，如激光诱导焚光（Laser-induced Fluorescence，LIF），高量子效率突光物质检测使用陷波滤波器和冷却以减少暗噪声的PMT可以检测单个分子，这方面任何其他技术都比不上。

荧光测量比传统的吸光度测量灵敏1000倍。然而，长路径吸收测量和稳定的固态光源正在逐渐使吸光度测量更具有竞争性。

二、质谱分析法

在过去几十年里，随着质谱（Mass Spectrometry，MS）的发展与成熟，其已成为定量和定性最强大的分析技术之一。目前，质谱广泛应用于科学和工程领域的日常分析与科学研究。在19世纪末，尤金·戈尔茨坦、汤姆逊和威廉·维恩利用电场与磁场发现质子与电子；在20世纪早期，弗朗西斯·阿斯顿使用类似方法发现元素的同位素。现在，研究者通常利用质谱技术研究并解决复杂生物系统，甚至整个病毒粒子作为带电荷离子在质谱仪中飞行。当年由实验物理学家开创并发展的质谱领域现今已成为分析化学家的王国。科技正处于质谱飞速发展的时代中，分析系统可更快、更灵敏、更坚不可摧。当代著名分析化学家曾说过“如果质谱分析也无法得出结果，那么也许什么都不需要做了。”质谱的卓越能力由此证实。

（一）质谱原理

质谱是产生、分离并检测气相离子的复杂仪器技术，其仪器基本组件如图9-36所示。样品通过样品导入系统进入离子源。根据固定相、样品与分析物的特点，不同的样品导入系统和离子源将或多或少有利于离子形成。分析物通常是中性分子，必须进行电离。分析物进入高能离子源完成电离过程，例如电子轰击，激光电离或是放电电离；低能离子源也是存在的，例如大气压电离。

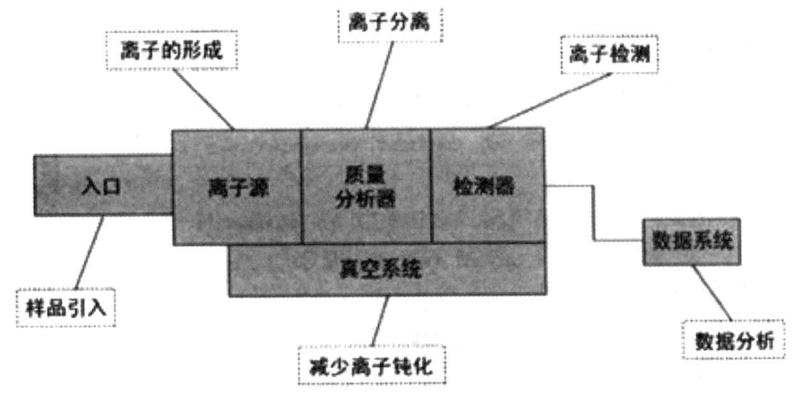

图9-36　质谱仪的常见组件

离子产生后迅速转移至低压真空环境（10^{-4}~10^{-7} mmHg，1 mmHg=133.322 Pa），施加不同配置的电场与磁场，按质荷比（*m*/*z*）大小进行分离。不同的质量分析器具有不同的优缺点，成本与应用。离子分离后撞击检测器，离子信号转化成数据采集系统可读取的电信号。质谱具有许多类检测器，其中常用的是电子倍增器。

过去的二十年中，质谱仪器发展与成熟的最大成就之一是采集处理数据的软件平台。根据不同的应用，不同的软件用以专门的定性和定量分析，包括复杂操作以完成元素分子量测定，比较分析和生物信息学等。不同制造商所提供的软件形式与功能不同，此处则不详细介绍。换言之，一旦了解质谱如何工作，如何有效使用软件通常是熟练操作仪器的最大障碍。

（1）质谱的质量类型

多数分析技术根据标准元素周期表上的值计算化合物的分子量，而质谱则略有不同，因为质谱可以区分不同同位素的质量。根据元素周期表计算的分子量是平均质量数，通过同位素丰度加权计算得出。质谱中使用精确质量数，也称为同位素质量，仅根据同一元素的单个（通常是丰度最大的）同位素质量计算得出。C–12原子质量单位精确设定为12.0000道尔顿（Da）。因此，以元素最大丰度计算，甲烷（$^{12}C^{1}H_4$）精确质量数为12.0000+（1.007825×4）=16.0313 Da。如果质谱检测出甲烷离子，则可观测到精确质量数的信号。由于自然界中也存在1%的C–13同位素，甲烷同位素的分离信号$^{13}C^{1}H_4$[13.00335+（1.007 825×4）=17.03465 Da]亦可在低丰度内观测到[1 Da=l原子质量单位（amu）]。表9–6列出了同一元素同位素的精确质量数与其相对丰度。

质谱实验的输出数据称为质谱图，如图9–37所示。质谱图是离子丰度与质荷比的关系图。离子丰度表明撞击检测器离子的含量，其与原分析物浓度相关，所以可作定量分析的依据。质荷比（*m*/*z*）是判别分析物的定性参数。如上例，甲烷在“单位分辨率”仪器上电离生产CH_4^+（分辨率后续介绍），应可见两个信号，即高丰度信号*m*/*z*l6与相对强度只有1%的小信号*m*/*z*17，*m*/*z*16以M^+表示，代表分子离子；*m*/*z*17以M+1表示分子离子的同位素。质谱图中的离子丰度通常以相对强度表示，所有离子的记录信号都相对于基准峰或丰度最大的离子。

表9–6　同一元素的相对丰度与精确质量数

元素	同位素	质量数	相对丰度/%
氢	^{1}H	1.007 825	100.0
	^{2}H	2.014 102	0.0115
碳	^{12}C	12.000 000	100.0
	^{13}c	13.003 355	1.07
氮	^{14}N	14.003 074	100.0
	^{15}N	15.000 109	0.369
氧	^{16}O	15.994 915	100.0
	^{17}O	16.999 132	0.038
	^{18}O	17.999 160	0.205
硫	^{32}S	31.972 071	100.0
	^{33}S	32.971 450	0.803
	^{34}S	33.967 867	4.522

续表

元素	同位素	质量数	相对丰度/%
氯	^{35}Cl	34.968 852	100.0
	^{37}Cl	36.965 903	31.96
溴	^{79}Br	78.918 338	100.0
	^{81}Br	80.916 291	97.28

（2）分辨率

质谱的分辨能力即区别两个质量的能力，称为分辨率R，定义为标称质量除以两个分离离子的质量差

$$R=m/\Delta m \tag{9-25}$$

式中，Δm是两个分离峰的质量差；m是峰的标称质量。质量差通常在某一部分的峰高平均值处测量。

分辨率表示区分两个质量相近分子的能力；单位分辨率表示可区分一个质量单位。

例9-4：已知离子信号峰顶为465.1 m/z，FWHM值为0.35 m/z，计算质谱的分辨率。

解：

$$R_{FWHM}=m/\Delta m=465.1/0.35=1330$$

分辨率的概念与质量精度紧密相关，质量精度以10^{-6}表示相对误差，根据以下关系式计算，可得

$$(m_{measured}-m_{true})/m_{true}\times 10^{6} \tag{9-26}$$

质谱中，质量精度表示目标离子检测所得的质荷比与真值之间的接近度。

式中，$m_{measured}$是检测的离子质量是预期的离子同位素质量。有机合成文献中报道新化合物时，许多期刊要求测定该化合物的精确质量，且质量精度误差小于5×10^{-6}。为达到该水平的准确度，质量分析器分辨率必须很高，如飞行时间分析器或离子回旋共振分析器。

例9-5：通过电喷雾离子化产生的四氟乙酸离子簇用于校正质量分析器。若$[Na_3(CF_3COO)_2]^+$检测出的质荷比为294.9357，质量精度误差（10^{-6}）是多少？

解：

$[Na_3(CF_3COO)_2]^+$的同位素质量是294.938 839。

元素	同位素质量	个数	总同位素质量
^{23}Na	22.989 221	3	68.967664
^{12}C	12.000 00	4	48.00000
^{19}F	18.998 403	6	113.990419
^{16}O	15.994 915	4	63.980756

质量精度误差为（294.935 7−294.932 59）/294.932 59 × 10^6=−10.6 × 10^{-6}

质量精度的负误差表示仪器的检测值总是小于真值。

图9−37所示的是在不同分辨率下，不同m/z值质谱信号的模拟图。许多商品软件可进行此类模拟。较小分辨率（R=1000）对于小分子量化合物，缬氨酸而言，足以将其分子离子与其最接近的同位素离子信号分开。然而，对于大化合物而言，如溶血性鱼霉素−2（同位素质量为1967.795 8Da），分辨率1000无法分离其同位素离子，至少需要5000。质子化溶血性鱼霉素−2分子离子模拟谱图也说明了同位素的存在。因为化合物具有三个氯原子，这些分子具有25%^{37}Cl与75%^{35}Cl同位素。在此情况下，可检测的同位素模式十分复杂。

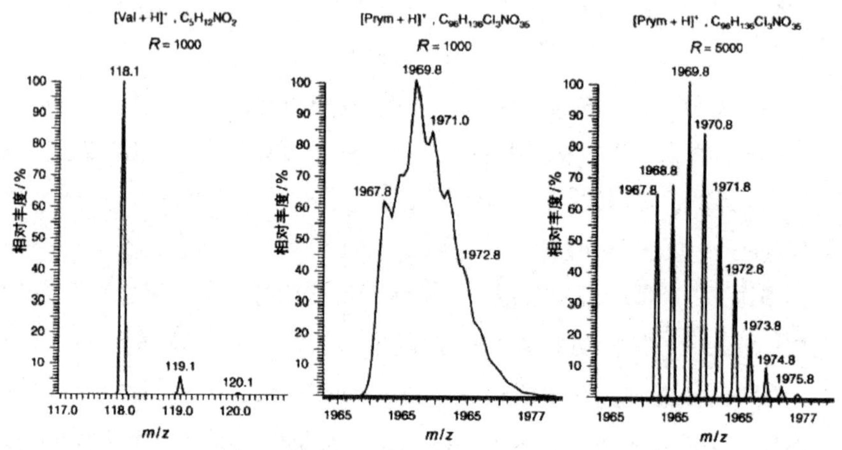

图9−37　不同分辨率下缬氨酸（Val）与海藻毒素溶血性鱼霉素−2的质子化离子的模拟质谱图

（3）分子式测定

质谱最有效的应用之一是确定原子或分子的分子量，然而，只使用质谱进行识别或直接给出未知化合物的结构存在一定难度。带有适合软件工具的仪器可用于测定未知化合物的分子式。此测定方法基于高分辨率与高质量精度以描述质荷比、分子离子的强度与其同位素。在合理原子比的公认规则辅助下（C_2H_{18}分子式不符合逻辑）与用户输入的预期原子量（常见有C、H、O、N，预期化合物也许也含有S或其他原子）基础上，可识别可能分子式，预测的分子量与检测的离子质量相近。离子质量检测地更准确更精确，预测的分子式数量越少。例如，C、H、N、Q有多种组合形成接近m/z823.1的分子量，但如果仪器检测出的离子质量精确至m/z823.1342，尤其是质量精度小于$\pm 2 \times 10^{-6}$误差时，组合范围将大大减小。

有许多规则可根据质谱数据指导得出分子式，最常见的是氮规则。在此规则中，如果含有偶数个氮原子（0，2，4，…），则分子量为偶数，反之亦然。另一规则是13规则，需要将检测质量除以13得到基本分子式（只含有C和H），从基本分子式出发，氢的不饱和度可用于测定并考虑其他可能存在的原子类型。

（二）样品导入与离子源

样品导入与离子源的最终目标是在高真空环境下将分子转化成气相离子。在真空条件下分析离子以增加离子的平均自由程，或称粒子在碰撞前所通过的平均距离。碰撞过程会失去（中和）离子，减少离子产量或降低灵敏度、平均自由程与压力成负相关。

样品与分析物形式不同，导入系统类型不同。如果分析物热稳定且易挥发，那么加热是将分析物转化成气相分子相对简单的方法。如混合物存在此类分析物，气相色谱将其与干扰物分离，毛细管柱出口作为质谱离子源的入口。气相色谱–质谱法是很常见的实验室技术，后续具体介绍。如果分析物纯度很高，可直接使用蒸气进样或直接探针进样，加热蒸发分析物，使其转移至离子源内。如果分析物不挥发或热不稳定，需采取其他方法将分析物转化成气相离子。极性化合物和离子化合物，尤其是生物大分子，通常属于这一类。一般应用液相色谱分离此类化合物的混合液。在过去20年中，液相色谱–质谱联用日益受欢迎，特别是随着大气压电离源（Atmospheric Pressure Ionization，API）的出现，例如电喷雾电离源（Electro SprayIon Ization，ESI），既可去除多余溶剂又可将非挥发性的化合物转化成气相离子。这些技术可通过直接灌注、直接注射或流动注射方式导入分析样品。固体样品可以不同形式导入质谱分析，通过激光辐射，原子或离子轰击，放电等完成电离。激光辐射（激光解吸/电离）和离子轰击（二级离子质谱）是目前最常应用于质谱分析的固体材料进样技术。

（三）气相色谱-质谱

谱图中未知化合物的保留时间与标准品相同（使用相同的分离方法），但并不意味着完全识别未知化合物。正确识别的可能性取决于各参数，如样品类型与复杂程度，样品的前处理步骤。气相色谱-质谱（GC-MS）是可识别多种化合物的强大技术。GC-MS应用于法院和环境实验室中复杂挥发性有机混合物的分析。质谱的高度特异性提供极精确的定量分析与定性分析。GC-MS系统过去占据整个房间，且花费数十万美元，但现在分析实验室广泛使用的小型台式系统，并且相对廉价。图9-38所示的是现代台式GC-MS系统。

图9-38　现代GC-MS仪器（岛津科学仪器有限公司提供）

表9-7列出的是GC-MS及LC-MS常见电离方法。GC-MS最常用的离子源是电子轰击型离子源（Electron Ionization，EI）。气相柱的气相洗脱分子在高度真空下被钨丝所产生的70 eV高能电子束轰击。轰击中性分子的电子具有足够的能量除去分子上的电子，产生单价离子。

$M+e^- \rightarrow M^+ + 2e^-$

式中，M是分析物分子；M^+是分子离子或母离子。M^+具有不同的能量状态，将其内部能量打碎（转动，振动，电子）形成小质量碎片，通过进一步电子轰击转化成离子或其本身亦可电离。碎片模式与给定条件（电子束能量）保持一致，只会剩余少量或根本不会剩余分子离子。如果分子离子存在且无多个同位素，则其是电子轰击质谱中最大的质量。具有芳香环，环状结构或双键的化合物更易出现高丰度的分子离子峰，因其共轭效应会减少碎片。图9-39所示的是甲醇小分子的EI质谱图，分子离子峰m/z=32是甲醇的分子量，甲醇^{13}C同位素形成小分子离子峰m/z=33，^{13}C的相对丰度为1.11%（^{12}C相对丰度为100%)，CH_2OH^+碎片形成基峰m/z=31。

电子电离被视为一种“硬”电离过程，会产生大量的碎片离子。

表9-7 电离方法的对比

电离方法	分析物	样品引入	质量范围	方法特点
电子轰击离子源（EI）	相对小挥发性	GC或液固探针	1000Da以内	激烈方法；通用；可提供结构信息
化学电离（CI）	相对小挥发性	GC或液固探针	1000Da以内	温和方法；分子离子峰$[M+H]^+$
电喷雾电离（ESI）	多肽，蛋白质，非挥发性	液相色谱或注射器	200000Da以内	温和方法；离子多电荷
基质辅助激光解吸电离（MALDI）	多肽，蛋白质，核苷酸	样品混合于固体基质	500000Da以内	温和方法；超大质量

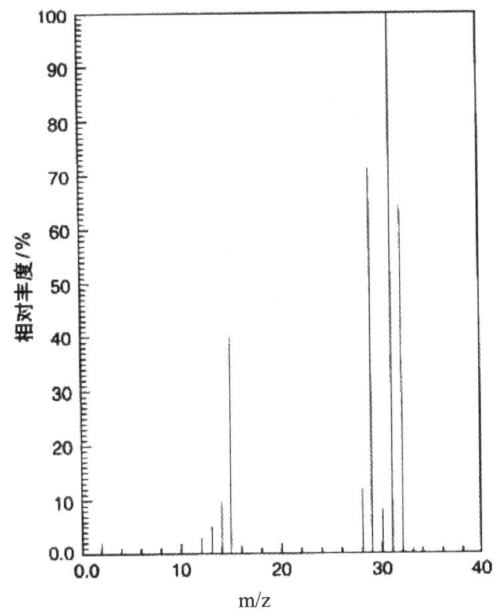

图9-39 甲醇的EI质谱图（摘自NIST质谱图）

GC-MS定性分析的一大优点是EI质谱具有成百上千的化合物数据。EI仪器的离子源能量一般为70 eV，此能量足以打碎所有分子，且不同仪器所产生的分子碎片都具有重复性。因此，不同仪器可产生完全一致的谱图，软件在化合物数据库中搜寻对应质谱图数据以识别未知信号即使目标信号的化合物在数据库中不存在，可追踪碎片与具有类似功能基团的化合物匹配。例如，一个分子具有取代苯环，则极可能具有m/z77，$C_6H_5^+$阳离子自由基的信号。表9–8列出的是具有特定功能的化合物经电子轰击所产生的离子与中性粒子。根据这些信息，上文所提及的规则（如氮规则，13规则，等等）与分子式，可画出EI谱图上的未知化合物整体结构，当然，使用数据库匹配更为简单。

表9–8　电子轰击离子源所产生的常见化合物的中性粒子与离子

质量	中性粒子	功能基	质量	中性粒子	功能基
14	杂质，同系物			NO	芳香族硝基
15	CH_3	甲基		C_2H_6	烷基（氯）
16	NH_3	甲基	31	CH_3O	甲氧基
	O（很少）	胺化氧	32	CH_3OH	甲酯
	NH_2	氨基	33	H_2O+CH_3	醇
17	NH_3	氨基（氯）		HS	硫醇
	OH	酸，叔醇	35	Cl	氯化合物
18	H_2O	醇，醛，酸（氯）	36	HCl	氯化合物
19	F	氟	42	CH_2CO	乙酸
20	HF	氟	43	C_3H_7	丙基
26	C_2H_2	芳香环	44	CO_2	酸酐
27	HCN	腈，异芳香环		C_2H_4	醚
28	CO	苯酚		N_2	偶氮
29	C_2H_5	烷基	46	NO_2	芳香族硝基
30	CH_2O	甲氧基	50	CF_2	氟
质量	离子	功能基	质量	离子	功能基
15	CH_3^+	甲基，链烷基	50	$C_4H_2^+$	芳基
29	$C_2H_5^+$，HCO^+	链烷基，醛基	51	$C_4H_3^+$	芳基
30	$CH_2=NH_2^+$	氨基	77	$C_6H_5^+$	苯基
31	$CH_2=OH^+$	醚或醇	83	$C_6H_{11}^+$	环已基
39	$C_3H_3^+$	芳基	91	$C_7H_7^+$	苄基
43	$C_3H_7^+$，CH_3CO^+	链烷基，酮基	105	$C_6H_5C_2H_4^+$	取代苯基

弗雷德·麦克拉弗蒂（Fred McLafferty）教授的职业生涯从工业产品开始，他依然记得在聚苯乙烯产品中遇到的质谱问题。1953年，一家单日生产100万lb（1 lb=0.4535 kg）聚苯乙烯的工厂因聚合物中出现黑色斑点而倒闭。当时

他负责质谱实验室，在苯乙稀单体的质谱图中发现了罪魁祸首。以下化合物谱图中，你可以找出该杂质吗？全球红外光谱专家都没有发现。你可以说说为什么吗？

解：

苯乙烯单体的质谱图显示$3\times10^{-4}CCl_4$，占优峰为117，119，121和123，其同位素强度比只有CCl_3^+。工厂经理相信了报告中没有CCl_4存在的红外专家（CCl_4是对称分子，在红外中无响应）。运输苯乙烯的陶氏得克萨斯罐车引入杂质CCl_4。麦克拉弗蒂教授利用质谱仪器奇迹般地证明了CCl_4的存在。

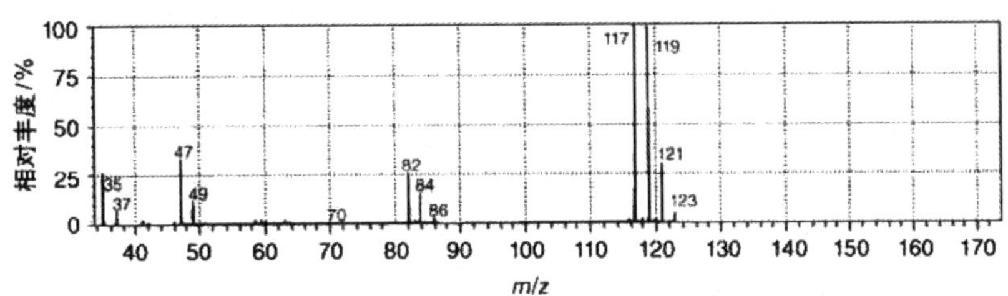

（质谱图由得克萨斯大学的高等分析化学岛津中心提供）

电子轰击是激烈的电离技术，很少产生高丰度的分子离子。有时分子量测定可能需要产生高丰度的分子离子。理论上，可通过降低EI灯丝电压达到要求，但一般使用化学电离源（Chemical Ionization，CI）。化学电离源相对较温和，不会产生过多碎片，分子离子峰是CI质谱图中的占优峰。反应气，如甲烷、异丁烷，或氨气在高压（大于133.3~1333 Pa）下引入电子轰击离子源，通过质子或氢负离子转移（阴离子引出与电荷交换是其他可能的电离机理）与分析物反应生成离子。化学电离过程由EI源的反应气电离开始。电子碰撞甲烷，产生CH_4^+和CH_3^+，再与甲烷进一步反应生成CH_5^+和$C_2H_5^+$：

$CH_4^+ + CH_4 \rightarrow CH_5^+ + CH_3$

$CH_3^+ + CH_4 \rightarrow C_2H_5^+ + H_2$

通过转移质子或负氢离子离去反应，使样品分子带正一价电荷：

$CH_5^+ + MH \rightarrow MH_2^+ + CH_4$（质子转移）

$C_2H_5^+ + MH \rightarrow M^+ + C_2H_6$（负氢离子离去）

谱图中可能会显示MH_2^+与M^+碎片。也许无法发现M^+离子，但从形成的M+H与M−H离子可知分子量。弱酸气相离子进一步简化谱图。通过质子转移，异丁烷产生的$C_4H_9^+$与氨气产生的NH_4^+都会电离但能量较低，碎片最少。表9-9所列的是不同反应气的化学电离特性。化学电离几乎可与现代气相-质谱仪器通用，测定化合物的分子量，不会因离子源激烈电离，产生过多碎片而难以测定。

表9-9　不同CI反应气的化学电离特性

反应气	产生的离子	使用范围/使用限制
甲烷	M—H^+；M-CH_3^+	多数化合物；产生的离子丰度并不总是高；过度碎片化
异丁烷	M—H^+；M-$C_4H_9^+$	半通用；产生的离子丰度高；碎片化程度一般
氨气	M—H^+（碱性化合物）； M—NH_4^+（极性化合物）	极性与碱性化合物；其他化合物不电离；几乎无碎片

电子轰击离子源一般只产生正离子，前文已着重介绍EI正离子的生成。EI所产生的自由基离子是“奇电子”离子，有一个未成对电子，而通过质子转移与负氢离子离去的化学电离所产生的是“偶电子”离子，所有电子都已配对。化学电离也可形成气相负离子，称之为负化学电离（Negative Chemical Ionization，NCI）。为观察到负离子，化合物必须能形成稳定负电荷，发生去质子化或电子捕获过程。由于只有一些化合物可以有效固定负电荷（例如，含酸性基团或卤素），因而NCI可对复杂样品分析的有效离子形成提供选择性。卤代物，如阻燃剂、杀虫剂与多氯联苯（PCB）分子，具有高电负性，能形成稳定的负离子。这些化合物是环境分析中的目标分析物，所以NCI成为环境分析的热门技术。其他化合物通过衍生适用于NCI，即只需在化合物上衍生出全氟烃基，就可形成稳定的负离子。

GC-MS发展早期的最大问题之一是色谱柱出口与质谱仪的连接。早期使用填料柱，高容量的样品与载气使低压工作的MS系统发生过载，必须构造专用接口。熔融石英毛细管柱出现后，不再需要GC-MS接口，洗脱液可直接引入离子源。关键的是，质谱会检测到固定相材料，所以柱流失必须近乎为零，化学交联固定相或化学键合硅烷基至毛细管管壁可避免柱流失。具有上万理论塔板数的毛细管气相色谱可分离上百个分子，质谱则可提供分子识别信息。即使一个峰包含两个或多个化合物，通过人工计算或数据库匹配也可提供有效识别信息，尤其已知保留时间时。当然，（每秒几次）监测色谱峰会产生大量数据，而快速与大容量计算机的技术发展使GC-MS成为常用技术。电子倍增器监测分离离子。现代GC–MS仪器检测限通常在皮克水平。

（四）液相色谱—质谱

液相色谱—质谱与气相色谱—质谱一样，因高灵敏与高选择性质量检测成为分析复杂样品的强大分析工具。液相色谱与质谱串联更加困难，因为必须除去溶剂。同时，分析物通常是非挥发性与热不稳定的，但却必须以气态形式存在。因此，液相色谱与质谱串联曾被戏称为“世界上最远的距离”，通过几年时间才开发出有效且易于使用的接口。现今，有几类大气压电离（API）接口使LC–MS成为常规技术。目前商品化仪器是各类结构紧凑的台式系统（图9–40）。

常用的API接口是电喷雾电离源（ESI）与大气压化学电离源（APCI），选用哪类接口主要取决于分析物的极性与热稳定性。极性分子和离子优先选择ESI，其适宜的分析物尺寸范围广——从小分子至超大生物分子，如蛋白质与多肽。APCI更适宜小分子与弱极性化合物。大多数商品化仪器同时配备两个离子源，可在几分钟内快速切换。特定分析物如不能通过ESI或APCI有效产生离子，制造商则提供大气压光致电离离子源（Atmospheric Pressure Photoionization，APPI）。

图9–40　现代液相色谱–质谱仪器（岛津科学仪器有限公司提供）

电喷雾电离（ESI）是一种温和的电离技术。样品溶液经进样针注射通过几千伏高电位差进入接口的孔（图9–41）。热流与气流使带电微滴溶剂脱除，造成微滴变小细分，最终发射出可进入质谱仪的带电分析物分子（分析离子与溶剂簇）。形成的离子因外加很小的内部能量而保持不变；ESI光谱主要由分子与准分子（或加合物）偶电子离子为主（如，正电离模式下的$[M+H]^+$，$[M+Na]^+$，$[M+NH_4]^+$等，负电离模式下的$[M-H]^-$，$[M+Cl]^-$等）。即使溶液中通过非共价键结合的复合物可完全转化成气相离子配合物。所产生离子的极性可通过改变喷雾毛细管的电压极性而改变。一般而言，碱性化合物更易通过质子化形成正离子，酸性化合物更易通过去质子化形成负离子。有些仪器制造商在单次分析运行过程中，提供极性快速转换，因此可同时监测两种极性的离子。

电喷雾电离很温和以至于非共价复合物可从溶液中完整地转移至气相中。

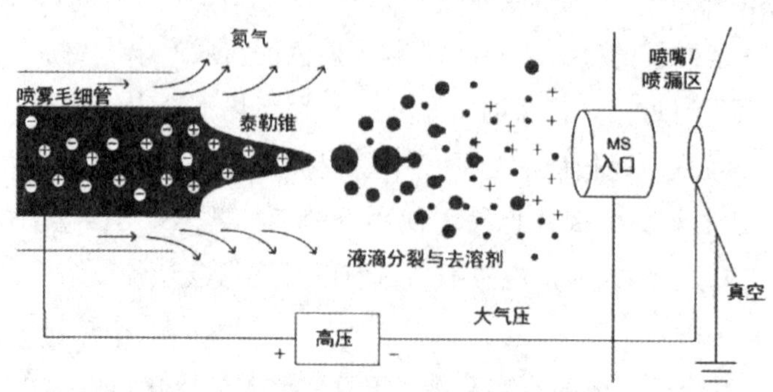

图9-41 电喷雾电离接口的示意图

ESI详细机理已研究多年，根据分析物系统，以不同方式从液滴中释放分析物。虽然有许多基础研究，但意识到ESI是竞争电离过程相当重要，这意味着每一滴液滴的组成控制着气相离子的相对产量。产生的离子迁移至液滴表面吸收电荷。高表面活性物质产生最大丰度信号。必须分析脂质与洗涤剂存在的化合物时，高表面活性物质会明显降低目标分析物的响应，因为其会有效争夺液滴表面的有限位点。复杂混合物ESI-MS分析常见此类基质效应。因此，分析中引入稳定同位素标记内标（Stable Isotopically Labeled Internal Standard，SEL-IS）相当重要，校正基质内含未知化合物样品的定量响应。含氘和^{13}C的目标分析物使用SIL-IS至关重要，且能保证内标与分析物出现于同一ESI液滴内。内标与分析物同时从液相色谱洗脱，质谱信号高出几个质荷比单位。因此，内标会与分析物面对（可适当校正）相同的竞争电离效应。即使如此，合适的SIL-IS化合物成本与商品化采购都是一个问题。在解决这些问题后，HPLC-ESI-MS可以有效定量10^{-12} g级分析物。

ESI主要优点是分析超大分子，如蛋白质，因其可产生多电荷离子，随着分子量增加电荷数增加。这一现象的发现令约翰B.菲恩教授荣获2002年诺贝尔化学奖。蛋白质与多肽（和其他高度相似官能团的分子）沿其主干网具有很多可发生质子化与去质子化的位点。例如，大蛋白质可观测到多电荷离子分布，通过简单算法去卷积测定其分子量。*m*/*z*质荷比中*z*的增加，可检测出较大分子量，远远超过正常质量分析器的2000~3000 Da *m*/*z*。例如，50 000 Da

蛋白质获得50个多余质子（*m*=50 050；*z*=50），观测到的信号是*m*/*z*1005，此信号伴随着蛋白质其他电荷状态的信号。如图9–42所示的是牛心中细胞色素C蛋白质的ESI谱图，可于喷嘴/喷漏区观测到两种多电荷离子的分布。离子电荷数越大（+8，+16）代表蛋白质变性，电荷数越小则代表折叠。变形或未折叠的蛋白质相对于折叠蛋白质具有更多的质子化基本位点，因此，高电荷态更适宜。从事蛋白质从头测序的研究者对超高电荷态蛋白质产生浓厚的兴趣，因为用于定性分析的串联质谱碎片技术更易高效打碎高电荷态离子（如，电子捕获与电子转移解离，串联质谱见下文）。

大气压化学电离（APCI）是另一常见的液相色谱–质谱耦联的大气压电离接口。接口与ESI接口相似，但使用电晕放电电离常压汽化的分析物（注：此操作与GC–MS化学电离不同，化学电离需在真空状态进行）。液相色谱洗脱液喷射入夹套（约400 ℃）产生蒸气，再通过约5 kV电压的电晕放电针（图9–43）。ESI主要依赖于液相电离（酸碱化学），APCI通过气相离子分子反应产生离子。弱极性分析物的气相电离比ESI更高效，但其质量范围限制在约2000 Da内。ESI与APCI互补，如一技术无法产生离子则使用另一技术。使用APCI时，流动相通常使用甲醇，因为电晕放电可将CH_3OH转换成$CH_3OH_2^+$，可促使质子转移产生正电荷分析离子。总而言之，电晕针电离大量溶剂，这些离子与目标分析物碰撞并触发电荷迁移。

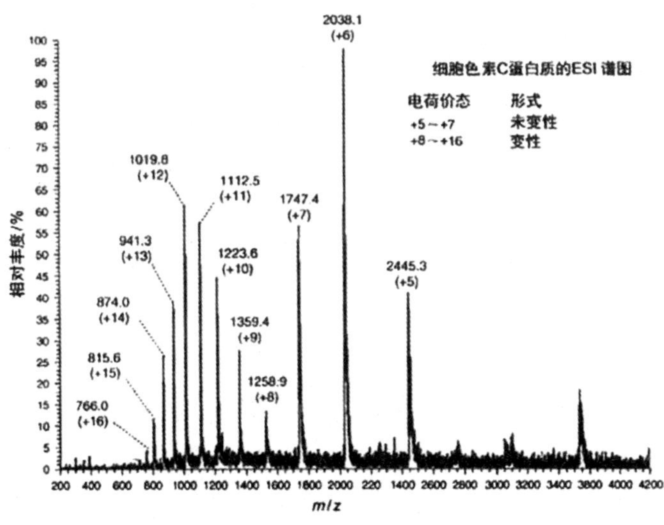

图9–42 细胞色素C蛋白质的ESI谱图

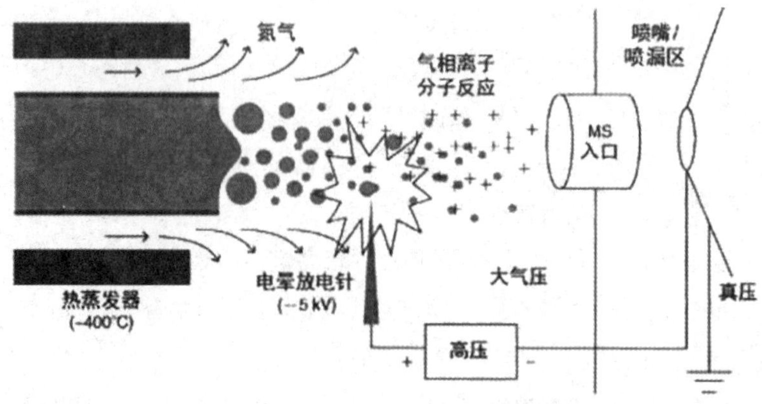

图9-43　大气压化学电离（APCI）接口的示意图

在大气压光致电离（APPI）中，APCr源电晕放电针替换成高强度紫外灯。紫外灯提供足够能量（约10 eV）电离分子。与APCI类似，APPI使用甲醇产生反应离子（其电离电位低，紫外灯能量足以电离），再与目标分析物通过电荷迁移形成分析离子。甲苯也可作为有效掺杂剂，增加APPI效率。在某些情况下，特别是具有缺电子芳烃的分子（如硝基芳烃），APPI较ESI或APCI可产生更高强度的离子。但是，APH仍较少使用。

过去几年中，大气压电离源已成功用于大量新技术中的原位分析。常压电离（Ambient Ionization，AI）是一项电离技术，在大气压下通过样品引入与电离辐射生成质谱可采集分析的离子。此技术最好的代表是最受欢迎AI技术之一的解吸电喷雾离子化（Desorption Electrospray Ionization，DESI）。在DESI中，电喷雾源面向放置于质谱仪入口附近的样品表面。电喷雾溶剂加湿表面并产生萃取分析物的溶剂层，随后电喷雾液滴吸收分析物，回弹至质谱仪入口。液滴形成分析离子的方式与电喷雾电离相似。DESI使样品形成液流循环通过接口进样。

也可使用其他类型的电离辐射。实时解析分析（DART）中，现代DESI通过辉光放电产生的亚稳离子加速冲向样品。这些高能离子可解吸电离样品中的分析分子。装置也非常适宜连续运行监测。

自DESI与DART发明后，还发展了很多其他AI技术。与DESI一样，或利用电雾化溶剂喷雾，或利用化学电离、热电离、光致电离，或通过其他能量源对多类样品取样。AI技术的基本要求之一是必须进行一定的样品前处理。

有些电离源，如电喷雾萃取电离（Extractive Electrospray Ionization，EESI，其中电喷雾雾流与质谱入口前雾化的样品气溶胶混合，可用于复杂样品的直接分析，如尿。

（五）电感耦合等离子体质谱

电感耦合等离子体（Inductively Coupled Plasma，ICP）诞生于20世纪60年代，于70年代发展为商品化产品，大大拓宽了元素分析的能力。ICP作为原子发射光谱的雾化源，也可作为质谱分析（ICP–MS）的离子源。其元素分析功能主要源于氩等离子体炬所产生的约10 000 K高温环境，可完全破坏有机物；根据麦斯威尔玻耳兹曼分布公式，高温促使足量接触等离子体的元素从基态跃迁至激发态或电离态。ICP–MS具有许多ICP–AES的优点，同时还具有更好的灵敏度，尤其对过渡金属元素。ICP–AES中不同元素的离散发射谱线可依次（单色扫描器）或同时（二极管阵列检测器）检测不同元素。同样，ICP–MS的原子离子有效转移至质量分析器，根据质荷比大小分离检测，检测限可达到10^{-12}级，线性范围覆盖多达七个数量级。

离子通过采样锥和截取锥从等离子体炬进入质量分析器，采样锥与截取锥将离子源与质谱的高压真空区隔离。原子质量分析能力虽然增加了分析的特异性，但需注意潜在的干扰片。例如，等离子体产生的高丰度Ar^+、ArO^+、Ar^{2+}离子明显干扰m/z40，56和80检测信号；因此，元素中最大丰度的同位素^{40}Ca和^{56}Fe检测存在谱峰干扰。许多干扰是多原子离子，包括各种元素的氧化物。因此，离子到达质量分析器前通常先穿过碰撞或反应池。不同制造商仪器具有不同的商品名，通常引入碰撞气（He），或反应气（H_2、CH_4、NH_3），或多混合气体至离子通路以降低干扰多原子的丰度。其他各种配置的射频离子导向（四极杆、六极杆及八极杆）或离子透镜也集成入仪器以稳定到达质量分析器的离子通路，同时真空下除去杂散中性物质与固体颗粒。多数商品化ICP–MS仪器使用四极杆质量分析器分离选择目标离子，下文将介绍此类质量分析器与其他配置的质量分析器。

（六）质量分析器与检测器

质量分析器是质谱仪的心脏。真空或非真空环境下离子源所产生的离子沿着电压梯度转移至质量分析器。正电位区排斥正离子，负电位区吸引正离子。离子透镜与离子导向装置用于稳定从离子源至检测器的离子束通路。物理屏障组合除去中性分子（如离子会转向而中性分子不会发生转向），涡轮分子泵实现超低压操作。一旦离子到达质量分析器，应用精确电场与/或磁场分离离子，目标物离子直接流向离子检测器测定其丰度。

由于离子到达质量分析器前需通过一定距离，仪器一般需高度或超高度真空环境保持合理的平均自由程。平均自由程是衡量碰撞概率的物理量，以单位距离表示，物理意义是一定压力下，微粒与其他微粒碰撞前所通过的平均距离。表9-10所示的是分子数量与不同压力下平均自由程的一般关系。质谱中，理想的平均自由程是离子达到质量分析器路径的十至百倍。质量分析器可实现的分辨率很大程度上与离子所需运动的距离有关。例如，与只具有一米飞行管的飞行时间质量分析器相比，具有两米飞行管的分析器可提供更高的分辨率。离子回旋共振分析器通过电场与磁场诱导离子持续回旋实现超高分辨率。不过如表9-10所示，真空泵需实现高度真空或超高度真空以达到足够的平均自由程。真空技术的成本与能耗显著增加高效仪器的成本，同时成为产生便携式质谱仪的主要障碍。即使如此，近几年研究者在小型质谱仪研发领域取得了重大进展。构建微芯片或更小型的仪器时，所需的真空技术更为温和，因为近常压或低于常压下即可实现足够的平均自由程。

表9-10　质谱的真空压与平均自由程

真空范围	压力/mbar	分子/cm^3	平均自由程/m	质量分析器
常压	约10^3	10^{20}~10^{19}	10^{-8}~10^{-7}	纳米级
低度真空	10^2~1	10^{19}~10^{16}	10^{-7}~10^{-4}	微芯片
中度真空	1~10^{-3}	10^{16}~10^{13}	10^{-4}~10^{-1}	微型级
高度真空	10^{-3}~10^{-7}	10^{13}~10^9	10^{-1}~10^3	四级；离子阱
超高度真空	10^{-7}~10^{-12}	10^9~10^4	10^3~10^8	飞行时间；回旋加速器

1905年，剑桥大学卡文迪许实验室的约瑟夫·约翰·汤姆逊根据19世纪后期尤金·戈德斯坦和威廉·维恩的工作，通过电场与磁场进行气体放电，分离“模糊”投影的正电射线。汤姆逊常称为“质谱之父”。其仪器为抛物线质谱仪，如图9-44所示，通过降低放电管的压力，减少使输出模糊的碰撞。放电产生的正电荷发生排斥，向感光板运动，离子通过狭缝进入电磁场，再根据离子大小与电荷数分离。因为他在质谱领域开创性的贡献，所以质荷

比单位以其名Thomson命名。虽然许多学术论文都使用Thomson（Th）单位（1 Th=1 m/z单位），但其并不是国际单位，亦未被国际理论和应用化学联合会认可。

如图9–44所示的抛物线质谱仪，仪器右侧产生的离子受排斥通过传输管传至左侧，受到电场或磁场作用。如未施加电场，离子撞击最左侧的感光板投影“0”点。如电场垂直施加于离子运动通路方向，正电极位于顶部而负电极位于底部，则正离子将在底板0与1之间偏移。离子受力大小（$F=qV$）等于电压（V）乘以离子电荷量（q，$q=ze$，离子价数乘以电子电量，$e=1.602\times10^{-19}$C）。因此，双电荷离子受力是单电荷离子的两倍，偏移效果也是两倍。均匀磁场垂直施加于电场与离子通路时，洛伦兹力影响离子运动（$F=qvB$其中q是带电粒子的电荷量；v是带电离子的速度；B是磁感应强度）。只施加磁场，离子在0与2之间撞击。如图9–44所示的磁场方向使正离子右转。如图9–45所示，转向半径R与离子动量和磁感应强度相关（$R=mv/qB$）。只施加磁场分离离子的质谱仪常称为动量分离器。抛物线质谱仪同时施加电场与磁场，离子在0与3之间撞击，撞击位置与离子电荷、质量、动量和场强有关。气体放电实验可完全分离不同类型的离子。汤姆逊与其学生弗兰西斯·阿斯顿基于此技术对发现元素同位素做出了杰出贡献。

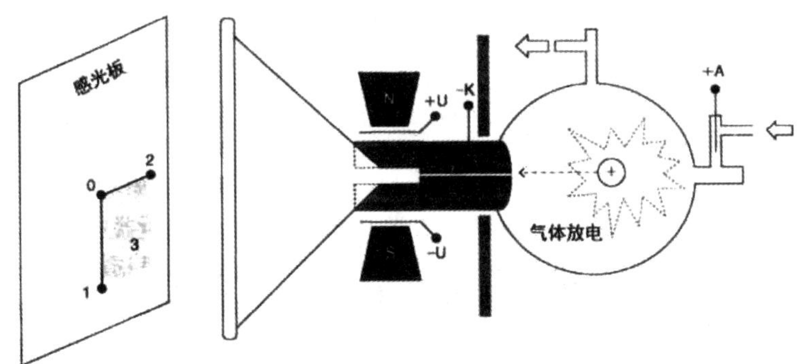

图9–44　J.J.汤姆逊的抛物线质谱仪

+A至–K之间只施加电压，加速的离子撞击0位。+U至–U施加电场，正电荷撞击0与1之间的位置由电荷q确定；施加磁场，离子撞击0与2之间的区域，由动量mv确定；同时施加电场与磁场，粒子将撞击0与3之间的区域，由q与mv确定。

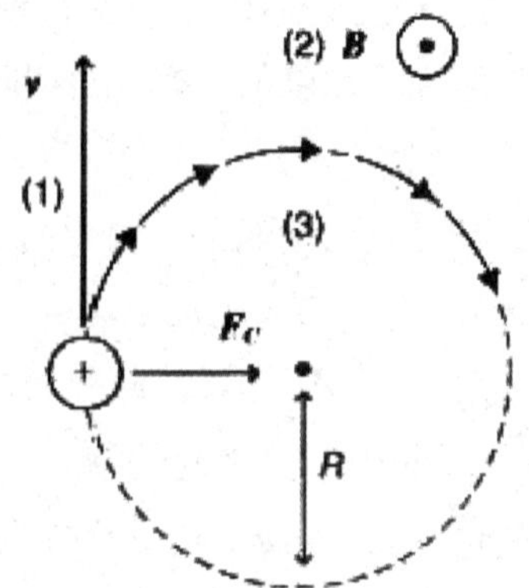

图9-45 磁场中带电粒子的运动带电粒子以初速度*v*（1）进入均匀磁场*B*（2）（磁场方向垂直页面向外），磁场改变粒子运动方向，使其以半径为*R*（3）的圆周运动

例9-7质荷比m/z=375.9的一价离子在5000 V电压下加速后，进入均匀磁场，磁场强度为4 T，磁场方向垂直于离子运动路径。该离子在磁场中的运动曲率半径是多少?

解:

第一步，计算离子速率，根据电势能等于动能得出速率

qV=（+1）×（1.602×10^{-19}）×（5000）=8.01×10^{-16} J

8.01×10^{-16}=0.5×（（375.9）×（1.6605×10^{-27}））v^2

V=50 661 m/s

第二步，计算曲率半径:

$R=mv/qB$

R=[375.9×（1.6605×10^{-27}）×50661]/[（+1）×（1.602×10^{-19}）×4]

R=0.049 3 m=4.93 cm

20世纪中叶，卡文迪许实验室的发现很快带动了电场、磁场与双聚焦（电场与磁场）扇形仪器的研究。双聚焦仪器具有各类配置。C型排列（如两区域以同方向推动离子），通常称为尼尔-约翰逊几何结构，离子在连续通路内通过电场，再通过磁场（正向聚焦电子束），反之则为反向聚焦电子束，以高分辨率分离。反之，则可使用Mattauch-Herzog S型电子束（反向推动离子）。在佛罗里达州立大学的高磁场国家实验室网站上有详细的教程介绍了双聚焦仪器分离离子时交互应用电场与磁场的效应。如今，双聚焦仪器较为少

见，现在的替代品更为便宜，快速与小型化。然而，双聚焦现仍有售，可串联许多离子源用以满足特殊实验室的高分辨率质谱分析。

（1）四极杆质量分析器

在20世纪50年代和60年代，德国物理学家沃尔夫冈·保罗发明了简化且价格实惠的四极杆质量分析器，该分析器可选择性通过并分离气相离子，保罗也因这项工作荣获1989年诺贝尔物理学奖。图9–46所示的是四极杆质量分析器的基本设计，由四个平行双曲金属棒杆组成，同时施加直流电压（U）和振荡射频电压（$V\cos\omega T$，ω是频率；T是时间）。两个相对的极棒带正电荷，另外两个则带负电荷，整个实验不断变化极性。施加电压为$U+V\cos\omega T$和$-(U+V\cos\omega T)$，所施加的电压决定四极杆之间离子的飞行轨迹。离子源产生的离子沿着电极z轴进入射频场，沿着z轴振荡。只有特定质荷比的离子会在电场内发生共振并通过稳定路径达到检测器，其他非共振离子会偏移（在不稳定路径内运动），与电子撞击后丢失（这些离子将会被过滤）。快速改变电压，不同质量的离子沿着稳定路径运动依次到达检测器，一般或保持直流电压与射频电压不变，改变频率；或保持直流电压与射频电压比不变，改变直流电压与射频电压。

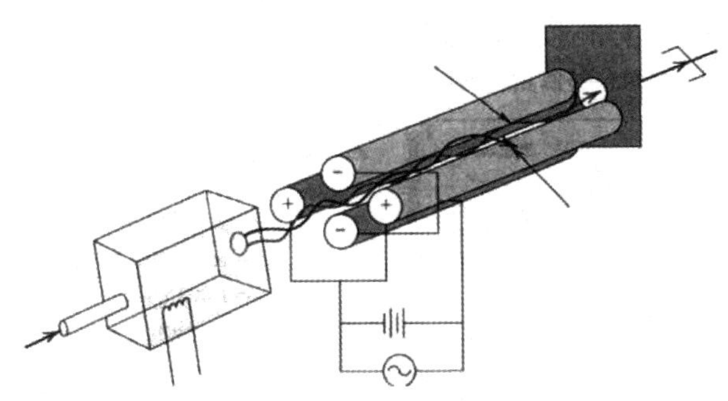

图9–46 四极杆质谱

四极杆质量分析器具有许多优势，是理想的质量分析器。行进路径与动能（如速度）或与进入离子的角偏差无关，所以传输率很高。因为只需改变电压，全扫描速度极快，800质量单位范围内，每秒可扫描多达20张光谱。当检测峰宽只有几分之一秒的色谱峰或检测多个共洗脱信号时，需要进行快速扫描。1500左右的分辨率几乎是可检测小分子的单位分辨率。另外，四极杆较其他质量分析器具有更高的动态范围，更适宜于定量分析。当四极杆（或六极杆，或八极杆）只施加振荡频射电压（不施加直流电压）时，可有效引导离子从仪器的一端转移至另一端；只施加振荡频射电压，所有离子都沿着四极杆z轴稳定地运动。

四极杆质量分析器通常应用于GC–MS。

（2）离子阱质量分析器

沃尔夫冈·保罗还发明了离子阱质量分析器。如图9–47所示的三维离子阱通常也称为四极杆离子阱或保罗阱，后续也开发了许多其他的离子阱配置，如线性（2D）、直线型与轨道阱等。离子阱与四极杆质量分析器相似，需施加振荡电场。使用三电极（入口电极、环形电极与端盖电极），电场在某段时间内俘获并操控离子，因此可进行连续串联质谱实验（激发、打碎与检测离子）。

在质量选择性失稳状态下，环形电极施加$U-V\cos\omega t$电压，端盖电极与入口电极接地，阱则作为离子存储器。离子在俘获场中根据质荷比大小决定的频率前进。最小的氦背景（约0.133 Pa）用于碰撞冷却离子，此碰撞不足以产生碎片。增加直流电压，射频电压与射频频率，离子进入不稳定区，由端盖电极排出进入检测器。共振激发可将需打碎的特定离子隔离。离子阱内的碰撞活化解离包括隔离目标离子，使其在延长时间内（约10 ms）发生多次碰撞产生碎片。雷蒙德·马驰的论文详细介绍了离子阱理论。

保罗阱与四极杆相似之处是都具有有限的分辨率，但其结构更紧凑便宜；与四极杆不同之处是扫描大范围m/z时，离子阱无须牺牲灵敏度。然而，给定时间内存储的离子数量有一定限制，当过多离子俘获时，发生空间电荷效应，将大大降低分辨率、质量精度与灵敏度。扫描速度很快时，复杂离子操纵的延长工作周期将限制复杂样品在快速色谱中的应用。不同几何结构与特定的运行模式可解决灵敏度与分辨率的限制。线性离子阱通常比四极杆离子阱灵敏度高；轨道阱中，离子沿精细加工的轴电极回旋可实现超高分辨率。

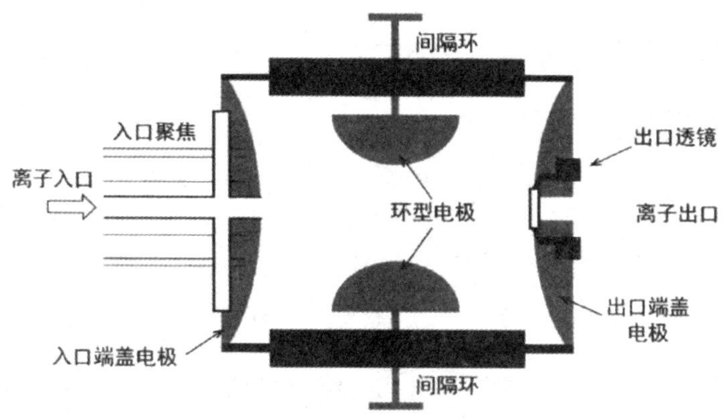

图9–47　四极杆离子阱质量分析器的剖面图

（3）飞行时间质量分析器

飞行时间（Time–of–fight，TOF）分析器开发于20世纪70年代，直至90年代才成为质谱的中流砥柱。图9–48所示的是飞行时间分离离子的基本原理。应用可提供上千至上万伏电压的排斥板或加速板加速，加速形成的离子作为脉冲包。离子在脉冲电场作用下，以大于2万次每秒的速度进入飞行管，使每个离子具有恒定的动能。不同m/z的离子以不同速度达到管末端的检测器，离子越小飞行速度越快。离子离开离子源的动能如下

$$mv^2/2=Vq \tag{9–27}$$

式中，m为离子质量，kg；v为离子速度，$m\cdot s^{-1}$；V为加速电压，V；q为离子电荷数，ze。变形后可得

$$v=\sqrt{2Vq/m} \tag{9–28}$$

离子速度与质荷比的平方根成反比，达到检测器时间$t=L/v$，L是飞行管长度。两个离子到达检测器的时间差Δt为

$$\Delta t=L \tag{9–29}$$

Δt与质量的平方根相关。离子间的分离时间通常在微秒至纳秒范围内。

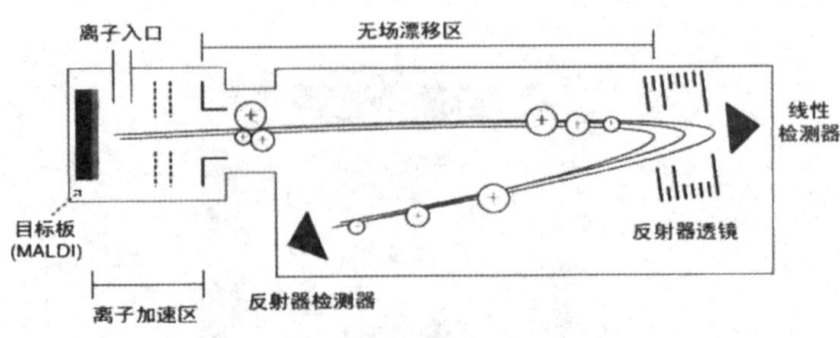

图9-48　飞行时间质量分析器

例9-8已知：m/z=435.67的离子，加速电压为15.0 kV，加速进入1.850 m的飞行管，求该离子的飞行时间？

解：

$v=\sqrt{2Vq/m}$

$q=ze=(+1)\times(1.602\times10^{-19})=1.602\times10^{-19})=1.602\times10-19$ C

$m=435.67\times(1.6605\times10^{-27})=7.2343\times10^{-25}$ kg

$v=(2\times15000\times(1.602\times10^{-19})/7.2343\times10^{-25})^{0.5}=81507$ m/s

$t=L/v=2.270\times10^{-5}$（s）=22.70 μs

使用脉冲加速是由于持续的电离与加速会使所有离子质量发生叠加。脉冲加速的操作过程：首先打开电子源10^{-9} s产生离子，然后开启加速电压10^{-4} s，令离子加速进入漂移管，最后在脉冲间隔时间内（一般为ms）关闭电源，使离子从漂移管进入检测器。飞行时间质量分析器，如四极杆，扫描质谱速度快，但因无真正的质量上限而更适合用于大质量离子的检测。即使如此，在飞行时间质量分析器成为现今常用的分析器之前，还克服了一些局限性。

TOF的分辨率由共质量离子到达检测器的时间宽度决定。离子刚形成时，离子在时间、空间与速度上存在固有的扩散。离子形成过程（如通过激光输入）产生具有动能分布的离子。由于统一的动能是实现高分辨率的要素，必须使用技术控制扩散。目前分辨率超过两万的飞行时间仪器，有以下几个方法控制扩散：（a）飞行管增长；（b）利用反射器透镜；（c）延时引出技术。增长的飞行管可与改进的真空系统结合使用。其次，使用反射器透镜，可改变离子

到达第二个检测器的方向并重新聚焦，亦可增长飞行管长度。高动能的

共质量离子飞入反射区距离更长（低动能穿透程度较小），所以离子重新定向，校正动能的扩散。虽然反射器飞行时间分析器较线性飞行时间分析器具有更高的分辨率，但透镜可重新定向的离子大小却存在限制，一般小于20000 m/z。最后，电离过程与离子加速过程中使用延时引入，高动能离子可具有更多时间远离加速区，特别是远离真空区的小（中性）离子。因此，延时后加速的离子具有较窄动能谱，但并不会通过与离子碰撞或改变其轨道的其他离子加速。飞行时间质谱分析器通过以上改进后，广泛与样品导入与离子化技术串联。

例题9-9：蛋白质组学使用MALDI时，质量分析器主要是飞行时间分析器（图9-48）。然而，GC-MS与LC-MS的主要质量分析器是四极杆分析器（图9-46）。请解释其应用与首选质量分析器的原因。

解：MALDI，即同时使用飞行时间分析器与脉冲进样。分离所需时间少于100 μs，激光脉冲持续时间约5~20 ns，相对于漂移时间近乎瞬时。

四极杆分析器并无须脉冲进样，可连续进样，根据直流电压与交流电压比选择离子。四极杆分析器适宜GC-MS与LC-MS，因为分离的组分需要几秒至一两分钟通过检测器，远远大于约0.1s的最小扫描时间。

（4）离子回旋共振质量分析器

1941年，加利福尼亚-伯克利大学的能斯特·劳伦斯教授改进离子回旋加速器，作为用于放射性铀富集的180° 磁场扇形仪器。美国政府很快开始大量生产此“电磁型同位素分离器”作为曼哈顿计划中制备级铀浓缩的完整组件。回旋加速器以导电圆柱体腔分隔成两个“ET型为特点，在高度真空下将离子加速到高速。如图9-49所示，腔室内的离子进入限制的垂直均匀磁场。随着离子回到两个D腔之间，电场进一步加速离子。离子持续加速，绕轨运行，不同离子在磁场强度受力不同。离子绕分析器运行时间t与质荷比和磁场强度相关

$$t=2\pi m/qB \tag{9-30}$$

例如，磁场强度为1 T，质子加速至动能50 MeV，旋转一周的时间是66 ns。质子环绕回旋加速器一周即可获得40 keV动能，所以只要装载高达30 MHz的转换频率，80 μs内就可完成1225次回旋。事实上，高能量状态且速度接近光速，回旋时间并不恒定，频率需校正至相对论效应。此类仪器称为

同步加速器。

电磁型同位素分离器的发展为现代傅里叶变换离子回旋共振（Fourier Transform-Ion Cyclotron Resonance，FT-ICR）质谱仪奠定基础。在FT-ICR）质谱仪奠定基础。在FT-ICR，进样离子进入改进的回旋池，通常称为潘宁阱，如图9-50所示。离子一旦进样后，侧向受到强电场，轴向受到强磁场影响。因此，其本质上是一个具有不同配置的离子阱。离子通过激发板的宽带射频脉冲（线性调频）投射进入大半径回旋轨道。随着离子通过检测板，记录时域信号作为图像电流。快速傅里叶变换将时域信号转换为频率域，旨在可视化质谱记录图像，因为频率域可直接转换成质谱。

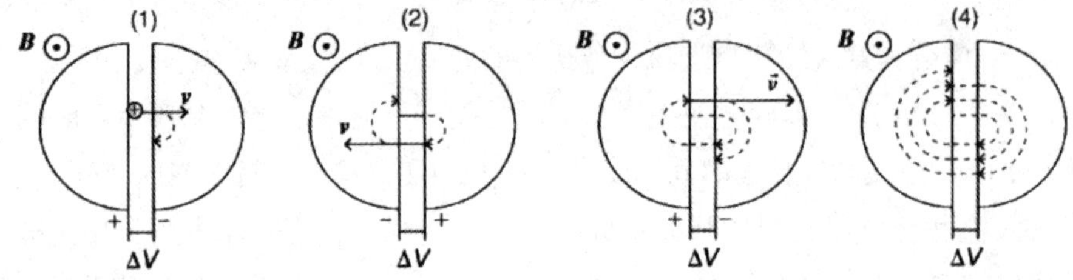

图9-49　回旋加速器中带电粒子的操作（1）离子在电压ΔV下加速，在磁场下进入回旋轨道；（2）离子轨道回到加速区，速度增加，回旋轨道半径增加；（3）离子再次加速至高动能并获取更大半径；（4）离子继续加速，回旋半径增加

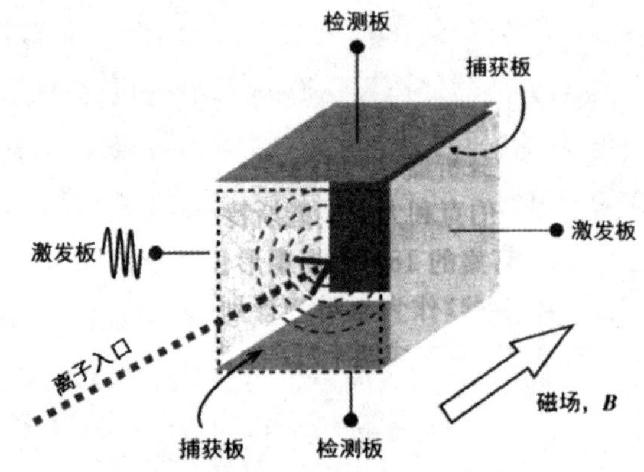

图9-50　离子回旋共振质量分析器

离子的回旋频率（v_c）与式（9-30）相似

$$v_c=1.536\times 10^7 B_0/(m/z) \tag{9-31}$$

离子的回旋频率与质荷比、磁场强度相关，与离子速度无关。市售商品化仪器磁场强度一般为4~12 T，但佛罗里达州高磁场国家实验室研发仪器的磁场强度高达25 T。磁场强度越大，大离子越可加速至高动能，则具有更大的分辨率（大于R=100000）分离同质量离子。磁场强度9.4 T质谱仪器的质量上限是10 000 m/z。超高分辨率可实现非常精确的质量测定（质量精度误差小于10^{-6}）。

然而，卓越的性能需要一定的代价。为实现中等尺寸大小离子的高分辨率分离，离子必须在仪器内循环相当长的时间。磁场强度9.4 T的仪器，以大于10万的分辨率分析m/z=1000至少需要一秒以上的时间。在色谱时间范围内，尤其是分析如细胞裂解消化液等的复杂样品时，高分辨率分析每个化合物相当困难。相反，FT–ICR分析器常与快速质量分析器联用，创建联用仪器，目标离子进入FT–ICR分析器进行高度精确质量测定。此外，市场上最昂贵的分析器就是FT–ICR分析器，采购市价超过100万美元，另外日常保养，尤其是维持超导磁性的低温液体（氮气和氦气），一年需要超过两万美元。

（七）离子迁移光谱

离子迁移谱（Ion Mobility Spectrometry，IMS）发展于20世纪50年代和60年代，多年来用于军事与安全事业。在IMS中，离子分子因在缓冲载气中的不同迁移率而分离。在电场作用下，离子在一定长度的管内行进，此时缓冲气体阻碍离子运动。离子的迁移时间与其质量、电荷、形状与尺寸大小有关。离子迁移率K的梅森公式表达式为

$$K=\frac{3}{16}\sqrt{\frac{2\pi}{\mu KT}}\frac{q}{n\sigma}$$

式中，q是离子电荷数，Ze；μ是离子与缓冲气体间减小的质量，$\mu=m_{ion}m_{gas}/(m_{ion}+m_{gas})$；$k$为玻耳兹曼常数；$T$是漂移气体温度；$n$是漂移气体数密度（每单位体积的颗粒数）；$\sigma$是碰撞截面。碰撞截面或碰撞概率与离子的尺寸与形状有关，用于区分不同离子形式。机场检测爆炸物就是擦拭行李，擦拭物热解吸进入IMS，检测能量物质或其标记物（如溶剂）的特定漂移时间。

最近，分析化学家发现，质谱联用IMS具有大量新功能。IMS分离时间是毫秒级，质谱分析时间是微秒级，其时间间隔令两者珠联璧合。20世纪60年

代早期，贝尔实验室首先提出这种串联方式，但直至最近，商品化制造商才开始提供联用仪器。对于识别不同类型的生物分子，仅仅使用MS是无法实现分离的，而使用IMS–MS就非常有价值。IMS的加入提供了另一维分离，可超高效分离复杂基质。

（5）离子检测器

一旦质谱仪分离，隔离或打碎离子，离子丰度势必要转换成数据工作站可识别的电信号。质谱本身并非高效技术，只有一小部分的分子会转变成离子达到检测器。检测小离子电流必需使用高增益检测器，但事实上，超先进的仪器可检测出飞克分子（10^{-15} mol）与托克分子（10^{-18} mol，只有1000个分子）。

J.J.汤姆逊最初使用感光板检测离子，不久之后使用静电计。现今检测器主要使用法拉第杯和电子倍增器。在法拉第杯中，离子进入凹形装置，静电计检测凹形装置中抵消撞击离子电荷的电流。然而，此设备本身没有增益，只能应用于高能或高丰度离子。现代仪器多数依赖于电子倍增检测器，其可在离散或连续倍增电极中使用，主要概念就是离子向转换倍增器电极加速。一旦击中离子，转换电极向电子倍增器释放电子，那么一系列的倍增电极使产生的电子数持续增加，最后电子倍增器可实现10^6~10^8倍增加。由于到达转换电极的中性分子信号也被记录，故检测器常与质谱入口保持轴偏离。

其他检测器系统目前正在开发中。微通道电子倍增器阵列正在开发以减少电子运动的距离，从而减小响应时间与检测器能耗。研究人员在不断开发小型质谱仪系统，而能耗已成为主要的考虑因素。某些飞行时间分析器系统已开发低温检测器。虽然功效都接近100%，适宜低速大质量离子的分析，但检测器必须在近2 K温度下工作，电流响应时间无法与现代微通道板检测器比拟。

参考文献

[1] 高职高专化学教材组编. 分析化学[M]. 4版. 北京：高等教育出版社，2013.
[2] 符斌，李华昌. 分析化学实验室手册[M]. 北京：化学工业出版社，2012.
[3] 汪尔康. 21世纪的分析化学[M]. 北京：科学出版社，2001.
[4] 张慧波，韩忠霄. 分析化学[M]. 大连：大连理工大学出版社，2006.
[5] 黄一石，乔子荣. 定量化学分析[M]. 北京：化学工业出版社，2004.
[6] 赵凤英，胡堪东. 分析化学[M]. 北京：中国科学技术出版社，2005.
[7] 陶仙水. 分析化学[M]. 北京：化学工业出版社，2005.
[8] 吴华. 无机及分析化学[M]. 大连：大连理工大学出版社，2011.
[9] 武汉大学. 分析化学[M]. 4版. 北京：高等教育出版社，2004.
[10] 吴性良，朱万森，马林. 分析化学原理[M]. 北京：化学工业出版社，2004.
[11] 张云. 分析化学[M]. 上海：同济大学出版社，2003.
[12] 孙毓庆. 分析化学[M]. 北京：科学出版社，2003.
[13] 王红云. 分析化学[M]. 北京：化学工业出版社，2003.
[14] 葛兴. 分析化学[M]. 北京：中国农业大学出版社，2004.
[15] 夏玉宇. 化验员实用手册[M]. 2版. 北京：北化学工业出版社，2005.
[16] 华东理工大化学系，四川大学化工学院. 分析化学[M]. 5版. 北京：高等教育出版社，2003.
[17] 刘建华. 分析化学[M]. 上海：上海交通大学出版社，2001.
[18] 钟国清. 大学基础化学[M]. 北京：科学出版社，2009.
[19] 王国惠. 水分析化学[M]. 北京：化学工业出版社，2006.
[20] 陶仙水. 分析化学[M]. 北京：化学工业出版社，2005.
[21] 胡伟光，张风英. 定量分析化学实验[M]. 北京：化学工业出版社，2004.
[22] 王萍. 水分析技术[M]. 北京：中国建筑工业出版社，2000.
[23] 吴浩青，李永肪. 电化学动力学[M]. 北京：高等教育出版社，德国：施普林

格出版社，1998.

[24] 华东理工大学分析化学教研组，成都科学技术大学分析化学教研组. 分析化学[M]. 4版. 北京：高等教育出版社，2002.

[25] 司文会. 现代仪器分析[M]. 北京：中国农业出版社，2005.

[26] 黄一石. 仪器分析[M]. 北京：化学工业出版社，2002.

[27] 卢小曼. 分析化学[M]. 北京：中国医药科技出版社，1999.

[28] 武汉大学. 分析化学实验[M]. 4版. 北京：高等教育出版社，2001.

[29] 高职高专化学教材编写组. 分析化学实验[M]. 2版. 北京：高等教育出版社，2002.

[30] 叶芬霞. 无机及分析化学实验[M]. 北京：高等教育出版社，2004.

[31] 国家质量技术监督局职业技能鉴定指导中心组编. 化学检验[M]. 北京：中国计量出版社，2001.

[32] 夏玉宇. 化验员实用手册[M]. 2版. 北京：化学工业出版社，2005.

[33] 楼书聪，杨玉玲. 化学试剂配制手册[M]. 2版. 南京：江苏科学技术出版社，2002.

[34] 张铁垣. 化验工作实用手册[M]. 北京：化学工业出版社，2003.

[35] 孙毓庆. 分析化学[M]. 北京：科学出版社，2011.

[36] 胡育筑. 分析化学简明教程[M]. 北京：科学出版社，2011.

[37] 严拯宇. 仪器分析[M]. 南京：东南大学出版社，2005.

[38] 严拯宇. 分析化学实验[M]. 北京：科学出版社，2014.

[39] 梁逸曾. 分析化学手册[M]. 北京：化学工业出版社，2000.